Transferprozesse der Moderne

Philippe Frei

Transferprozesse der Moderne

Die Nachbenennungen «Alpen» und «Schweiz»
im 18. bis 20. Jahrhundert

PETER LANG
Bern · Bruxelles · Frankfurt am Main · New York · Oxford · Warszawa · Wien

Bibliografische Information Der Deutschen Nationalbibliothek
Die Deutsche Nationalbibliothek verzeichnet diese Publikation in der
Deutschen Nationalbibliografie; detaillierte bibliografische Daten sind im
Internet über ‹http://dnb.d-nb.de› abrufbar.

Die vorliegende Arbeit wurde unter dem Titel *Transferprozesse der Moderne.
Die Nachbenennungen «Alpen» und «Schweiz» im 18. bis 20. Jahrhundert* von
der Kultur- und Sozialwissenschaftlichen Fakultät der Universität Luzern am
21.7.2015 auf Antrag von Prof. Prof. Dr. Jon Mathieu und Prof. PD Dr. Patrick
Kury als Dissertation angenommen.

Umschlagbild: Caspar David Friedrich, *Der Wanderer über dem Nebelmeer*
(um 1818), Hamburger Kunsthalle

ISBN 978-3-0343-2370-3 br.   ISBN 978-3-0343-2371-0 eBook
ISBN 978-3-0343-2373-4 MOBI   ISBN 978-3-0343-2372-7 EPUB

© Peter Lang AG, International Academic Publishers, Bern 2017
Wabernstrasse 40, CH-3007 Bern, Switzerland
info@peterlang.com, www.peterlang.com

Alle Rechte vorbehalten.
Das Werk einschliesslich aller seiner Teile ist urheberrechtlich geschützt.
Jede Verwertung ausserhalb der engen Grenzen des Urheberrechtsgesetzes ist
ohne Zustimmung des Verlages unzulässig und strafbar. Das gilt insbesondere
für Vervielfältigungen, Übersetzungen, Mikroverfilmungen und die Einspeicherung und Verarbeitung in elektronischen Systemen.

Inhalt

Dank 9

1. Einleitung 11
   1.1 Forschungsstand und Forschungsfragen 12
       Schlüsselbegriffe der Studie 14
       Die Alpen und die Schweiz als Modell 19
   1.2 Theoretische Ansätze 24
       Sprachwissenschaft 24
       Globalgeschichte 29
   1.3 Methodik 36
       Vorgehen bei der Datensammlung 36
       Handatlanten als Quellen 40
       Aufbau der Studie 42

2. Fallbeispiele – «Schweizen» und «Alpen» 49
   2.1 Von Bezeichnungen der Romantik zu Markennamen:
       die «Sächsische» und «Fränkische Schweiz» 50
       Die ersten Schweiz-Nachbenennungen 50
       Motive für die Namensgebung 52
       Verselbständigung der Schweiz-Nachbezeichnung 55
   2.2 Von «Englischen Alpen» zu «Englischen Schweizen» 59
       Die «English Alps» – eine römische «Erfindung» 60
       Motive für die Schweiz-Nachbenennung 63
       Vermarktung im Tourismus 69
   2.3 «Argentinische Schweiz»: Entwicklungen einer
       kolonialen Bezeichnung 72
       Erste Vergleiche 72
       Motive für die Nachbenennung 76
       Südamerikanische «Schweizen» im Vergleich 80
       Die «Schweizen» Südamerikas im 20. Jahrhundert 81
   2.4 Kolonial-wissenschaftliche Benennungspraxis:
       die «Southern Alps» 83
       Motive für die Benennung 85

5

Das «Phantom» «See Alpen» 88
Gegendiskurse im nachkolonialen Zeitalter 90

3. Dokumentation der Schweiz- und Alpen-Nachbenennungen vom 18. bis ins 20. Jahrhundert 95
   3.1 Die Entwicklung der Handatlanten im 19. und 20. Jahrhundert 95
       Wissenschaftliche Herausforderungen 95
       Bereinigung des Atlanten-Marktes im 20. Jahrhundert 98
   3.2 Die Verwendung des Begriffes «Alpen» in Handatlanten 101
       Drei Typen der Alpen-Nachbezeichnung 101
       Begriffskonjunkturen im 19. und 20. Jahrhundert 103
       Kartographische Darstellungen zu Alpen-Nachbenennungen in Handatlanten 107
   3.3 Die Verbreitung der Schweiz-Nachbenennungen 110
       Handatlanten 110
       Kartographische Darstellung der Schweiz-Nachbenennungen 112
       Textquellen 112

4. Erste Globalisierungsphase – 1770 bis 1850 121
   4.1 Von der Schweiz zu Schweiz-Nachbenennungen 121
       Potenzielle Verbreitungsmotive 122
       Der ökonomische Aspekt 128
       Das romantische Modell 132
   4.2 Globalisierung der Alpen-Nachbezeichnung 137
       Die Rolle von Tourismus und Alpinismus 138
       Die Verflechtung von Kolonialismus und Wissenschaft 139
       «Alpen» als Landschaftsmodell für «hohe Gebirge» 143

5. Globale Hochkonjunktur des Namenstransfers – 1850 bis 1930 149
   5.1 Verselbständigung der Schweiz-Nachbezeichnung 149
       Die Rolle von Migration, Politik und Wissenschaft 149
       Die treibende Kraft der Tourismusindustrie 154
       Das Modell der «schönen Landschaft» 160
   5.2 Vervielfachung der Alpen-Nachbezeichnung 164
       Verbreitung im Bergsport 165

    «Alpen» als Gattungsbegriff in der Wissenschaft............... 169
    Wissenschaft und Kolonialismus...................................... 172

6. Höhepunkt und Rückgang der Nachbezeichnungen –
   1930 bis 1992... 177
   6.1 Faschistische Landschaft: Entwicklungen der
       Schweiz-Nachbezeichnung...................................... 177
       Verbreitung im Dritten Reich................................... 177
       Streit um die Schweiz-Nachbezeichnung................. 179
   6.2 Rückgang und Umdeutung der Schweiz-Nachbezeichnung
       in der Nachkriegszeit.. 183
   6.3 Wandlungen der Alpen-Nachbezeichnung im
       20. Jahrhundert.. 185
       Ende der Verbreitung in Kolonialismus und
       Nationalsozialismus.. 185
       Umdeutung und Erhaltung der Alpen-Nachbezeichnung....... 189

7. Gesamteinordnung... 193
   7.1 Rezente Umdeutung und Begriffskonjunkturen 193
       Die Schweiz als erneuter Bezugspunkt 193
       Von den Alpen zum Alpenraum............................... 197
   7.2 Zum Vergleich – die Paris-Nachbenennung................ 201
       Die Stadt des 19. Jahrhunderts 201
       Journalistische Interpretationen 203
       Motive für Paris-Nachbenennungen......................... 205
   7.3 Fazit 208

Anhang... 215
   Abbildungen 215
   Tabellen... 223
   Bibliographie 267
   Abbildungsverzeichnis 305
   Tabellenverzeichnis... 305

Dank

Diese Studie zur Verbreitung der Nachbenennungen «Alpen» und «Schweiz» vom 18. bis ins 20. Jahrhundert ist eine fächerübergreifende Untersuchung, die dem Transfer, der Verwendung und Bedeutung von Namen nachgeht. Verbunden mit der Bedeutung der Alpen und der Landesbezeichnung Schweiz sind Konnotationen, die Bezeichnungen mit «Nebensinn», «Gefühlswert» und «Stimmungsgehalt» füllten. Diese waren in der hier untersuchten Zeitspanne einem konstanten Wandel ausgesetzt und es bestanden zwischen Fachrichtungen stets Differenzen. 2011 hat mich Jon Mathieu in einem Gespräch auf diese thematisch interessante Lücke in der globalen Umweltforschung aufmerksam gemacht. Wissenschaftlich inspirierend und geduldig begleitete er mich während der folgenden drei Jahre. Für die Begleitung, Inspiration, Unterstützung und den Input möchte ich ihm herzlich danken. An dieser Stelle sei auch Patrick Kury gedankt, der sich als Zweitleser der Studie zur Verfügung stellte.

Anfang 2014 konnte ich den Künstler George Steinmann in seinem Atelier in Bern besuchen. Er erschuf das Kunstwerk beim Berner Bundeshaus zu den nachbenannten «Schweizen». Steinmann ermöglichte mir Einblicke in sein persönliches Archiv. Die globale Dimension der Studie wurde im Sommer 2013 bei einem Vortrag an der Summer School in Lavin «Mountains across boarders» rege diskutiert. Ein Grossteil der Forschung konnte in der Kartensammlung der Zentralbibliothek Zürich komplettiert werden. Das Team der Kartensammlung der Zentralbibliothek Zürich, insbesondere Thomas Germann, unterstützen die Recherchen tatkräftig.

Für die wertvolle Unterstützung sowie für die Idee und Motivation, eine Dissertation zu verfassen, bin ich besonders Joseph Helbling zum Dank verpflichtet. Nützlich war auch eine Projektbeschäftigung im Stadtarchiv Luzern, für die ich mich bei Daniela Walker bedanken möchte. Gegenlesungen, Korrekturen und wertvolle Inputs stammen von George Steinmann, Gabriela Schwarz, Heinz Nauer, Guy Lang und Cornelia Havelka. Zudem möchte ich an dieser Stelle besonders Peter Frei für seine stets positive und motivierende Einstellung danken. Hilfreich war Rahel Scheurer, die es verstand schwierigen Situationen stets mit Humor zu begegnen.

1. Einleitung

Am 23. September 1992 berichtete die Berner Tageszeitung «Der Bund» über ein am Tag zuvor eingeweihtes Kunstwerk neben dem Bundeshaus. Dieses Kunstwerk – ein harmonisch angeordneter Steingarten namens «Gleichgewicht der Dinge» – war vom Berner Künstler George Steinmann für die vorausgegangene Ausschreibung konzipiert worden. Die Idee ging auf Walter Leu, den damaligen Direktor der Schweizerischen Verkehrszentrale, zurück. Unter dem Projektleiter Theo Wyler waren Orte mit der Nachbenennung «Schweiz» in aller Welt gesucht worden. Aus den 187 gefundenen «Schweizen» – eine im Alltag höchst ungewöhnliche Pluralform, die jedoch in der vorliegenden Arbeit zu benutzen sein wird – wurden bis zum 15. Juli 1992 44 Steine für die von Steinmann geplante Skulptur importiert. Dieser in den Medien «Skulptur» genannte Steingarten, der jedoch eher an eine Installation erinnert, wurde von der Schweizerischen Volksbank und der Swissair gesponsert. Die Einweihung geschah im Rahmen einer Zeremonie in Anwesenheit zahlreicher Parlamentarier, Diplomaten und Gemeinderäte. Der Berner Stadtpräsident Werner Bircher[1] hielt dabei eine Ansprache, in der er die Steine nicht nur ein Symbol der Beständigkeit nannte, sondern auch hinter diesem Geschenk Gedanken der Verbundenheit und der Ermutigung zu Weltoffenheit vermutete.

Der Schöpfer des Steingartens erklärte anlässlich der Einweihung, dass die fünf gemäss dem Goldenen Schnitt angeordneten Felsgruppen die Zusammengehörigkeit Asiens, Afrikas, Amerikas, Australiens und Europas wiedergäben. Ausserdem erinnerte er an den Respekt, mit welchem diese Steingeschenke auf ihre Reise geschickt worden waren. Darunter befanden sich sorgfältig in Samt gebettete Steine aus Indien sowie handschriftliche Grüsse aus Alaska. Als Gegengeschenk erhielten die beteiligten «Schweizen» Wegweiser aus der ursprünglichen Schweiz, die Richtung und Distanz zur Schweiz vermerkten.[2]

Doch nicht überall stiess das Projekt auf Wohlwollen. Die Boulevardzeitung «Blick» hatte Monate zuvor getitelt: «Fünf Steinhaufen für 350 000

---

1 Stadtpräsident von 1979 bis 1992.
2 Der Bund 23. September 1992.

Franken beim Bundeshaus, und das soll Kunst sein?».[3] Die vom «Blick» genannte Summe war allerdings, so Steinmann, aus der Luft gegriffen.[4] Zudem waren die Felsgruppen und die damit verbundene Symbolik vom Blick-Reporter in Frage gestellt worden, auch mass er der Bedeutung der Schweiz-Nachbenennungen keinen tieferen Sinn zu. Doch diese öffentliche Kritik regte auch zum Nachdenken an. Wie können Beziehungen zwischen der Schweiz und nachbenannten «Schweizen» definiert werden? Wie steht es mit der von Bircher genannten Verbundenheit und mit den Gemeinsamkeiten? Welche Prozesse und Wandlungen haben sie im Wandel der Zeit durchlaufen?

1.1 Forschungsstand und Forschungsfragen

Weltweit lassen sich zahlreiche Regionen und Gebirge nachweisen, die eine Nachbenennung mit den Begriffen «Schweiz» oder «Alpen» tragen. Die vorliegende Arbeit evaluiert die Ursachen und die Bedeutung dieses Transfers zweier Landschaftsnamen in den letzten drei Jahrhunderten in einem globalen Rahmen. Erste prominente Namensgeber von Alpen-Nachbenennungen waren Geographen und Kartographen auf wissenschaftlichen Entdeckungsreisen – darunter der Zeichner und Kartograph Sydney Parkinson (1745–1771) auf der ersten Südseereise 1768–1771 von Captain James Cook (1728–1779) oder Alexander von Humboldt (1769–1859) –, die sich auf die Alpen oder deren Modell bezogen, um bisher unbekannte Landschaften knappstens zu beschreiben und benennen zu können. Auf dieser Basis baute eine vielfältige Entwicklung von Nachbenennungen auf.

Die vorliegende Untersuchung der Geschichte der Transfers von Landschafts-Nachbenennungen mit «Schweiz» und «Alpen» schliesst eine Lücke in der globalen Umweltforschung. Eine generalisierende Geschichte der Landschaft an sich ist hingegen in der Forschung bereits etabliert. Denn ab den 1930er-Jahren wurde die Landschaft, und somit der Landschaftsbegriff, in den «Annales» in einem akademischen Kontext thematisiert.

---

3   Blick 21. Februar 1992.
4   Persönliches Interview mit George Steinmann 23. Januar 2014. Siehe Abb. 8 im Anhang.

Gegenwärtig widmen sich auch die Geisteswissenschaften im Kontext des Klimawandels wieder vermehrt den historischen Bedingungen der natürlichen Umwelt. Allerdings sind diese Studien, gemäss David Blackbourn, von der Tendenz geprägt, Eingriffe in die natürliche Umwelt in der Vergangenheit negativ zu bewerten, ohne die damaligen Notwendigkeiten und die schon immer dagewesenen Interaktionen zwischen Mensch und Umwelt genügend zu würdigen. Trotzdem vermitteln solche Studien den Geisteswissenschaften auch neue Perspektiven.[5]

Zur Verbreitung der Alpen-Nachbenennung wurden bis anhin kaum Arbeiten publiziert. Eine der seltenen Erwähnungen stammt von Jon Mathieu, die die Verbreitung der Nachbezeichnung «Alpen» in einem Artikel aufführt.[6] Besser als die Nachbenennung der Alpen ist jedoch die Nachbenennung mit dem Begriff «Schweiz» dokumentiert, denn beispielsweise der Wirtschaftsgeograph Irmfried Siedentop veröffentlichte 1977 und 1984 Listen der Landschaften mit einer Schweiz-Nachbenennung.[7] Problematisch an diesen Listen ist aber das Fehlen von Quellenangaben und Datierungen, von Begründungen der Anwendung der Nachbenennungen sowie von einer Beschreibung der zeitlichen Tiefe der Verankerung von Nachbenennungen. Zudem publizierte das Heimatmuseum «Wassermühle Ziddorf» in Mecklenburg eine Liste von Schweiz-Nachbenennungen und eine kleine Sammlung von Postkarten aus der «Mecklenburger Schweiz».[8] Allerdings wurden auch hier keine Quellenangaben gemacht. Neben der Gesamtdarstellung von Siedentop existieren zudem vereinzelt weitere historische Aufarbeitungen zu Schweiz-Nachbezeichnungen. Diese werden in der vorliegenden Arbeit laufend aufgegriffen. Im Weiteren veröffentlichte Helmut Weinacht einen bemerkenswerten Artikel zur «Fränkischen Schweiz»[9], auf den im Abschnitt zur Methodik in diesem Kapitel nochmals zurückgegriffen werden wird.

Es werden auch weitere spezifische Ursachen zur Wahl des Beinamens «Schweiz» geltend gemacht. So führte François Walter im Jahr 2005 die Ausbreitung der Schweiz-Nachbezeichnung auf die graphische Kunst und

---

5 Blackbourn 2007, S. 28, 22.
6 Mathieu 2010, S. 415.
7 Siedentop 1977, S. 33–43; Siedentop 1984, S. 126–130. Dazu existiert eine Liste neben der künstlerischen Skulptur beim Berner Bundesplatz «Die ‚Schweizen' in aller Welt» (1992).
8 Siedentop 1977; Siedentop 1984; Wassermühle Ziddorf (Hg.), Stand Dezember 2012.
9 Weinacht 1994, S. 94–97.

Photographie zurück.[10] Ähnlich thematisierte ein 2007 erschienener Bilderband mit Titel «Sehnsucht Schweiz; helvetische Landschaften in aller Welt» von Jakob Grünwies die Verbreitung der Schweiz-Nachbezeichnung auf einer bildlichen und sinnlichen Ebene.[11] Laurent Tissot wiederum machte 2011 den Alpinismus, Tourismus-Protagonisten und die Hotelindustrie als Promotoren der Verbreitung der Schweiz-Nachbezeichnung aus.[12]

Die vorliegende Dissertation untersucht zwei Einzelphänomene der globalen Toponomastik der Neuzeit mit folgenden Forschungsfragen:

- Wie, wann und in welcher Form war es möglich, dass sich der Ländername «Schweiz» zu einer Metapher in der Literatur und zu einem global verbreiteten toponymischen Beinamen in der Kartographie und im Tourismus entwickelte?
- Wie konnte sich parallel dazu der Gebirgsname «Alpen» von einem Eigennamen zu einem weltweit verwendeten Begriff der Geographie, Kartographie und Botanik wandeln?

Schlüsselbegriffe der Studie

Aufgrund der oben aufgeführten Forschungsfragen sind bereits jetzt die vier Schlüsselbegriffe «Transfer-Prozesse», «Nachbenennungen», «Landschaft» und «Tourismus» zu definieren. Nötig sind auch Erläuterungen zur Toponomastik, Gedanken zum Gebrauch von Metaphern und zur kulturellen Bedeutung von Bildern.

Der Terminus «Transfer» leitet sich vom lateinischen Verb «transferre» ab, also «etwas von einem Ort zum andern hintragen»; er wurde zudem auch bereits in der römischen Zeit für den Gebrauch von Metaphern verwendet, und zwar in dem Sinne, dass die Bedeutung eines Wortes auf ein anderes übertragen wird.[13] Somit wird hier die Richtung einer Veränderung angegeben. Die Toponomastik, eine Subdisziplin der Onomastik, befasst sich mit den Orts- und Flurnamen einer Region und deren langfristigen

---

10 Walter 2005, S. 73.
11 Grünwies 2007.
12 Tissot 2011, S. 71–72.
13 Georges 1875, Stichwort Transfer.

historisch-philologischen Veränderungen.[14] Als neueres Beispiel für Orts- und Flurnamenforschung sei hier nur die Arbeit von Viktor Weibel für den Kanton Schwyz (2012) genannt.[15] Doch sie alle befassen sich mit feststehenden, historisch gewachsenen Toponymen.

Benennungen sind grundlegende Vorgänge des Denkens und Differenzierens und damit der Kommunikation. Die vorliegende Untersuchung hingegen befasst sich mit der bewussten Übertragung eines bestehenden toponymischen Begriffes auf eine neue Örtlichkeit, und dies in der Neuzeit. Dafür wird hier hauptsächlich der Begriff «Nachbenennung» verwendet, selten auch die Bezeichnung «Metapher» oder «Beinamen».[16] Als Basis zur Theorie der Nachbenennungsnamen diene hier der Artikel des Niederländers Robert Rentenaar über «Namen im Sprachaustausch. Toponymische Nachbenennungen» in einem von Ernst Eichler 1996 herausgegebenen Sammelband zur Onomastik:

> «In der Anthroponymie ist die Nachbenennung ein Prozess, der darin besteht, dass man bewusst den Namen eines Menschen als den Namen eines anderen […] Menschen fungieren lässt. Ein derartiger Nachbenennungsprozess kann auch auf toponymischer Ebene stattfinden und das onymische Ergebnis wird dann als *Nachbenennungsnamen* […] bezeichnet. […] *Ein Nachbenennungsname ist als ein Toponym zu definieren, das dadurch entstanden ist, dass man bewusst ein anderswo existierendes Toponym zur Benennung einer Örtlichkeit gewählt hat.* Diese Wahl hat auf der Basis der mit dem Namen verbundenen sekundären Konnotationen oder assoziativen Bedeutung stattgefunden. Es soll noch hinzugefügt werden, dass vom topographischen Zusammenhang keine Rede ist.»[17]

Gemäss Rentenaar ist die Erscheinung toponymischer Nachbenennungen zwar schon aus der Römerzeit bekannt, deren Zahl nahm aber erst nach dem Jahr 1000 zu. Im 17. und 18. Jahrhundert wuchs dann die Verschiedenheit der Nachbenennungs-Namen aufgrund von weiträumigem Handel, Schifffahrt, Kolonisation und Ausbildung. Und wichtig für die vorliegende Untersuchung ist die Beobachtung, dass das Wahlmotiv oft durch

---

14   Eine entsprechende Suchanfrage (2014) für die Schweiz im Bibliothekskatalog «swissbib» erbringt bereits knapp 100 Belege.
15   Weibel 2012.
16   Arbeiten zu Nachbenennungen sind selten, ein Beispiel dafür stammt von Karin Meyer, aus dem Jahr 2005: Von „Amerika" bis „Waterloo": Toponymische Nachbenennung nach ausserschwedischen Vorbildern in Gävleborgs und Uppsala län.
17   Rentenaar 1996, S. 1013. [Kursive Schreibweise durch den Verfasser.]

die äussere Erscheinung gegeben war, so seien beispielsweise Gebiete, die für die Erholung geeignet schienen, nach der Schweiz benannt worden.[18]

Die vorliegende Arbeit untersucht somit ein bisher wenig beachtetes Phänomen, nämlich die im Ausmass wohl einzigartige und teilweise gezielte endonyme Nachbenennung von europäischen und kolonisierten Regionen mit den Begriffen «Schweiz» und «Alpen», und zwar innerhalb des Zeitraums der letzten drei Jahrhunderte. Damit beschränkt vergleichbar sind nur Nachbenennungen mit dem Städtenamen «Paris». Es handelt sich bei den Schweiz- und Alpen-Nachbenennungen jedoch um einen sich im Laufe der Zeit unterschiedliche entwickelnden Gebrauch der Begriffe, genauer gesagt, um die Entwicklung zweier Eigennamen zu weitverbreiteten Gattungsbegriffen und deren teilweise Kritik und Korrekturen am Ende des 19. und vor allem im 20. Jahrhundert.

Die Semantik des Begriffes bei einer Nachbenennung kann von einer kommunikativen Funktion der Identifizierung bis hin zu einer reduzierten Bedeutung, zur blossen Etikette, reichen[19]; damit ergeben sich ähnlich breitgefächerte Möglichkeiten wie sie der unten folgende Vergleich mit dem philologischen Begriff der Metapher zeigt. Aus der hier spezifischen Forschungs-Situation heraus wird für die vorliegende Untersuchung ausserdem die Pluralform «Schweizen» generiert.

Der Begriff «global» meint im vorliegenden Rahmen der Untersuchung selbstverständlich eine eurozentrierte Nachbenennung und darauf aufbauende Datensuche. Denn diese europäischen Transfer-Prozesse inner- und ausserhalb Europas waren eng mit der zeitgenössischen Literatur, den wissenschaftlichen Expeditionen und den dazugehörigen Forschungsberichten und Kartographie, mit der Kolonisation und dem Handel durch europäische Staaten sowie dem später einsetzenden Tourismus verbunden.

Aus der philologischen Perspektive kann eine toponomastische Nachbenennung auch als Sonderform einer Metapher verstanden werden. Gleich wie der lateinische Begriff «Transfer» bedeutet auch das griechische «μεταφορά» Übertragung.

> «Die poetische Metapher […] deckt Zusammenhänge auf und stellt Beziehung her, wobei ein bildhaft-wertendes Denken und Bestimmung der Dinge und Vorgänge hineingetragen und vom Leser mitvollzogen wird. Der so auftretende Widerspruch

---

18 Ebd., S. 1014–1017. Vor allem der Abschnitt 3.2.1.: Die äussere Erscheinung oder der Eindruck der Örtlichkeit.
19 Kalverkämper 1996, S. 1019.

zwischen (objektiver) Bestimmung und (subjektiver) Wertung wird durch die Konvergenz von Bild und Gedanke nicht notwendig ausgelöscht, sondern in der kleinsten sprachlichen Einheit vieldeutig reproduziert. Ein Gegenstand, ein Sachverhalt, eine Empfindung werden eben dadurch bezeichnet, dass das Bild den Gedanken und der Gedanke das Bild überhöht, kritisiert, verzerrt oder präzisiert.»[20]

Gemäss Wilpert entstehe zudem nach Quintillian ein Nebeneinander der Werte, nicht in der eigentlichen Bedeutung, sondern «übertragen».[21] Somit ist bereits mit diesen philologischen Definitionen angedeutet, wie unterschiedlich sich der praktische Gebrauch der Nachbenennungen «Schweiz» und «Alpen» im untersuchten Zeitraum gestalten kann. Betont sei hier der eingeschränkte Gebrauch dieser Metaphern, der nicht einen überraschenden Zusammenhang herstellt, sondern vielmehr vor allem eine Gebirgsbeziehungsweise eine Erholungslandschaft visualisieren will.

Der Gebrauch der Nachbenennungen «Schweiz» und «Alpen» hängt auch mit Vorstellungen zu Landschaften zusammen. In diesem Sinne wird hier die Entwicklung des Landschaftsbegriffs thematisiert. Gemäss Backhaus et al. (2007) stammen die europäischen Wurzeln des «Konzeptes einer wahrgenommenen Landschaft» aus dem 14. Jahrhundert, nämlich aus der Kunst des Gartenbaus, der Erfindung der Perspektive in der Renaissance und den Erneuerungen der wirtschaftlichen und politischen Gebietskontrollen. Ab 1760 nahmen dann die Alpen in den Landschaftsbeschreibungen eine zentrale Rolle ein.[22] Und ab 1929 wurde schliesslich die Landschaft in den «Annales» in einem akademischen Kontext thematisiert. Der Historiker Marc Bloch (1886–1944) gehörte zu den Promotoren eines Studiums der natürlichen Umwelt und forderte, dass sich die Geisteswissenschaften auch den Besonderheiten einer Landschaft anzunehmen hätten. Diese Bewegung fand in der Folge auch in den Vereinigten Staaten, Grossbritannien und Deutschland ihre Anhänger.[23]

Simon Schama verwies 1996 auf die überraschende Dauerhaftigkeit von Mythen und Erinnerungen, welche eng mit Landschaftsmetaphern und nationalen Identitäten von Gesellschaften zusammenhängen.[24] Backhaus et al. zeigten 2007, dass kulturelle Ansätze zum Landschaftsbegriff davon ausgehen, dass visuelle, sprachliche und verhaltensbezogene Muster

---

20 Träger 1986, S. 338.
21 Wilpert 1969, Stichwort Metapher.
22 Backhaus/Reichler/Stremlow 2007, S. 34.
23 Blackbourn 2007, S. 28.
24 Schama 1996, S. 22, 24–29.

die Wahrnehmung von Menschen prägen. Zusätzlich kommen zum Landschaftsbegriff gesellschaftliche, ökonomische, ökologische und körperliche Dimensionen. Backhaus et al. erklärten die vielschichtige Komplexität des Landschaftsbegriffes. Denn sie umschrieben als mögliche Auffassungen der Landschaft Folgendes: Es handle sich dabei um die Welt, wie sie subjektiv erscheint, als politischen Träger, als naturwissenschaftliches Untersuchungsobjekt, als ästhetisches Objekt der Philosophie und als Subjekt des Gemütes in der Literatur. Gleichzeitig könne dem Landschaftsbegriff in verschiedenen Sprachen zusätzlich unterschiedliche Bedeutung zugeschrieben werden.[25]

Somit ermöglicht eine offene Fassung des Landschaftsbegriffes eine detaillierte Analyse des Transfers von Vorstellungen und Praktiken. Blackbourns folgende Fassung des Landschaftsbegriffs erscheint sinnvoll, da mit seinen Ausführungen nicht bei theoretischen Fragestellungen angesetzt werden muss. Er trägt vielmehr der Erkenntnis Rechnung, dass sowohl Mensch als auch Gesellschaft zur Landschaft gehören. Seine Studie zeigt, dass eine Analyse einer Landschaft sich gut auf zwei Pole konzentrieren kann. Dabei kann der eine Pol als subjektive, kulturelle Konstruktion des Beobachters identifiziert werden.[26] Der zweite Pol besteht aus der materiellen Wirklichkeit, nämlich aus Stein, Vegetation, Wasser, Eis und Boden. Zusammen bilden diese zwei wandelbaren Pole eine einzige Geschichte.[27] In diesem Sinn werden in der vorliegenden Studie die Landschaft und deren Wahrnehmung über sprachliche Indikatoren als eine einzige Geschichte untersucht.

Ein weiterer Begriff, der hier umschrieben werden sollte, ist der des Tourismus. Rüdiger Hachtmann hielt 2007 fest, dass die moderne Tourismusforschung in den deutschen Geisteswissenschaften «vernachlässigt» wurde.[28] Benedikt Bock präzisierte, dass es sich insbesondere beim Massentourismus um ein wenig erforschtes Feld handelt. Die historische Tourismusforschung nahm erst zu Beginn der 1990er Jahre zu.[29] Bock zieht für eine differenziertere Begriffserklärung Julia Gebauer heran, die den Tourismus als eigenständige, sich aus anderen Reiseformen entwickelte

---

25 Backhaus/Reichler/Stremlow 2007, S. 43–44, 41.
26 Grundsätzlich herrscht in den Wissenschaften zumindest ein Konsens darüber, dass der Landschaftsbegriff einer gesellschaftlich erzeugten Konstruktion gleich kommt. Siehe Backhaus/Reichler/Stremlow 2007, S. 38.
27 Blackbourn 2007, S. 26.
28 Hachtmann 2007, S. 19; Gebauer 2008, S. 8.
29 Bock 2010, S. 17, 21; Zimmers 1995, S. 97.

Reiseform definiert.[30] Etymologisch ist das Wort «Tourist» nach Grimm auf das Englische und Französische «Tour» zurückzuführen. Dieses stand für die Bildungsreise «grand tour» englischer Adliger des 17. und 18. Jahrhunderts. Das Wort «Tourist» ist eine Ableitung von «grand tour» und erschien erstmals um 1800. Um 1839 taucht das Wort auf Deutsch auf und beschreibt einen Reisenden, der sich zum «Vergnügen» und «ohne festes Ziel» in fremde Länder begibt.[31]

Die Alpen und die Schweiz als Modell

Der Begriff «Alpen» war bereits im Lateinischen als Nomen proprium oder Eigennamen für das Gebirge an der zeitweiligen Nordgrenze des Römischen Reiches fest verankert; für einen Berg oder Gebirge als Appellativum oder Gattungsnamen wurde der Begriff «Mons» verwendet.[32] Gabriela Seitz zeigte, dass in der lateinischen Literatur die Alpen als eisig, sturmumbraust, wild, schluchtenreich und schreckeinflössend galten, obwohl allgemein bekannt war, dass sie bewohnt waren. Es sei Livius (59 v. Chr. – 17 n. Chr.), der Historiker aus dem norditalienischen Padua, gewesen, der das Wort von der «Foeditas Alpium» geprägt habe, also von der «Scheusslichkeit der Alpen», wobei alpine Produkte bereits geschätzt waren. Für das Mittelalter wies Seitz Beschreibungen von Alpenüberquerungen nach, so zum Beispiel Felix Fabers Pilgerreise ins Heilige Land durch Tirol.[33] Die Arbeit von Sandro Decurtins (2013) belegte zudem für das 14.-16. Jahrhundert einen regen Handelsverkehr von der Surselva in die Lombardei.[34]

Die Alpen standen Modell für die Erkundung aller Gebirge. Dies war unter anderem auch den frühen Leistungen Schweizer Gelehrter zu verdanken. Der Bergsteiger und Publizist William Augustus Breevot Coolidge (1850–1926) zeigte bereits 1904, wie sich der Zürcher Gelehrte Josias Simler (1530–1576) mit den Alpen auseinandergesetzt hatte.[35] Wichtig für die Gebirgsforschung waren zudem auch die Arbeiten des Zürcher

---

30 Bock 2010, S. 18; Gebauer 2008, S. 363; Krempien 2000, S. 10.
31 Grimm, Bd. 11, Abt. 1, Teil 1, 1935, Spalte 922ff.
32 Zur Verwendung des Begriffes «Alpen» im Alemannischen u. a.: Das Schweizerische Idiotikon (v.a. 1. Bd., Sp. 196, Stand März 2014).
33 Seitz 1987, S. 9, 37; vgl. aber auch S. 36.
34 Decurtins 2013.
35 Coolidge 1989, S. 19. Siehe auch Joutard 1986.

Universalgelehrten Johann Jakob Scheuchzers (1672–1733).[36] Aurel Schmidt schrieb ihm 1990 gar die Hauptverantwortung für den Durchbruch der Alpenforschung zu.[37] Scheuchzer war 1704 in die Royal Society in London als Mitglied aufgenommen worden. Die Royal Society unterstützte seine naturwissenschaftlichen Publikationen über die Schweiz finanziell, übrigens auch auf Empfehlung Isac Newtons (1642/43–1726), und trug damit allgemein zur Verbreitung seiner Schriften und vor allem zur Förderung des englischen Alpentourismus bei."[38] Daneben befassten sich zahlreiche weitere Wissenschaftler mit den Alpen als Forschungsobjekt. Philippe Joutard zählte 1986 zu diesem Kreis auch den Schweizer Mont Blanc-Besteiger und Naturforscher Horace-Bénédict de Saussure (1740–1799).[39] Dank wegweisenden Werken von weiteren Forschern, wie beispielsweise Gottlieb Sigmund Gruner (1717–1778) und Jean André Deluc (1727–1817)[40], nahm die Schweiz vom 16. bis ins 18. Jahrhundert, genauer bis um 1805, im «internationalen wissenschaftlichen Kommunikationsnetz» die führende Stellung ein.[41]

In der Aufklärung entstanden Beschreibungen der Schweiz und der Alpen in literarischen Werken, die beide Begriffe als poetische Metapher für ein Interesse an Natur und Freiheit benutzten. Eine gebirgige Landschaft die interessierte, und die zu einem Freiheits-Symbol für die Zeitgenossen geworden war. Die Natur, und damit die Alpen, war in den Fokus der Wissenschaft, so vor allem in denjenigen der Geographie, Kartographie und Botanik, gerückt. Es ging jedoch nicht nur um Wissenschaft, sondern gleichzeitig auch um ein Naturgefühl, wie dies Karl Heinz Göller 1984 unter dem Titel «Die Entdeckung der Alpenschönheit. Das Erhabene» in seiner Arbeit über die englische Literatur dargestellt hat. Göller zitierte den englischen Dichter und Gelehrten Thomas Grey (1716–1771), einen Vorläufer der englischen Romantik, der sich gegen die gestalteten Gärten von Versailles aussprach, aber für die Felsen und Wasserfälle im Hochgebirge; für ihn sei die Erhabenheit und Grossartigkeit der Wasserfälle nahe

---

36 Steiger 1927, S. 80. Siehe auch Boscani Leoni 2010; Steiger 1933.
37 Schmidt 1990, S. 111.
38 Fast wörtliches Zitat aus dem Online-Artikel des Historischen Lexikons der Schweiz (HLS) von Werner Marti (abgerufen am 7.7.2014). – So wurde beispielsweise Scheuchzers Werk «Ouresiphoitēs Helveticus, sive Itinera Alpina tria» 1708 in London gedruckt.
39 Joutard 1986. Der Mont Blanc ist mit 4810 m ü. M. der höchste Gipfel Europas.
40 Siehe dazu Hübner 2010.
41 Hoffmann 2005, S. 221.

der Grande Chartreuse (bei Echelles, Savoyen) nur schwer zu beschreiben; er bedauerte, mit dem ungeeigneten Material von Feder und Tinte Unaussprechliches schildern zu müssen.[42]

Neben wissenschaftlichen Leistungen waren literarische Bestseller ein wichtiger Auslöser des nachfolgenden Frühtourismus. So förderte der an den Ufern des Genfersees spielende Bestseller[43] des 18. Jahrhundert «Julie ou la Nouvelle Héloise» von Jean-Jacques Rousseau (1712–1778) den in die Alpen und die Genferseeregion einsetzenden Besucherstrom massgeblich. Peter Faessler hielt 1991 fest, dass neben den Dichtungen von Jean-Jacques Rousseau die Werke von Albrecht von Haller (1708–1777), Salomon Gessner (1730–1788), Friedrich Schiller (1759–1805) sowie von Engländern und Franzosen ebenso zu dieser Begeisterung beitrugen und einen eigentlichen «Philhelvetismus» begründeten.[44] Petra Raymond merkte 1993 an, dass von Albrecht von Hallers Gedicht «Die Alpen» aus dem Jahr 1729 bereits zu Lebzeiten des Dichters dreissig Ausgaben publiziert worden waren. Die Ausstrahlung der Schweiz und die daraus resultierende Schweizbegeisterung gingen dabei von wenigen Orten der Schweiz aus. Populäre Destinationen am Genfersee und im Berner Oberland standen verallgemeinernd für die Landschaft der Schweiz. Die popularisierte voralpine Landschaft wurde so zu einem Anziehungspunkt mit grosser Ausstrahlung. Die publizierten Reiseberichte zur Schweiz nahmen in der zweiten Hälfte des 18. Jahrhunderts stark zu und förderten die Formung einer Klischeelandschaft der Alpen und der Schweiz.[45]

Im Zusammenspiel der literarischen und wissenschaftlichen Werke der Aufklärung entwickelte sich zudem ein Besuch der Schweiz zu einem festen Bestandteil der Grand Tour[46] der Adligen durch Europa, und, nach der Französischen Revolution, auch der Reisen des Bürgertums. So wandelte sich im 19. Jahrhundert im Rahmen des Fremdenverkehrs – oder Tourismus – der Begriff «Schweiz» auch zu einem Synonym für Erholung und Ferien und wurde so bald zu Werbezwecken verwendet. Die zunehmende Anzahl von Reisebeschreibungen im Zeitraum von 1750 und 1790 um das Achtfache illustrieren diese Entwicklung.[47] Ein Frühtourismus, der

---

42 Göller 1984, S. 230–231.
43 Wittmann 1999, S. 419–454.
44 Faessler 1991, S. 247. Vgl. dazu auch Hentschel 2002.
45 Raymond 1993, S. 82, 91, 181.
46 Zum Beispiel Babael/Paravicini 2005.
47 De Beer 1949.

nicht ganz unkritisiert blieb, wie die leicht ironisierende Einleitung zur Gedichtsammlung von Johannes Bürkli – «Gedichte über die Schweiz und die Schweizer» – aus dem Jahr 1793 belegt.[48]

In der Forschung wird die damals enge Verbundenheit der wissenschaftlichen Schweiz- und Alpenmodelle oft betont. Der Philhelvetismus des ausgehenden 18. Jahrhunderts war aber auch mit der touristischen Entdeckung des Alpenraums verflochten. Dass die Verknüpfung der Schweiz mit den Alpen jedoch schon älteren Datums ist, belegt der Band «Die Entdeckung der Alpen», herausgegeben von Jean François Bergier und Sandro Guzzi aus dem Jahr 1992.[49] Im Weiteren bewies Guy P. Marchal im selben Band, dass das Gotthardmassiv und die Eidgenossenschaft bereits im 15. und 16. Jahrhundert politisch verbunden worden waren.[50] Er vertrat sogar die Ansicht, dass Gebirge und Geschichte in der Schweiz sehr effektiv kombiniert worden waren.[51] Peter Utz schrieb 1992 zur Bedeutung der Alpen für die Schweiz gar von einem «eidgenössische(n) Integrationssymbol».[52] Diese bereits existierenden Bilder der Schweiz und der Alpen verbreiteten sich dann im 18. Jahrhundert weiter. So zeigten Claude Reichler und Roland Ruffieux in ihrer Arbeit von 1998, wie sich Aussensichten von Besuchern und schweizerische Selbstbilder in den Reisebeschreibungen über die Schweiz ineinander verwoben.[53]

Dabei gerieten besonders die in der Schweiz gelegenen Alpen als Gebirge in den Fokus von Schriftstellern und Wissenschaftlern. Reichler schrieb noch 1998 zur Modellbildung der Alpen gar von einem «Schweizer Mythos».[54] Er revidierte diesen Begriff später und verwandte dann die Bezeichnung «Alpenmythos». Er erklärte die Entstehung dieses Begriffes mit dem neuen Interesse an den Alpen, mit einer von den Bergen ausstrahlenden Faszination an sich, zu Beginn des 18. Jahrhunderts. Diese Faszination hatte einen europaweiten und kulturellen Charakter, der, so Reichler, sowohl auf einem geographischen als auch auf einem symbolischen Charakter basierte. Dabei spielte die sich mit der Entstehung der Erde auseinandersetzende wissenschaftliche Literatur als Auslöser

---

48 Bürkli 1793, S. 5.
49 Bergier/Guzzi 1992.
50 Marchal 1992b, S. 35–53.
51 Marchal 1992a, S. 37–49. Siehe auch Maissen 1994.
52 Utz 1992, S. 313.
53 Reichler/Ruffieux 1998.
54 Ebd.

dieser Faszination eine zentrale Rolle. Reichler betonte zudem, dass die gleichzeitige Betätigung vieler Wissenschaftler als Schriftsteller zu einer Verbindung des Populär-Romantischen mit wissenschaftlicher Naturbeobachtung führte. Denn zahlreiche Reisende glaubten nun, in den Alpen einen ursprünglichen gesellschaftlichen Ort zu erleben.[55] Dabei muss beachtet werden, dass nicht von einem Wandel von einem zuvor negativen zu einem positiven Alpenbild ausgegangen werden kann.[56] Doch insgesamt nahm das Interesse an den Bergen stetig zu, was beispielsweise die bereits 1908 von William Augustus Breevot Coolidge verfasste Liste von Erstbesteigungen zeigt.[57]

Zentral beim Gebrauch einer Nachbenennung oder Metapher ist auch deren Funktion als Bildersatz, dies insbesondere in Zeiten, wo Bildung und Buchbesitz einer kleinen Elite vorbehalten waren und Drucke die Realität nur beschränkt widergaben. Seitz führte in ihrer reichbebilderten Arbeit mit dem Titel «Wo Europa den Himmel berührt. Die Entdeckung der Alpen» aus dem Jahr 1987 erste realistische Darstellungen der Alpen ab ungefähr 1700 auf, so in den verbreiteten Arbeiten von Johann Jakob Scheuchzer, während stilisierte Vorläufer bereits um 1500 nachweisbar sind, zum Beispiel im Manuskript der Bilderchronik des Luzerner Diebold Schilling von 1513.[58] Dieser Wandel steht sicherlich auch im Zusammenhang mit der weiteren Entwicklung des Kupferstichs und des Holzschnitts.

Der Vorgang der Nachbenennungen blieb aufmerksamen Zeitgenossen nicht lange verborgen. Schon 1795 bemerkte der Gelehrte Ludwig Wallrath Medicus (1771–1850), dass die Bezeichnung «Alpen» für alle hohen Gebirge verwendet wurde.[59] Und noch heute tragen mehrere Gebirge der Welt die Nachbezeichnung «Alpen» in ihrem Namen.[60] Parallel dazu wurde bereits während der Aufklärung die Landesbezeichnung «Schweiz» zur Nachbezeichnung für andere Regionen umgewandelt, wofür hier die «Fränkische» und die «Sächsische Schweiz», erstmals nachweisbar in den Jahren 1774 und 1783, als bekannte Beispiele angeführt seien. Die in dieser Arbeit untersuchten globalen Nachbenennungen «Schweiz» und «Alpen» stehen in

---

55 Reichler 2005, S. 16–24.
56 Mathieu 2005, S. 53–72; Mathieu 2011, S. 163.
57 Coolidge 1908, S. 373–407.
58 Seitz 1987, S. 83, 91, 29.
59 Medicus 1795, S. 10. Siehe auch Mathieu 2010, S. 415.
60 Zur näheren Beschreibung von Begriffen des Wortfeldes «Alpen, Alp, Alm, Allmend» usw. sei auf das Online-Wörterbuch Idiotikon verwiesen. Idiotikon, Bd. 1, S. 190 ff.

einer verwandtschaftlichen Beziehung, denn die Schweiz und die Alpen verkörperten zwei eng verbundene Landschaften. Der Geschichte dieser Beziehung soll nun in dieser Studie nachgegangen werden. Im nächsten Abschnitt werden die theoretischen Grundlagen für dieses Unterfangen beleuchtet.

1.2 Theoretische Ansätze

Sprachwissenschaft

Nach Georg Iggers (1997) können Ideen nicht nur als Kreationen von einflussreichen Denkern gewertet werden, sondern sollten auch als Teil des Diskurses der Gemeinschaft gewertet werden. Die Sprache dient dabei als Untersuchungswerkzeug. Die Realität besteht nach Iggers zwar nicht nur aus Texten und Sprachgebrauch, kann aber genau durch diese studiert werden.[61] Um die Repräsentativität zu steigern, wird für diese Studie nicht von einem diskursiven Ansatz ausgegangen, sondern es werden weitere Indikatoren, die den Hintergrund und Kontext für diesen Diskurs bildeten, herangezogen und untersucht. Bei der Verwendung des Diskursbegriffes wird von einem «shared discourse» nach Gadi Algazi ausgegangen.[62] Reto Furrer zeigte 2005, wie Hintergründe Grundlagen und Entstehungsbedingungen für einen Alpendiskurs bildeten und diesen bestimmten.[63] Die Frage nach dem Prozess einer Herausbildung einer globalen Landschaft setzt einen methodischen Ansatz voraus, welcher die Beziehungen unter den bildenden Faktoren beleuchtet. Am besten lässt sich dies anhand einer Analyse des Textgebrauchs im Kontext des Milieus (anstelle eines souveränen Interpretationsaktes) bewerkstelligen.[64] Für diese Studie werden Geografen, Geologen, Botaniker, Naturforscher und z. T. auch Adelige und Geistliche unter dem Begriff Wissenschaftler zusammengefasst.[65]

Da diese Studie der sprachlichen Verbreitung von Bezeichnungen nachgeht, sollte auch der «Linguistik Turn» erwähnt werden. Dabei ist

---

61 Iggers 1997, S. 127–132.
62 Algazi 2000, S. 105–119. Auch vermerkt in Mathieu 2010, S. 414.
63 Furrer 2005, S. 73.
64 Chartier 1998. Zitiert von Mathieu 2002, S. 120.
65 Zorn 2005, S. 223–236.

nicht von Positionen auszugehen, welche nur mit dem Sprachbegriff argumentieren. Auch wird nicht versucht, mit der Sprache Kultur- oder Sozialökonomie-Geschichte zu ersetzen. Vielmehr ist deren Verbundenheit ins Zentrum zu rücken. Dies ganz im Sinne von Iggers, der Caroll Smith-Rosenberg zitierte: «while linguistic differences structure society, social differences structure language». Ähnlich hatte auch Edward Said den westlichen Orient-Diskurs als Konstruktion analysiert, der ein aussereuropäisches «Anderes» kreierte und der Expansion und dem Überlegenheitsverständnis des Westens diente.[66]

Der Sprachwissenschaftler Friedhelm Debus zeigte 2012 auf, dass in den Sprachwissenschaften das Fachgebiet «Onomastik» die Bedeutung, Verbreitung und Entstehung von Eigennamen untersucht. Die «Namenetymologie», abgeleitet vom lateinischen «etymologia», ist mit der Onomastik verbunden und sucht als «Lehre vom Wahren, Wirklichen» nach der (vermeintlich) «ursprünglichen» Bedeutung von Namen. Zusammen mit der «Historisch-vergleichenden Sprachwissenschaft» gehören die Etymologie und die Onomastik in das sprachwissenschaftliche Teilgebiet der «Vergleichenden Sprachwissenschaft».[67] Zur Unterkategorie Onomastik gehört der Bereich «Toponomastik».[68]

Der Forschungszweig «Toponomastik» befasst sich, wie aus den zwei zugrundeliegenden altgriechischen Begriffen «τόπος» (Orte) und «ονομα» (Namen) direkt ableitbar, mit der Entstehung, Verbreitung und Geschichte der Toponyme, der Ortsnamen. Zu diesen gehören nicht nur eigentliche Ortsnamen, sondern unter anderen auch Örtlichkeitsnamen, Landschaftsnamen, Ländernamen und Staatennamen, Flurnamen, Geländeformationen, Gebirgsnamen sowie Bergnamen. Die Toponomastik dient somit auch den Geisteswissenschaften als wichtige Hilfswissenschaft.[69] Dabei differenzieren Studien zwischen Eigenbezeichnungen (Endonymen) und Fremdbezeichnungen (Exonymen) und setzen sich auch mit politischen Implikationen sprachlicher Ausbreitung auseinander. So erforschte zum Beispiel der deutsche Mediävist und Germanist Ernst Schwarz (1895–1983) die Interferenzen in Sudetengebieten zwischen Slawen und Deutschen.[70]

---

66 Iggers 1997, S. 133.
67 Neben der «Allgemeinen Sprachwissenschaft» und «Angewandten Sprachwissenschaft».
68 Debus 2012, S. 29, 62.
69 Debus 2012, S. 29.
70 Schwartz 1931.

Debus zeigte auf, dass die wissenschaftliche Etymologie bereits zu Beginn des 19. Jahrhunderts in Erscheinung getreten war. Gefördert von Jacob Grimm (1785–1863) wurde die Etymologie eines Begriffes als «lautlich-inhaltlich-formale» Geschichte eines Wortes definiert. Im Zentrum stand damals noch die Wortentwicklung. Dabei verlangte Grimm bereits 1839, dass in der Namenforschung: «auch die vorstellungsweise und der geist des alterthums in allen seinen bezügen muss dafür zu rath gezogen werden».[71] Debus wertete deshalb Grimms Aussage als Berührungspunkt der Etymologie mit der Motivforschung. Bezüglich Ortsnamen vermerkte Debus, dass bei ihrer Aufarbeitung jeweils eine «Realprobe» getätigt wurde, bei welcher der benannte Ort erkundet wurde, um die Vernetzung natürlicher Gegebenheiten und der Mundart mit dem betreffenden Namen zu bestätigen.

Debus würdigte den Namenforscher Ernst Förstemann (1822–1906) als massgebend für die Herausbildung einer wissenschaftlich fundierten Ortsnamenkunde. Initiierend für Förstemanns Werk war das 1846 von Jacob Grimm angespornte Preisausschreiben der Berliner Akademie der Wissenschaften gewesen. In dessen Rahmen publizierte er 1859 das zweibändige «Altdeutsche Namenbuch». Debus hob aber vor allem auch die Bedeutung der 1863 publizierten Arbeit Ernst Förstemanns hervor, dieses unter dem Titel «Die deutschen Ortsnamen» erschienene Buch gilt als Begründung der deutschen systematischen Ortsnamenkunde. Die Verdienste des Werkes liegen in seiner Quellenkritik, Verortung in kartographischen Darstellungen und der Anregung zu Sammlungen und Monographien.[72]

Gemäss Debus vermochte sich die Namenkunde erst unter dem Einfluss des Philologen Adolf Bach (1890–1972) als eigene sprachwissenschaftliche Disziplin zu etablieren. Denn Bach kritisierte 1943, dass sich die Namenforschung zu sehr auf die etymologische Deutung konzentriere. Er verlangte, dass die Namenforschung nicht nur die historische Entwicklung des Namens selber untersuchen solle, sondern in einen grösseren Kontext eingebettet werde. Bach entwickelte für die Ortsnamenkunde dialekt- und wortgeographische Methoden und publizierte 1952 die Untersuchung «Deutsche Namenkunde». Damit verlor die Namenkunde ihr hilfswissenschaftliches Image. Namen werden seither vielmehr als Zeichen der Sprache und als Zeugen der Geschichte verstanden. Denn

---

71 Debus 2012, S. 63; Grimm 1839, S. 133.
72 Förstemann 1859; Förstemann 1863; Debus 2012, S. 18.

die Ortsnamenkunde setzt nicht nur die Erforschung der Bedeutung von Namen, sondern auch die Analyse des historischen Kontextes voraus.[73]

Debus zeigte ausserdem 2012 auf, wie die Resultate der Erforschung der Ortsnamen unterschiedliche Verwendung finden können. Ein Ortsnamen kann beispielsweise einerseits für bewohnte und unbewohnte Örtlichkeiten benutzt werden, wie dies Gerhard Bauer 1985 gezeigt hatte, und anderseits nur für bewohnte Orte, wie es zum Beispiel Teodolius Witowski schon 1964 belegt hatte, wobei für unbewohnte Orte der Terminus «Flurnamen» Verwendung findet. Gemäss Debus macht es deshalb Sinn, für besiedelte Orte den Begriff «Siedlungsnamen» zu gebrauchen.[74] Zusammen konstituieren Flurnamen und Siedlungsnamen einen Ortsnamen, der so zum sogenannten «Hyperonym», also zu einem Oberbegriff, wird. Diese Klassifizierung wurde von Bach bereits 1953 festgehalten. Ein Toponym ist somit ein Synonym für Ortsnamen.[75] Einer der Unterschiede zwischen Siedlungsnamen und Flurnamen kann im Benennungsakt bestehen. Denn diese stammen oft, wie auch Personennamen, von einer Art Taufe her. Andere Siedlungsnamen entwickelten sich aber auch über längere Zeitspannen. So auch Flurnamen, die von beschreibenden Bezeichnungen zu Benennungen umgeformt wurden. Debus spricht dabei von einer Abfolge von Beschreibungsakten, die mit der Zeit im örtlichen Kommunikationsnetzwerk Anwendung fanden und schliesslich zum allgemein anerkannten Flurnamen wurden. Ausgenommen vom beschriebenen Flurnamen-Prozess sind Strassen, Alleen, Plätze und Wege, die ihre Namen definitionsgemäss von Gremien erhalten. Die langfristige Verwendung eines Flurnamen hängt direkt von der Wichtigkeit im lokalen Kommunikationsnetz ab. Dabei spielen dessen Hilfe zur Orientierung, der Sinn des Namens in der Geschichte und die Verschriftlichung des Namens für das überörtliche Kommunikationsnetz eine entscheidende Rolle.[76]

Gemäss der Arbeit des Sprachwissenschaftlers Peter von Polenz aus dem Jahre 1962 sind Landschaftsnamen im frühmittelalterlichen Deutschland nicht als rein administrativ festgehaltene Einheiten zu verstehen.[77] Landschaftsnamen, vor allem in der Frühzeit, enthalten auch einen volkstümlichen Charakter. Im fränkischen Machtbereich wiederum

---

73 Bach 1943; Bach 1952; Debus 2012, S. 64, 18, 19.
74 Bauer 1985; Witowski 1964; Debus 2012, S. 138.
75 Bach 1953; Debus 2012, S. 138.
76 Debus 2012, S. 141.
77 Polenz 1961, S. 23.

wurden Landschaftsnamen zur administrativen Orientierung angewendet. Landschaftsnamen wurden folgerichtig dadurch auch zu Bezirksnamen. Sie unterlagen jedoch im Laufe der Jahrhunderte oft einem Wandel, sogar Siedlungsnamen erhielten manchmal Zusätze und Ergänzungen durch Landschaftsnamen. Im 19. Jahrhundert führten historisierende Bestrebungen wie die Heimatbewegung, aber auch die Landschaftspflege und der Tourismus, zu neuen Landschaftsnamen. Debus vermerkte dazu ausdrücklich, dass die Bezeichnung «Holsteinische Schweiz» zum Beispiel auf den Tourismus zurückgehe.[78]

Motive, die zu Benennungen von Menschen und Orten führen, haben oft auch eine psychologische oder psychoonomastische Komponente. Dies gilt beispielsweise auch für Eltern, die ihre Kinder auf einen vorteilhaften und sympathisch wirkenden Namen taufen. Debus hielt dazu fest, dass in der psychoonomastischen Forschung in den 1910er-Jahren Karl Otto Erdmann (1858–1931) den Begriff der «Konnotation» verwandte, den er mit den Bezeichnungen «Nebensinn», «Gefühlswert» und «Stimmungsgehalt» verband. Dabei werden in der Psychoonomastik die konnotative Bedeutung und Wirkung von Namen auf den Menschen untersucht. Forschungen haben ergeben, dass es intersubjektiv bestehende Namensbewertungen gibt. Denn die Einschätzung von Namen beruht auf Erfahrung, Mentalität und Empfindung und ist zeitabhängig. Im Rahmen dieser Entwicklung bekommen Namen ein «eigenes Gesicht», weshalb in der Namenforschung dafür der Terminus «Namenphysiognomik» verwendet wird.[79]

Der psychologische Aspekt bei Ortsnamen ist vermutlich eingeschränkter als bei Personennamen, sollte aber dennoch nicht vernachlässigt werden. Ein psychologischer Prozess kann gemäss Debus jeweils bei Neubenennungen von Strassen und Siedlungen beobachtet werden. Ortsnamen mit der Endung «–ingen» sprechen demgemäss zum Beispiel ein Zusammengehörigkeitsgefühl der Siedler an. Dabei wird in der Forschung auch Zeitströmungen Rechnung getragen. Belastete oder psychologisch negativ wirkende Siedlungsnamen werden oft umbenannt. Im Gegensatz dazu stehe der Namen der alten Heimat individuell oft mit einer positiven, «geistig-seelischen Empfindung» in Verbindung.[80]

Seit den 1970er-Jahren wird in der Namenforschung der einzelne Namen auch im sozialen und funktionalen Kontext untersucht, wobei auch

---

78 Debus 2012, S. 188.
79 Erdmann 1910; Debus 2012, S. 69–70.
80 Debus 2012, S. 72.

Beziehungsgeflechte berücksichtigt werden. Ziel der Forschung ist, Motive der Wahl von Namen, die eine bewusst ausgewählte Wirkung in einem definierten Kontext vorgesehen haben, zu erforschen. Debus nennt dafür als Beispiel eine Nachbenennung eines Menschen nach einem Vorfahren, was ein von Kontext und Erwartungen beladener Namen sei. In diesem Zusammenhang ist festzuhalten, dass der Namensgebrauch für die Kommunikation allgemein wichtig ist. Denn beim Erwähnen von bekannten Namen rufen die Zuhörer ein Bild der jeweiligen Person oder Ortschaft ab. Debus geht infolge dessen davon aus, dass die Nennung einer Ortschaft, je nach Kenntnisstand, eine Vorstellung zu «Geschichte und Wesen» der Lokalität wachruft.[81] In der vorliegenden Studie wird untersucht, welche Motive tatsächlich für die Schweiz- und Alpen-Nachbezeichnungen primär verantwortlich sind. Um diesen Fragen nachzugehen, wird auf die Ansätze der «Globalgeschichte» zurückgegriffen.

Globalgeschichte

Bereits in der ersten Hälfte des 20. Jahrhunderts wurden Arbeiten mit globalem Fokus verfasst; besonders hervorgetreten sind Arnold Toynbee (1889–1975) und vor allem Oswald Spengler (1880–1936) mit seinem vielgelesenen 1918 und 1922 veröffentlichten Werk «Der Untergang des Abendlandes». Darin verglichen sie verschiedene Zivilisationen miteinander, was jedoch auch als zu verallgemeinernd kritisiert wurde. Doch gemäss Georg Iggers (*1926) lösten sie wichtige Impulse für historische Forschung aus, die sich mit globalen Perspektiven beschäftigte. Als wegweisend gilt auch der Beitrag von William H. McNeill (*1917) aus dem Jahre 1963, der mit seiner Arbeit «The Rise of the West: A History of the Human Community» aufzuzeigen versuchte, wie der Austausch zwischen den Kulturen eine zentrale Rolle in der Weltgeschichte einnimmt. Im Gegensatz zu Toynbee riet McNeill explizit davon ab, aus seiner Arbeit Gesetzmässigkeiten für die Weltgeschichte abzuleiten.[82] Auch in seinem 1982 veröffentlichen Artikel «A Defence of World History» schrieb McNeill der Begegnung mit Fremden und dem daraus resultierenden Austausch eine zentrale Bedeutung für gesellschaftliche Entwicklungen zu. Denn

---

81 Ebd., S. 75–76. Benennungen sind Vorgänge des Denkens und Differenzierens und damit der Kommunikation.
82 Iggers/Wang/Mukherjee 2013, S. 350.

die Fixierung auf lokale und nationale Geschichtsschreibung führe in die Irre. Den Einwand, dass der Begriff «Weltgeschichte» zu unbestimmt sei, konterte er mit dem Argument, dass alle Arten der Geschichtsschreibung dieser Unbestimmtheit zwangsläufig ausgesetzt seien und merkte dazu an, dass erkenntnistheoretische Exaktheit unerreichbar sei.[83]

Sebastian Conrad zeichnet 2013 historiographisch nach, wie in den 1970er-Jahren, als Alternative zur Modernisierungstheorie, der Ansatz der «Geschichte des Weltsystems» eine bedeutende makrohistorische Rolle übernahm. Grundlage dieser theoretischen Anschauung war die Hervorhebung eines systematischen Charakters der kapitalistischen Wirtschaftsordnung und des Staatensystems. Wichtige Beiträge stammen auch von Immanuel Wallerstein (*1930). Dieser wurde von Werken Fernand Braudels (1902–1985) und Karl Polanyis (1886–1964) beeinflusst. Seine Weltsystemtheorie wurde ab 1976 vorwiegend am Fernand Braudel Center der Binghampton University in New York gelehrt. Wallerstein, der selber am Fernand Braudel Center unterrichtete, differenzierte zwischen zwei Weltsystemen, den Weltwirtschaften und den Imperien.[84] Braudel verwies seinerseits auf die Existenz mehrerer Weltwirtschaften, die im Charakter nicht weltumspannend seien, sondern sich vielmehr in einer Koexistenz befinden.[85] Conrad hob drei Kriterien als Ursache des Niedergangs dieses theoretischen Ansatzes der Weltsysteme hervor. Erstens basiere die Theorie auf einem ökonomischen Reduktionismus, der den kulturellen und politischen Implikationen zu wenig Aufmerksamkeit widme. Zweitens thematisierten Studien meist nicht System-Zusammenhänge, sondern unterstellten diese. Drittens wurde der Ansatz der Inkorporation in ein europäisches Wirtschaftsmodell als eurozentrisch kritisiert.[86] Der zu den führenden Global-Historikern gehörende Jürgen Osterhammel (*1952) sieht im theoretischen Ansatz der Weltsysteme trotz dieser berechtigten Kritik einen Gewinn für die Forschung, da mit der Untersuchung der Entstehung von globalen Strukturen «asymmetrische Referenzverdichtung» thematisiert werde.[87]

Seit den 1980er-Jahren setzt sich auch die Wissenschaft im Zuge der «Postcolonial Studies» mit globalen Interaktionen auseinander. Prägend

---

83 McNeill 1982, S. 75–89.
84 Conrad 2013, S. 114.
85 Braudel 1984. Siehe auch Conrad 2013, S. 115.
86 Conrad 2013, S. 117.
87 Osterhammel 2009, S. 1292; Conrad 2013, S. 118.

für zahlreiche Studien war die Grundannahme, dass die globalen Verhältnisse einer kolonialen Ordnung unterliegen würden. Conrad sieht trotz Einwänden vornehmlich drei positive, für globalgeschichtliche Ansätze nützliche Anregungen. Erstens werde die Dynamik transnationaler Austauschprozesse thematisiert. Zweitens würden «Verflechtungszusammenhänge» als Ausgangspunkte gewertet. Und drittens die Erkenntnis, dass Herrschaftsansprüche in den Entwicklungen einer weltweiten Integration eine Rolle spielen. Conrad zeigte, wie der theoretische Ansatz kritisiert wurde. Postkoloniale Ansätze hätten bisher kulturellen Deutungsmustern eine zu hohe Rolle zugestanden. In der Folge hätten sie sozial-, herrschafts- und wirtschaftsstrukturelle Aspekte von Austauschprozessen kolonialer Systeme übersehen.[88] Auch der in Cambridge lehrende Experte für Geschichte Südasiens, Christopher Alan Bayly (*1945) identifizierte 2004 eine Ausrichtung von Postkolonialisten gegen eine Metageschichtsschreibung, da diese als Verbündete des Imperialismus und Kapitalismus betrachtet wurde, und die Fokussierung auf «machtlose Völker» vielen postkolonialen und postmodernen Studien Kritik eingebracht habe. Bezug sei, so Bayly, bei postkolonialen Studien immer der Kolonialismus, der Staat, und die Religion. Dies habe dazu geführt, dass die eigenen moralischen und politischen Metaerzählungen verborgen worden seien. Der Ansatz der Weltgeschichte könne dies aufzeigen, da Geschichtsschreibung grundsätzlich «meta» sei.[89]

Neben den «Postcolonial Studies» befassen sich seit den 1990er-Jahren auch Ansätze der «Netzwerk» – und «Multiple Modernities Studies» mit einem globalen Blickwinkel. Der Begriff der «Netzwerke» wird dabei mit der Auffassung in Verbindung gebracht, dass Globalisierungsprozesse von einer Verlagerung von Machtverhältnissen begleitet werden. Anstelle des Nationalstaates tritt in der vernetzten Welt der Transfer von Informationen und Gütern innerhalb von Netzwerken. Conrad sieht den Gewinn der «Netzwerk-Studien» für die Globalgeschichtsschreibung in der Erkenntnis, dass sich die Verflechtung der Welt schon seit längerer Zeit primär über Netzwerke entwickelt. Kritikpunkte an den «Netzwerk-Ansätze» bilden die Vernachlässigung der «Macher» der Netzwerke, der Hierarchien innerhalb von Netzwerken und der übergreifenden Machtstrukturen. Studien mit theoretischen Ansätzen der «Multiple Modernities» basierten auf

---

88 Conrad 2013, S. 121, 122–124.
89 Bayly 2004, S. 8.

einer Argumentation der Pluralisierung von Entwicklungen in der Moderne. Anhänger dieser Denkrichtung, zum Beispiel der israelische Soziologe Shmuel N. Eisenstadt (1923–2010), stellten einen religionssoziologischen Zivilisationsbegriff ins Zentrum ihrer Analysen. Diese Ansätze beleuchten die Rollen und Interaktionen von Transfer und Traditionen. Allerdings kritisiert Conrad die allgemeine Unbestimmtheit, Konzentration auf Kultur, Nichthinterfragung zivilisatorisch homogener Einheiten und die Verdrängung einer langen Geschichte des Austausches.[90]

Nach dem Kalten Krieg erhielt die Geschichtsschreibung mit globaler Perspektive neuen Schwung. Jerry Bentley (1949–2012) gab ab 1990 die Zeitschrift «Journal of World History» heraus, gleichzeitig wurde auch die «World History Association» gegründet. Nach 1990 wurde auch der Terminus «Globalgeschichte» zu einem bekannten Begriff. Matthias Middell (*1961) gründete mit dem «European Network in Universal and Global History» in Leipzig im Jahre 1991 die Zeitschrift «Comparativ. Zeitschrift für Globalgeschichte und vergleichende Gesellschaftsforschung». Und die beiden Zeitschriften «Journal of Global History» und «Globality Studies Journal» wurden 2006 ins Leben gerufen.[91]

Ansätze der Geschichtsschreibung mit globalem Ausblick lassen sich, neben der «Globalgeschichtsschreibung», seit den 1990er-Jahren in drei Kategorien unterteilen. Erstens in die «Geschichte der Globalisierung», zweitens die «Weltgeschichtsschreibung» und drittens die «Transnationale Geschichtsschreibung». Osterhammel charakterisierte die Geschichte der Globalisierung als ein auf «Austauschbeziehungen und Interaktionen zwischen Regionen und Gesellschaften» fokussierenden Ansatz.[92] Gemäss Conrad bleibt bei diesem Ansatz unklar, ob Globalisierung nun Ursache oder Folge von historischen Entwicklungen sei. Zudem unterscheiden sich die Ansätze von denjenigen der Globalgeschichtsschreibung, da oft in teleologischen Narrativen argumentiert würde. Ansätze der Weltgeschichtsschreibung untersuchen Entwicklungen meist auf einer makrohistorischen Ebene. Studien mit diesem Ansatz analysieren oft den Aufstieg Europas im 19. Jahrhundert. Conrad hielt dazu fest, dass diese Studien oft der Kritik eines impliziten Eurozentrismus ausgesetzt seien. Die «transnationalen» Annäherungen sind im Gegensatz zu Ansätzen der Globalgeschichtsschreibung oft auf den Austausch zweier Gesellschaften

---

90 Conrad 2013, S. 125–129, 130–135.
91 Iggers/Wang/Mukherjee 2013, S. 351.
92 Osterhammel/Petersson 2003, S. 10–15.

limitiert.[93] Osterhammel hält bezüglich der Überschreitung des «Nationalen» treffend fest, dass selbst auch für das 19. Jahrhundert die Einheit des Nationalstaates nicht einwandfrei verwendet werden könne, da es sich zum Beispiel bei Frankreich um ein Imperium und nicht um einen Nationalstaat handle.[94]

Innerhalb der Geschichtsschreibung mit dem Fokus auf «Globalgeschichte» können drei Richtungen identifiziert werden. Gemäss Conrad handelt es sich dabei erstens um die «transnationale Verflechtungsgeschichte», zweitens um die «Geschichte von Zivilisationen» und drittens um «Variationen der Welt- und Globalgeschichte». Diese drei Ansätze haben miteinander gemein, dass die Globalgeschichte als Perspektive verstanden wird. Laut Conrad baute die Geschichtsschreibung aus transnationaler Perspektive auf grenzüberschreitenden Arbeiten der «Postcolonial Studies» auf. Zu dieser Richtung zählte Conrad auch Ansätze der «Histoire croisée», die von sich im ständigen Wandel befindenden Austauschbeziehungen ausgeht und dadurch vergleichende Ansätze in Abrede stellt. Mittelpunkt, so Conrad, sei bei den transnationalen Angehensweisen nicht nur die Überschreitung nationaler Grenzen gewesen, sondern auch, diese zu «transnationalisieren». Denn die Ansätze der «Geschichte von Zivilisationen» basierten auf den Theorien der «Multiple Modernities». Der Fokus liege dabei auf Zivilisationsdiskursen, die sogenannte Eigenheiten und Abgrenzungen von Kulturen in den Vordergrund rückten. Dabei werden Kultur und Tradition künstlich homogenisiert und schon immer bestehende Austausche ignoriert. Am Beispiel China charakterisierte Conrad Tendenzen der Ansätze der Variationen der Welt- und Globalgeschichte. Den ersten Aspekt im heterogenen Feld machte die Kritik am Eurozentrismus aus, obwohl sich zahlreiche Werke gerade an Europa orientieren. Zweitens existiere eine kritische Auffassung von universalistischen Mustern von Entwicklung im Kontext chinesischer Eigenheiten. Drittens spielte die Erhaltung des Konzeptes der chinesischen Nation eine tragende Rolle.[95]

Aus den oben beschriebenen drei Richtungen lassen sich nützliche Ansätze für einen weiterführenden Ansatz der Globalgeschichtsschreibung finden. Zuerst kann nach der Aussage von Osterhammel die Globalgeschichte als eine Perspektive auf die Vergangenheit definiert werden.[96]

---

93 Conrad 2013, S. 14–17, 19.
94 Osterhammel 2009, S. 606.
95 Conrad 2013, S. 54, 70, 75–79, 81.
96 Osterhammel/Petersson 2003, S. 10.

Reinhard Sieder und Ernst Langthaler gingen 2010 von diversen, nichtlinearen, sich wiederholenden und intensivierenden Transfers und Interaktionen aus. Ansätze der Globalgeschichte rekonstruieren diese Transfers über geographische und nationale Grenzen hinweg, erheben aber keinen Anspruch auf eine komplette weltgeschichtliche Darstellung. Diese Grundsätze sind auch in den diversen Forschungsrichtungen enthalten, die unter dem Dach der Globalgeschichte anzusiedeln sind.[97] Margrit Pernau zeigte 2011, dass der Transferprozess den Kern der «Verflechtungsgeschichte», der «Histoire croisée» und der «Transfergeschichte», ausmache. Diese Ansätze fallen unter die oben als transnationale Verflechtungsgeschichte beschriebene Richtung. Das Hauptanliegen liegt dabei in der Überwindung nationaler Grenzen.[98] Ansätze der Globalgeschichte revidieren mit ihrer Suche nach Transfers und Connections sowie Vergleichen (synchron und diachron) zudem die herkömmliche Interpretation der Globalisierung als unilinearer Prozess, der auf ein Gesetz kapitalistischer Unterwerfung gründet. Vielmehr wird von einer Regionalisierung und sich dauernd wandelnden Prozessen ausgegangen.[99] In der Verflechtungsgeschichte ist bei einem Transferprozess eine klare Unterscheidung zwischen Ausgangs- und Rezeptionskultur kaum möglich und muss daher gemeinsam, sozusagen als Gesamtbild, analysiert werden. Prozesse können demnach nicht als klare Abfolge verfolgt werden, sondern bestehen aus den Beiträgen von diversen Akteuren mit unterschiedlichen Wirkungen und vielfältigen Ursachen.[100]

Aus dem Ansatz, Geschichte als Geschichte von Zivilisationen zu schreiben, können nützliche Folgerungen für die Globalgeschichtsschreibung gezogen werden. Anstatt den Zivilisationsdiskurs, Eigenheiten und Abgrenzungen von Kulturen in den Mittelpunkt zu stellen, können diese Parameter Hinweise zur Konstruktion von Identitäten liefern. So betrachtete Michel Espagne schon 1994 in seinen transfergeschichtlichen Studien Gemeinschaften als konstruierte Identitäten, welche durchaus nicht als naturgegeben zu verstehen sind, sondern als sich durch Transfer und Austausch wandelnde Konstanten.[101] Gemäss dem Vertreter der «Connected History», Sanjay Subrahmanyam (2007) handelte es sich bereits bei

---

97 Sieder/Langthaler 2010, S. 10.
98 Pernau 2011, S. 43.
99 Sieder/Langthaler 2010, S. 14.
100 Pernau 2011, S. 57.
101 Espagne 1994, S. 112–121. Siehe auch Pernau 2011, S. 43.

vorkolonialen Gesellschaften nicht um durch Statik gezeichnete und zu charakterisierende Entitäten. Er zeigte dies eindrücklich anhand der Mobilität der Bevölkerungsgruppen in Kolonien. Im Kontrast zu Studien von Advokaten der Multiple Modernities und Komparatisten argumentierte Subrahamanyam, dass bestehende Unterschiede zwischen Kulturen sich in einem konstanten Wandel befinden. Daraus leitete er ab, dass Differenzen, die sich möglicherweise auf die Kommunikation zwischen Kulturen auswirkten, nur in Einzelfällen evaluiert werden könnten.[102]

Die Forschungsrichtungen rund um Variationen der Welt- und Globalgeschichte bieten für Ansätze der Globalgeschichte eine nützliche kritische Auffassung von universalistischen Mustern an. Der globale Horizont und seine Verflechtungen dienen als Rahmen für einen Zugriff auf die Vergangenheit. Dabei sollte jedoch nationalisierenden Tendenzen in der Weltgeschichtsschreibung mit der nötigen Vorsicht begegnet werden. Im Gegensatz zu den oben von Conrad als Weltgeschichtsschreibung charakterisierten nationalistisch geprägten Studien zu China, sollten gemäss Osterhammel vielmehr Ansätze der Globalgeschichte Interaktionen innerhalb globaler Systeme untersuchen.[103] Darin ist er Bayly ähnlich, der anmerkt, dass nicht ein synchroner Verlauf, sondern Interaktionen politischer Organisationen, Ideen und wirtschaftliche Unterfangen Weltgeschichte ausmachten. So sei auch das Avancement des Kapitals nicht eine eigenständige Kraft in der Weltgeschichte, sondern vielmehr ein Produkt einer «sozialen Ökologie», das wiederum von Besitz, Rechtsverständnis und Macht kreiert wurde.[104]

Bayly plädierte 2004 für eine analytische Globalgeschichtsschreibung. Im Mittelpunkt solle der Versuch stehen, kulturelle, politische und ökonomische Entwicklungen zu vereinen und die gegenseitigen Beeinflussungen aufzuzeigen. Dabei sollte es grundsätzlich vermieden werden, einem einzelnen Einfluss die Hauptwirkung zuzuschreiben.[105] Conrad seinerseits hält zwei Aspekte für zentral in der Globalgeschichtsschreibung. Erstens sollten bestehende Grenzverläufe nicht als Rahmen für Studien genommen werden und zweitens sollten Studien einen anti-eurozentrischen Approach verfolgen. Zu diesen zwei Hauptaspekten soll aber auch Conrads Anmerkung hinzugefügt werden, dass sich spannende Fragen oft am «Schnittpunkt globaler Prozesse und ihrer lokalen Manifestation»

---

102 Subrahamanyam 2007, S. 34–53. Siehe auch Pernau 2011, S. 41.
103 Osterhammel 2005, S. 452–479.
104 Bayly 2004, S. 5–7.
105 Ebd., S. 9.

ergeben.[106] So deutet Osterhammel die Perspektive Globalgeschichte als Analyse der dauernd weiterführenden Interaktionen zwischen Räumen innerhalb eines Networks oder einer Institution. Dabei wird weiter die Spannung zwischen dem Globalen und dem Lokalen ins Zentrum der Analyse gerückt und es werden Orte und Regionen als Ausgangspunkte für die Konstruktion von Netzwerken lokalisiert. Regionale Kategorien sind vielfältige Resultate ihrer Geschichte und ideologischer Kontexte. Je nach Transfer muss dann auch nach dem jeweiligen Milieu differenziert werden. Dieser Ansatz wird auch von Vertretern der Verflechtungsgeschichte geteilt. Die Differenzierung zwischen den vielfältigen Faktoren und die Unterscheidung nach Milieu und Regionen ist auch ihnen ein zentrales Anliegen. Osterhammel addiert dazu, dass das Regionale Besonderheiten aufweisen kann und plädiert, im Kontrast zu einem globalen Taktgefühl, für eine häufige Eigendynamik: «Jeder Teilbereich hat seine eigene Zeitstruktur: einen besonderen Beginn, ein besonderes Ende, spezifische Tempi, Rhythmen, Binnenperiodisierungen».[107]

1.3 Methodik

Vorgehen bei der Datensammlung

Die Erforschung toponymischer Nachbenennungen beleuchtet den mehr oder weniger bewussten globalen Prozess einer historisch-kulturellen Entwicklung einer Beziehung zwischen einem unbekannten und einem vertrauten Ort. Der Transfer von linguistischen Indikatoren und Übertragungen zeigt auf, welche Landschaftsmodelle, Praktiken und Vorstellungen zwischen dem 18. und 20. Jahrhundert eine besondere Art «globaler Landschaft» gestalteten. Dabei werden Beständigkeit, Sprache, Nationalität, Form des Austauschs, Gründe für Änderungen von Landschaftsmodellen, Bezüge zu verwandten Benennungen und Antriebe der Verbreitung der Alpen- und Schweiz-Nachbenennungen untersucht, beschrieben und erklärt.

---

106 Conrad 2013, S. 10, 21.
107 Osterhammel 2009, S. 778, 19.

Für die Suche nach «Schweizen» dienten die Schweiz-Nachbenennungstabellen von Siedentop und der «Wassermühle Ziddorf» als Ausgangspunkt.[108] Die auf den Tabellen basierenden Recherchen gingen, neben der systematischen Recherche, den einzeln aufgeführten Quellen nach. Gefundene Quellen wurden dann wiederum nach relevanten Quellen durchsucht. Da bei beiden Tabellen aber praktisch keine Quellen aufgeführt wurden, waren diese Schritte nicht sehr ergiebig. Zumindest lieferten beide Tabellen Anhaltspunkte zu welchen Regionen als «Schweiz» bezeichnet wurden. Diese Suchmethode führte zu weiteren Anhaltspunkten über das Internet, dessen unkritische Resultate selbstverständlich als noch zu verifizierende kompilatorische Hinweise zu verstehen waren.

In einem zweiten Schritt wurden zeitgenössische wissenschaftliche Publikationen, Sachbücher und schöngeistige Literatur nach Erwähnungen und weiteren Hinweisen durchsucht. Die erste Durchsuchung folgte auch hier dem Prinzip, nach dem jeweils gezielt Quellenangaben nachgegangen wird. Dazu gesellen sich zahlreiche Reiseberichte. Bei der Auswertung von Reiseberichten muss der Entwicklung dieser Textgattung im Laufe der Zeit besondere Beachtung geschenkt werden. Doch auch literarische und wissenschaftliche Arbeiten gehören als kulturelle Erscheinung in diesen kartografischen Kontext, denn sie entsprechen dem aktuellen toponymischem Gebrauch.[109] Zusätzlich wurden die weiteren Schriften von Autoren, die zu Schweiz- oder Alpen-Nachbenennungen schrieben, durchsucht. Insgesamt erbrachten diese Arbeitsschritte, die von den globalen Internet-Suchmaschinen zu Lokalarchiven führten, wertvolle Hinweise auf diverse Schriften aus den Bereichen Landwirtschaft, Politik, Botanik, Geologie, Forstwirtschaft, Tourismus und Wirtschaft. Die Forschungsschritte richteten sich nach Osterhammels Prinzip der «konsekutiven Umkreisung», nach der eine einheitliche These vermieden wird, sondern wo vielmehr die Grundlagenforschung den regionalen Besonderheiten folgt.[110]

Die in den Recherchen gefundenen «Schweizen» und «Alpen» dienten auch als Ausgangspunkt für die systematische Suche in Enzyklopädien, Bibliotheks- und Archivkatalogen. Zu den untersuchten Enzyklopädien gehören die von Brockhaus im 19. Jahrhundert publizierte «Real-Enzyklopädie» und das «Conversations-Lexikon» sowie das «Conversations-Lexikon» von Meyer. Es wurde unter anderem die Suchmaschine «Helveticat» der

---

108 Siedentop 1977; Siedentop 1984; Wassermühle Ziddorf (Hg.), Stand Dezember 2012.
109 Böning 2005, S. 182.
110 Osterhammel 2009, S. 16–19.

Schweizerischen Nationalbibliothek, die Suchmaschine «IDS» des 350 Bibliotheken umfassenden Informationsverbundes Deutschschweiz, der Katalog «Nebsis» der Zentralbibliothek Zürichs, der Bibliothekskatalog «DNB» der Deutschen Nationalbibliothek, der «BVB» des Bibliothekverbundes Bayerns, der «SWB» des Südwestdeutschen Bibliotheksverbundes und der Katalog des Österreichischen Bibliothekverbundes nach Nachbenennungen konsultiert. Dazu kamen Abfragen der Kataloge der British Library, der Library of Congress und der Bibliothèque Nationale. In einem dritten Schritt wurden lokale Bibliotheks- und Archivkataloge in der Region der Nachbenennung hinzugezogen, so beispielsweise Kataloge der Biblioteca Nacional in Buenos Aires.

Als die Alpen im 19. Jahrhundert zum Labor wissenschaftlicher Beobachtungen avancierten, entwarfen Geografen die Landschaft nach ihrem geophysischen Modell.[111] Im Kontext der Umgestaltung und der «Regulierung» der Natur mit dem Zweck der Nutzung und Eindämmung von Naturgewalten im 18. und 19. Jahrhundert wandelte sich das Verhältnis der europäischen Gesellschaften zur Natur parallel zu den Änderungen in den Landschaften.[112] So waren denn auch die Einstellungen gegenüber den Alpen und deren Wahrnehmung unterschiedlich und wandelbar. Eine Studie zur Betrachtung sprachlicher Indikatoren für den Transfer und die Übertragung von Landschaftsmodellen sollte demnach die Globalisierung des «Alpenbegriffes» und der Schweiz-Nachbezeichnung als Gruppenphänomen angehen. Dabei ist die in diesem Projekt zentrale Gruppierung europäischer Geographen des 18. und 19. Jahrhundert als ein westlich, akademisch und vom Kolonialismus geprägtes Milieu einzustufen. Dazu kommen die diversen Staatszugehörigkeiten der Geographen. Die Beschreibung von Landschaften war auch stets eine subjektiv geprägte Beschreibung, in welcher v. a. nationale Prägungen des Verfassers eine Rolle spielte.

Die Auswertung von Karten verlangt nach einem methodischen Ansatz, der der Auswertung linguistischer Indikatoren im Kontext der wissenschaftlichen Geographie gerecht werden kann. Der Kartographiehistoriker Wolfgang Scharfe zeichnete im Jahre 1990 den langen Weg zu einer Deutung der Kartographie-Geschichte nach, worin er die Existenz einer vom Kartographie-Verlag ausgehenden geschlossenen Informationskette zum Benutzer belegen konnte und die Kartographie in Verbindung mit

---

111 Backhaus/Reichler/Stremlow 2007, S. 3.
112 Blackbourn 2007, S. 31.

«mental maps» brachte.[113] Die Berücksichtigung des historischen Kontextes, wie beispielsweise die Gesellschaftsstruktur, nimmt in Scharfes Argumentation eine zentrale Stellung ein, da dieser der eigentliche Ausgangspunkt eines Informationssystems bildet. Damit ermöglicht Scharfes Methode, Karten Informationen zu entnehmen, welche eine Zuordnung zu einem analogen räumlichen Informationssystem erlauben und Prozesse freilegen.

Um die zwei hier untersuchten Nachbenennungen «Schweiz» und «Alpen» orten und präzise datieren zu können, wurden Atlanten des untersuchten Zeitraumes 18.-20. Jahrhundert mittels systematischem Bibliografieren gesucht. Dazu bot die kartographische Sammlung der Zentralbibliothek Zürich mit ihren zahlreichen Bibliografien einen ebenso praktischen wie hilfreichen Einstieg an. Ausserdem geht deren eigene Sammlungstätigkeit bis in die Frühe Neuzeit zurück. Als bibliografischer Ausgangspunkt dürfen die Arbeiten von Jürgen Espenhorst genannt werden, so vor allem «Andree, Stieler, Meyer & Co. Bibliographie der Handatlanten: Handatlanten des deutschen Sprachraums (1800–1945) nebst Vorläufern und Abkömmlingen im In- und Ausland» aus dem Jahr 1994 samt der späteren Ergänzung von 1995 und «Petermann's Planet; Guide to the Great Handatlases» aus dem Jahr 2003. Die gesamte quantitative und qualitative Entwicklung der Schweiz- und Alpen-Nachbenennungen vom 18. bis ins 20. Jahrhundert wird in der vorliegenden Arbeit auf der Basis einer umfassenden Datensammlung aus den gedruckten Atlanten der Untersuchungszeit nachgezeichnet. Der Suche nach Ersterwähnungen von Nachbenennungen liegt eine systematische Vorgehensweise zugrunde.

In Handatlanten-Editionen Deutschlands, Frankreichs und Grossbritanniens wurden «Schweizen» und «Alpen» systematisch gesucht. Bei den «Alpen» spielten die Handatlanten eine prominentere Rolle als bei den «Schweizen», da die Geographen die Alpen-Nachbezeichnungen häufiger benutzten als die Schweiz-Nachbezeichnung.[114] Für diese Studie wurden systematisch die sechs führenden Publikationsreihen der Handatlanten Deutschlands, sowohl jeweils zwei führende Publikationsreihen Frankreichs und Grossbritanniens Karte für Karte durchgesehen. Dies war notwendig, da die jeweiligen Inhaltsverzeichnisse nicht vollständig waren. Die kontinuierlich von Beginn des 19. bis ins 20. Jahrhundert erschienen Auflagen

---

113 «Mental maps» stehen für vorgestellte, individuelle Wahrnehmungen räumlicher Umgebungen, die zeit- und kulturabhängig sind. Siehe Scharfe 1990, S. 2–6.
114 Siehe dazu Kapitel 4.

wurden in der Kartenabteilung der Zentralbibliothek Zürich, in der Abteilung Sammlungen und Archive der ETH-Bibliothek und der Zentral und Hochschulbibliothek Luzern untersucht. Im nächsten Abschnitt werden die untersuchten Atlanteneditionen genauer beschrieben.

Handatlanten als Quellen

Jürgen Espenhorst argumentierte 2003, dass aufgrund von Entwicklungen in der deutschen Kultur im 19. Jahrhundert mehrere Verlagshäuser die Publikation von Atlanten anstrebten. Dabei muss bei den bedeutenden Atlanten des 19. Jahrhunderts zwischen «Schul»- sowie «Taschenatlanten» einerseits und grossformatigen, akademischen Atlanten andererseits unterschieden werden. Die ins Detail gehenden Atlanten erhielten den Namen «Hand-Atlas» und galten als Standardwerke, wegweisend für historische, regionale und physische Atlanten sowie für Schul- und Taschenatlanten. Verlagshäuser, welche sich auf die Publikation von Atlanten spezialisierten, hatten denn auch ein wirtschaftliches Interesse daran, diese Arbeit weiterzuführen und revidierte Ausgaben über längere Zeitspannen zu publizieren. Espenhorst plädierte dafür, dass die «Handatlanten» eine «genetically related» Familie von Kartenmaterial bildeten und auch als solche studiert und analysiert werden sollten.[115]

Die Bezeichnung «Handatlas» stand für eine Familie von Atlanten, die wissenschaftlich etablierte Erkenntnisse aus der wissenschaftlichen Geographie vermittelten und im 19. Jahrhundert den wissenschaftlichen Massstab setzten. Der erste komplett in Deutschland produzierte «Handatlas» wurde bereits 1804 vom «Geographischen Institut» in Weimar publiziert. Dieser Atlas von Friedrich Justin Bertuch (1747–1822) und Adam Christian Caspiri (1752–1830) enthielt 60 Karten und schuf mit seiner Form die Basis für die kommenden Atlanten.[116] Auch der Name «Hand-Atlas» stammt aus dieser Periode und steht für ein wissenschaftliches Handbuch. Im Gegensatz zur Herkunft der Bezeichnung «Taschen-Atlas» für kleiner Formate, passte der grossformatige «Hand-Atlas» nicht in eine Tasche. Zuvor wurde der Name 1740 in Amsterdam erstmals für die Bezeichnung «Folio Format» verwendet.[117] Die Benennung «Hand-Atlas» demonstriert

---

115 Espenhorst 1994, S. 15, 6.
116 Ebd. 2003, S. 9, 30.
117 Ebd. 1994, S. 15, 6.

auch den qualitativen Anspruch der «Handatlanten Familie». Denn die darin verwendeten Karten und Bezeichnungen gaben die «offiziell-amtlich» und wissenschaftlich anerkannten toponymischen Bezeichnungen wieder. Gemäss dem Nachweis Scharfes, dass eine vom Kartenhersteller ausgehende geschlossene Informationskette zwischen Hersteller und Benutzer existiere, spiegeln Handatlanten wissenschaftliche Erkenntnisse aus dem Geographenmilieu. Im historischen Kontext stehen somit bei den Handatlanten die wissenschaftlichen Geographen und ihr Umfeld am eigentlichen Ausgangspunkt eines Informationssystems. Handatlanten können deshalb dem analogen räumlichen Informationssystem der Geographen zugeordnet werden.[118] Eine Informationskette bestand ausserdem auch zwischen den Herausgebern der Handatlanten. So wurde beispielsweise der Kartograph Adolf Stieler (1775–1836) zwischen 1789 und 1808 von Friedrich Bertuch (1747–1822) instruiert, was sich in einer deutlich sichtbaren Verwandtschaft der Handatlaskonzepte niederschlug. Die vorliegende Studie zeigt bezüglich der Informationskette zwischen Handatlantenfamilien aber auch, dass zwischen den Publikationen durchaus heterogene Elemente nachzuweisen sind.

Auch die vom Wiener Kongress 1815 neu geschaffenen politischen Strukturen und die sich laufend verändernden staatlichen Grenzziehungen seit den Napoleonischen Kriegen weckte vor allem in Militär- und Diplomatenkreisen einen Bedarf an Atlanten. Diese Phase wird von Espenhorst auch als «military-topographical» betitelt. Es war denn auch Stieler, der sich an den Gothaer Buchhändler und Verleger Johann Georg Justus Perthes (1749–1816) wandte, um die Herausgabe eines neuen Atlas anzugehen. Espenhorst zeigte auf, dass Perthes durch sein Monopol bei der Publikation des «Almanach de Gotha» sowohl mit dem Adel als auch mit Militär- und Diplomatenkreisen bereits bestens vernetzt war. Im 19. Jahrhundert konnte sich die Kartografie zunehmend als eigene Disziplin von militärischen Ursprüngen emanzipieren und etablierte sich durch das Interesse an neuen Entdeckungen als eigene Disziplin. Zudem vereinfachten und verbilligten die neuen Druckverfahren, darunter die Lithographie, die Herstellung und Verkaufspreise und förderten so die Ausbreitung der Handatlanten zusätzlich.[119]

In dieser Arbeit wird den sechs führenden Publikationsreihen der Handatlanten beziehungsweise «Unterfamilien» der Familie der Handatlanten,

---

118 Scharfe 1990, S. 5, 6.
119 Espenhorst 2003, S. 4–10, 12, 23, 30.

spezielle Aufmerksamkeit gewidmet. Sie alle erschienen kontinuierlich von Beginn des 19. bis ins frühe 20. Jahrhundert in mehreren Auflagen. Zu diesem illustren Kreis zählen die Publikationen der Verlage «Weimar», «Stieler», «Meyer», «Sohr-Berghaus», «Andree» und «Debes».[120] Berücksichtigt werden dabei nur Atlanten, welche sich im Titel selber als «Hand-Atlas» beschreiben oder das Grossformat «Folio» aufweisen. Die sechs in Deutschland produzierten Handatlanten zeugen gemäss Espenhost von einer aussergewöhnlich dynamischen Arbeit von hoher Qualität. Der Kartenmassstab betrug jeweils weniger als 1:500'000. Eine Fokussierung auf die Familie der Handatlanten kommt nicht einer Einschränkung auf Atlanten aus Deutschland gleich, da die Kartografie im 19. Jahrhundert bereits eine Form von Globalisierung hinter sich hatte. Denn die Handatlanten-Familie setzte sich weit über nationale Grenzen hinweg. So hatten die in der Türkei oder Süd-Amerika verkauften Atlanten oft ihren Ursprung in einem der Handatlanten-Familie angehörende Werk. Zudem gingen aus der Handatlanten-Familie zahlreiche Ausgaben für den internationalen Markt hervor.[121] Für dieses Projekt wurden neben den oben erwähnten Atlanten, zusätzlich Atlanten aus Frankreich und Grossbritannien, sowie einzelne Atlanten aus nachbenannten Orten untersucht.

Aufbau der Studie

Die vorliegende Arbeit sucht nach den Gründen der Zunahmen sowie Abnahmen von Schweiz-Nachbezeichnungen und der relevanten Transfers. Wo besteht ein Zusammenhang zum aufkommenden Kolonialismus, Massentourismus, Mobilität, Migration und der intensivierten Naturforschung? Welche Akteure und Motive waren bei den Benennungen aktiv? Was sagen regionale und quantitative Schwankungen über namenstiftende und neubenannte Landschaften aus? Welche Landschaftsmodelle konnten sich bei der Bildung einer globalen Schweiz-Landschaft festsetzten? Wieso konnten sich beispielsweise die «Süd-Alpen» in Neuseeland bis heute halten, aber nicht die kalifornischen «See-Alpen»? Wieso existiert heute noch eine «Sächsische», aber keine «Livländische Schweiz»? Wie wurden

---

120 Siehe Tab. 2 im Anhang.
121 Espenhorst 2003, S. 4–10, 12, 23, 30.

die «Englischen Alpen» zu «Englischen Schweizen»? In welchem Zusammenhang standen Transfers zur Identitätsbildung?

Dazu werden identitätsstiftende Faktoren und Indikatoren analysiert. Handelte es sich um einen unausgeglichenen und einseitigen Austausch, bei dem ein Raum des «Andersartigen» geschaffen wurde? Diesen Fragen werden, neben den Fallstudien in Kapitel 2, in den chronologischen Makrokapiteln 4 bis 6 gestellt. In diesen drei chronologisch aufgebauten Kapiteln werden jeweils zuerst die Schweiz- und danach die Alpen-Nachbezeichnungen analysiert.

Neben den allgemeinen Fragen zu Nachbenennungsmotiven stellen sich auch Fragen zu psychologischen Komponenten der Namensgebung, so beispielsweise inwiefern Erdmanns Begriff der «Konnotation» auf nachbenannte Landschaften zutreffen. Wenn die Einschätzung und Bewertung von Namen auf Erfahrung, Mentalität, Empfindung und Zeitabhängigkeit beruhen, welches Gesicht tragen dann die Landschaftsmodelle «Schweiz» und «Alpen»? Wie sieht die «Namenphysiognomik» dieser Nachbenennungen aus?[122] Spielt die von Debus als «geistig-seelische Empfindung» beschriebene Verbindung eines Individiums zum Namen der Heimat eine Rolle in den Nachbenennungen?[123]

Neben den psychologischen Komponenten untersucht die Arbeit auch den sozialen und funktionalen Kontext der Namensgebung. Ziel der Arbeit ist damit auch die Erforschung der beabsichtigten Wirkung und den vorgesehenen Kontext der Motive bei einer Namenwahl. So ist gemäss Debus die Nachbenennung eines Menschen nach einem Vorfahren ein von Kontext und Erwartungen beladener Namen. Folgerichtig muss auch eine toponymische Nachbenennung auf einen solchen Kontext hin untersucht werden. Welche Motive führten zu einem Transfer der Namen «Alpen» und «Schweiz»? Welche Bilder riefen Menschen bei den Namen «Schweiz» und «Alpen» ab?[124] Anhand der Untersuchungen zu den Motiven und Komponenten von Landschaftsmodellen werden in dieser Arbeit die unterschiedlichen und sich wandelnden Transfers und Modelle rekonstruiert. Dabei werden Schlüsse zu psychologischen Motiven im sozialen und funktionalen Kontext gezogen.

Wie bei jeder Studie setzten auch die hier vorgenommenen Untersuchungen einen zeitlichen Rahmen voraus. Für eine globalhistorische

---

122 Erdmann 1910.
123 Debus 2012, S. 69–72.
124 Ebd., S. 75–76.

Arbeit stellte sich die Frage, ob sich politische oder globalisierende Wegmarken, wie zum Beispiel die Mobilität, als Richtlinien eignen. Osterhammel plädierte in der Periodisierung von globalen Veränderungen für flexible Phaseneinteilungen. So machte er von 1760–1830 eine Periode der globalen «Sattelzeit», von 1830–1880 eine «Viktorianische Periode» und von 1880–1920 ein «Schwellenjahrzehnt» und «Fin de siècle» aus. Obwohl eine solche Unterteilung für diese Untersuchung nicht wegleitend sein kann, ergeben sie nützliche methodische Ansätze. Erstens räumt ein Beginn der Untersuchung bereits im 18. Jahrhundert, wie bei Osterhammel, Platz für Entwicklungen in der noch nicht komplett globalisierten Welt ein. Zweitens wird Osterhammels Argumentation berücksichtigt, dass Wirklichkeitsbereiche nicht nur einem globalen Takt, sondern auch einer Eigendynamik mit eigener Zeitstruktur folgen.[125] Der in der zweiten Hälfte des 18. Jahrhunderts angesetzte Beginn der Studie entspricht auch der Zeitphase, in welcher die ersten Schweiz-Nachbenennungen ausgemacht werden können. Zur selben Zeit entstanden auch die ersten systematisch erarbeiteten Handatlanten-Editionen, womit auch eine systematische Forschung möglich wird.

Bei der inhaltlichen Einteilung nach Zeitperioden richtet sich die Untersuchung nach der von Osterhammel vorgeschlagenen Flexibilität. In den Recherchen zu der Verbreitung von «Alpen» und «Schweizen» können demnach vorläufig drei Phasen ausgemacht werden: Eine erste Phase der globalen Verbreitung von Nachbenennungen von 1770–1850, eine zweite Phase der intensivierten Ausbreitung von 1850–1930 und eine dritte, von einem Rückgang gekennzeichneten, Phase von 1930–1992. Prinzipiell berücksichtigt diese Phaseneinteilung die verschiedenen, sich unterschiedlich schnell entwickelnden, lokalen Verbreitungen. Die Periodisierung ist auf die Transfers, und nicht auf vorgegebene Einheiten, abgestimmt. Die makrohistorischen Kapitel 4 bis 6 behandeln jeweils eine dieser drei Zeitphasen.

Da es sich bei einem Transferprozess nie um einen einseitig passiven, sondern vielmehr um einen gestaltungsfähigen Prozess handelt, stellt sich die Frage, ob transferierte Einheiten bewusst angenommen oder gar angeeignet wurden. Ebenso müssen asymmetrische Machtgefälle in der Analyse beider Seiten einbezogen werden. Notwendig ist dafür die Analyse der jeweiligen Festigung einer Nachbenennung. Die Frage, ab welchem Zeitpunkt eine Benennung als gefestigt, wirksam und aussagekräftig betrachtet werden

---

125 Osterhammel 2009, S. 16–19.

kann, wird nicht einheitlich zu beantworten sein. Um mit diesen oft unklaren Grenzen umgehen zu können, wird in dieser Studie auf eine von Helmut Weinacht erarbeitete Skala zurückgegriffen. Anhand seiner Beobachtungen zur «Fränkischen Schweiz» hielt Weinacht sechs Stufen einer Namenskonsolidierung fest.

Den frühesten Vergleich mit der Schweiz, noch philologisch als solcher erkennbar, nannte Weinacht (1994) die erste Phase. Als zweite Phase definierte er die schriftlich festgehaltene adjektivische Formulierung «Fränkische Schweiz». Als Rückschritt betrachtete Weinacht hingegen eine dritte Phase, wo der Beiname «Kleine Schweiz» auftauchte und so implizierte, dass die Nachbenennung noch nicht konsolidiert war. Obwohl ein derartiger Rückschritt nicht generalisierbar ist, soll Weinachts gesamte Skala hier als Referenzwert dienen, da die Etablierung von Nachbenennungen selten linear erfolgte. Die vierte Phase und Durchsetzung der Bezeichnung definierte Weinacht mit dem Auftauchen der Bezeichnung in mehreren Reisebeschreibungen. Die fünfte Phase ist geprägt von der Verwendung des Namens auf Titelblättern von Publikationen. Die sechste Phase sah Weinacht in der Grossschreibung der Bezeichnung. Zusätzlich kann eine siebte und letzte Phase mit der Erwähnung in Kartenwerken und Atlanten ausgemacht werden.[126]

Der global-theoretische Rahmen dieser Arbeit verlangt auch nach einer methodischen Umsetzung theoretischer Ansätze der Globalgeschichtsschreibung. Dazu darf festgehalten werden, dass es sich nach Osterhammel bei der Globalgeschichtsschreibung um eine Perspektive auf die Vergangenheit handelt.[127] Conrad (2013) sieht die methodischen Präferenzen der Globalgeschichtsschreibung jedoch nicht in einer Methode an sich, sondern in der «Tendenz der Privilegierung einer Ebene». Dabei identifizierte er zwei Dimensionen. Erstens den Grundsatz, dass nationalstaatliche Grenzen nicht gleichzeitig die Grenzziehungen der Studie sein dürfen, und zweitens, dass eine nicht-eurozentrischen Sichtweise eingenommen werde.[128] In Anlehnung an diese Perspektive auf die Vergangenheit zweier Nachbenennungen werden hier dann Entwicklungen über nationalstaatliche Grenzen hinweg untersucht, unter dem Blickwinkel, dass diese aus nicht-europäischer Sicht zu werten sind. Diese Arbeit räumt dann den Interaktionen und Verflechtungen kausale Erklärungskraft ein.

---

126 Weinacht 1994, S. 94–97.
127 Osterhammel/Petersson 2003, S. 10.
128 Conrad 2013, S. 21.

Wie im Abschnitt zu den «Theoretischen Ansätzen» bereits festgehalten, handelt es sich bei den Begriffen «Welt» und «global» nicht um gegebene Kategorien sondern um Perspektiven und formatierte Wirklichkeiten. Untersuchungen mit einem globalen Rahmen setzen demnach eine Kontext-Sensibilität voraus, welche in Fallstudien besser umsetzbar ist. Conrad wertete die lokale Manifestation globaler Schnittpunkte gar als interessantesten Punkt.[129] Mit der Aufarbeitung in Form von Fallstudien sollen die von Osterhammel beobachteten Teilbereiche mit ihren eigenen Zeitstrukturen und Eigendynamiken berücksichtigt werden. Spannungen zwischen dem Globalen und dem Lokalen werden so ins Zentrum der Analyse gerückt und es werden Orte und Regionen als Ausgangspunkte für die Konstruktion von Netzwerken lokalisiert. Fallstudien zur «Fränkischen» und «Sächsischen Schweiz», zu «Englischen Alpen» und «Englischen Schweizen», zur «Argentinischen Schweiz» und zu den «Südalpen» Neuseelands sollen Osterhammels regionale Kategorien als vielfältige Resultate ihrer Geschichte und ideologischer Kontexte verdeutlichen.[130] Sieder und Langthaler[131] postulieren 2010 gar, dass es sich in der «Globalgeschichte» immer auch um eine Mischung von Makro- und Mikrogeschichte handeln muss, die das Lokale, Regionale, Nationale und Globale in Beziehung setzt. Die vorliegende Untersuchung geht, dieser Forderung folgend, deshalb auch einer Mischung aus Mikro- und Makrogeschichte nach.

Um die vielfältigen und unterschiedlichen Benennungen und die Unmöglichkeit einer vereinheitlichten Gesamtthese aufzuzeigen, wird in Kapitel 2 zuerst mittels Fallstudien ein Makro-Blick auf einzelne Nachbenennungen geworfen. Erst in einem zweiten Schritt werden die Entwicklungen auf einer globalen Ebene in den Makro-Kapiteln 4 bis 6 nachgezeichnet. Auf der Makroebene wird sodann in Kapitel 3 ein Überblick zu Nachbenennungen aufgelistet.

Gemäss Osterhammel kann der Approach der «Globalgeschichtsschreibung» als Analyse der Interaktionen zwischen Räumen innerhalb eines Networks oder einer Institution verstanden werden. Wie bereits aufgezeigt, hielt auch Bayly fest, dass nicht ein synchronisierter Verlauf sondern Interaktionen politischer Organisationen, Ideen und wirtschaftliche Unterfangen Weltgeschichte ausmachen. Daraus leitete er eine «soziale Ökologie» ab.[132]

---

129 Ebd., S. 10, 21, 105–111, 287.
130 Osterhammel 2009, S. 19, 778.
131 Sieder/Langthaler 2010, S. 12.
132 Bayly 2004, S. 5–7.

Götz Grossklaus wiederum schrieb 1983 den Entwicklungen in Wissenschaft, Alpinismus, Malerei und Literatur die tragende Bedeutung für die Alpenwahrnehmung im 18. Jahrhundert zu.[133] Während François Walter die Verbreitung von graphischer Kunst und Photographie für die Ausbreitung der Schweiz-Nachbezeichnung betonte, zählte Laurent Tissot Alpinismus, Tourismusprotagonisten und die Hotelindustrie zu den Promotoren der Verbreitung der Nachbenennung «Schweiz».[134] In diesem Sinne räumt die vorliegende Arbeit Motiven aus zahlreichen und unterschiedlichen Bereichen Raum ein. Innerhalb der chronologischen Kapitel 4 bis 6 werden jeweils an erster Stelle die möglichen Transfermotive aus den Bereichen Tourismus, Alpinismus, Wissenschaften und Kolonialismus untersucht. An zweiter Stelle werden die dazugehörenden Landschaftsmodelle und deren Wandel beleuchtet.

Es gilt in der Geschichtsschreibung mit globaler Ausrichtung, die Verflechtungen, die betroffenen Gruppen, Grenzen der Vernetzungen, deren Besonderheiten und auch allfällige Nicht-Transfers zu identifizieren.[135] Als zentrales Anliegen werden die Differenzierungen zwischen den vielfältigen Faktoren und die Unterscheidung nach Milieu und Regionen zu suchen sein. Denn es befinden sich, gemäss Subrahmanyam (2007), die Unterschiede zwischen den Kulturen in einem konstanten Wandel.[136] Das heisst auch, dass die Bedeutungen transferierter Einheiten einem Wandel ausgesetzt sind. In den Analysen von Transferprozessen werden hingegen die Wechselwirkungen von Transfers berücksichtigt. Zu beachten ist dabei, dass es sich nicht einfach um eine Umkehr des Transferprozesses handeln muss. Denn Prozesse können zur gemeinschaftlichen Identität, aber auch, bei einseitigen Transfers, zu hierarchisierenden Verhältnissen führen.

Diese theoretisch dargestellten unterschiedlichen Entwicklungen werden im Folgenden an Einzelbeispielen präzisiert dargestellt. In der Fallstudie zur «Sächsischen Schweiz» und zur «Fränkischen Schweiz» in Kapitel 2 ist zum Beispiel zu belegen, in welcher Form die touristisch motivierte Schweiz-Nachbezeichnung einen eigentlichen Markenwert kreierte. Es wird gefragt, in welcher Wechselwirkung der Markennamen «Schweiz», von dem auch die Schweiz profitierte, entstanden ist. Am Beispiel einer Fallstudie zur «Argentinischen Schweiz» sollen

---

133 Grossklaus/Olddenmeyer 1983, S. 179.
134 Walter 2005, S. 73; Tissot 2011, S. 71–72.
135 Conrad 2013, S. 100.
136 Subrahmanyam 2007, S. 34–53. Siehe auch Pernau 2011, S. 41.

umgekehrt auch die Formen der hierarchisierenden Auswirkungen der Schweiz-Nachbezeichnung herausgearbeitet werden, weil sie dort als koloniales Instrument in der Eroberung Patagoniens verwendet werden konnten.

Die Untersuchung geht auch der Frage nach, ob zwischen der Schweiz- und der Alpen-Nachbezeichnung ein wesentlicher Unterschied bestand. Können parallele Entwicklungen beobachtet werden? Ziel des Vergleichs ist dabei nicht die Erkenntnis allgemeiner Gesetzmässigkeiten, sondern, wie in der «Globalgeschichte» gefordert, das Aufzeigen kausaler Zusammenhänge. Das jeweils Spezifische sollte dadurch sichtbar gemacht werden. Die Analysen in Kapitel 4 bis 6 zeigen denn auch mögliche Gründe für Unterschiede zwischen den Bezeichnungen auf. Neben dem Kontrast zwischen den Mikrostudien in Kapitel 2 und den Makrostudien in den Kapiteln 4 bis 6, zieht das Kapitel 7 mit der Paris-Nachbezeichnung einen zusätzlichen Vergleich für die Nachbenennungen mit der Schweiz und den Alpen. Dieser Vergleich ermöglicht dann auch eine Einordnung der Schweiz- und Alpen-Nachbezeichnung in eine globalhistorische Dimension.

Sieder und Langthaler hoben 2010 hervor, dass sich die Studien der «Globalgeschichte» grundsätzlich mit dem Eurozentrismus der im Westen entstandenen Studien auseinanderzusetzen habe. Dazu gehören selbstredend Analysen der Rolle und Folgen des Eurozentrismus in Netzwerken und Transfers.[137] Dies betrifft auch die vorliegende Studie, die Untersuchung des Transfers der Namen zweier Landschaftsmodelle des Westens, die hauptsächlich von Europäern mit ihrer inhärenten eurozentrischen Auffassungen in die Welt getragen worden war. Anhand dieser globalgeschichtlichen Untersuchung toponymischer Nachbenennungen wird das Ausmass dieser 250-jährigen Dominanz und Sichtweise darstellbar sein.

---

137 Sieder/Langthaler 2010, S. 12.

2. Fallbeispiele – «Schweizen» und «Alpen»

In diesem Kapitel wird die zeitliche und topografische Entwicklung des Prozesses der Verbreitung der Schweiz- und Alpen-Nachbezeichnungen auf der Mikroebene dargestellt. Fokussiert wird dabei auf vier Fallbeispiele, welche die Besonderheiten, Eigenschaften und unterschiedlichen Verwendungen von Nachbenennungen demonstrieren und auf Benennungen, Motive, Gegendiskurse, Entwicklungen und Landschaftsmodelle eingehen. Zuerst wird mit der «Sächsischen» und «Fränkischen Schweiz» die Entwicklung der ersten Schweiz-Nachbenennungen in Deutschland untersucht. Neben Motiven, die den ersten Namenstransfer auslösten, analysiert die Mikrostudie die Verbreitung und Verselbständigung der Bezeichnung. Danach wird auf die «Englische Schweiz» eingegangen, die baldige Verdrängung der Bezeichnung «Alpen» durch den Begriff «Schweiz» beobachtet und Motive und Kontext der Schweiz-Nachbenennungen in England untersucht. Auch hier wird die Bildung des Markennamens «Schweiz» erörtert. Der dritte Teil beleuchtet eine südamerikanische Schweiz-Nachbezeichnung mittels einer Studie zur «Argentinischen Schweiz». Dabei steht die Analyse der Entwicklung einer kolonial motivierten Nachbenennung im Mittelpunkt. Zuletzt wird die wissenschaftlich-koloniale Benennung der «Southern Alps» Neuseelands im Kontrast zu weiteren kolonialen Alpennachbenennungen dargestellt.

Für die Wahl der vier Fallbeispiele spielten mehrere Faktoren eine Rolle. Erstens war eine globale Verteilung erwünscht, die eine Darstellung der einzelnen Nachbenennungsgeschichten ermöglichte, auch wenn diese in ganz unterschiedlichen Regionen der Welt angesiedelt sind. Ausgewählt wurden zwei Fallstudien in Europa, eine in Ozeanien und eine in Südamerika. Dass zwei Fallstudien sich mit europäischen Regionen befassen, ist darauf zurückzuführen, dass Europa weitaus die meisten für diese Studie relevanten Nachbenennungen aufweist. Dadurch sollen dann auch Differenzen und Heterogenität innerhalb der europäischen Nachbenennungen deutlicher dokumentierbar sein. Zweitens wurden für Fallstudien Nachbenennungen gesucht, die auch aus nicht-geografischen Motiven stattgefunden hatten.

2.1 Von Bezeichnungen der Romantik zu Markennamen: die «Sächsische» und «Fränkische Schweiz»

Die ersten Schweiz-Nachbenennungen

Helmut Weinacht publizierte 1994 in seinem Artikel «Die Fränkische Schweiz und andere Schweizen im Fränkischen» eine übersichtliche Aufarbeitung der Faktoren zur Entstehung des Namens «Fränkische Schweiz». Es war der Uttenreuther Pfarrer Johann Friedrich Esper (1732–1781) gewesen, welcher 1774 den südöstlich von Burggaillenreuth gelegenen Finstergraben im bayerischen Landkreis Forchheim erstmals mit einer schweizerischen Landschaft verglichen hatte.[138] Um 1810 war dann diese Bezeichnung geläufig und bezog sich sogar auf ein grösseres Gebiet. Den Vergleich von 1774 wertete Weinacht als Geburtsstunde des Tourismus für diese Region. Obwohl die Gleichsetzung des Vergleichs von 1774 mit der «Geburtsstunde des Tourismus» von Weinacht etwas früh angesetzt wurde[139], ist ersichtlich, dass die Namensgebung der «Fränkischen Schweiz» ähnlich verlief wie bei anderen «grossen, alten Schweizen». Er zitiert dazu auch den Erlanger Zoologen Georg August Goldfuss (1782–1848), der das ganze Umland von Muggendorf (Landkreis Forchheim in Bayern) so bezeichnete.[140] Die Bezeichnung hatte sich demnach innerhalb einer Generation etabliert. Weinacht fand ausserdem in einer Veröffentlichung von Johann Christian Fricks aus dem Jahr 1812 die Formulierung «fränkische Schweiz», was den Beginn einer zweiten Phase markiert: die Zusammensetzung des Toponyms. Obwohl «fränkisch» noch kleingeschrieben war, war somit ein Eigenname entstanden. Einen Rückschritt beobachtete Weinacht jedoch 1820, also eine dritte Phase, als der Beiname «Kleine Schweiz» auftauchte, was Weinacht schliessen liess, dass der Name zu diesem Zeitpunkt noch nicht konsolidiert gewesen war. Möglicherweise erkannte man um 1820 eine Diskrepanz zwischen den Alpen und der «Fränkischen Schweiz». Die vierte Phase – die Durchsetzung – folgte in der nächsten Dekade, denn die Bezeichnung tauchte in etlichen Reisebeschreibungen

---

138 Weinacht 1994, S. 94; Esper 1774, S. 13.
139 Man beachte, dass z.B. Rousseaus «Nouvelle Héloïse» erst im Jahr 1761 erschienen war.
140 Weinacht 1994, S. 94; Goldfuss 1810, S. 10.

auf. Fünfte Phase: Die Verwendung des Begriffes auf einem Titelblatt findet sich erstmals 1829 bei Josef Heller (1798–1849) in seiner Arbeit über «Muggendorf und seine Umgebungen oder die fränkische Schweiz».[141] Die sechste Phase schliesslich sieht Weinacht in der Grossschreibung. Dies geschah ab 1841, als Johann von Plänckners Buch «Die Fränkische Schweiz» veröffentlicht wurde.[142]

Mit der Entwicklung der Nachbezeichnung «Fränkische Schweiz» ist auch diejenige der «Sächsischen Schweiz» vergleichbar. Denn aus der Arbeit von Heinz Klemm (1958) ist bekannt, dass sich die Bezeichnung «Sächsische Schweiz» im späten 18. Jahrhundert etablieren konnte, sie tauchte in der Reiseliteratur im Jahre 1783 zum ersten Mal auf, und zwar in Johann Christian Hasches (1744–1827) «Umständlicher Beschreibung Dresdens».[143] Er schliesst aus der vergleichenden Verwendung des Namens, dass dieser bereits allgemein bekannt gewesen sein musste. Zudem zeigte er auf, dass Pfarrer Carl Heinrich Nikolai seinen 1801 erstmals publizierten Reiseführer «Wegweiser durch die Sächsische Schweiz» nannte.[144] Klemm dokumentiert ebenso, dass Wilhelm Lebrecht Götzinger (1758–1818) die Namensbezeichnung 1804 im Titel seines Buches «Schandau und seine Umgebungen oder Beschreibung der sächsischen Schweiz» verwendete.[145] Ebenfalls 1804 erschien der Reiseführer «Reise von Thüringen durch Sachsen, die sächsische Schweiz und die Oberlausiz über den Onhin und Wessersdorf in das schlesische Riesengebirge». Da bereits 1801 die grossgeschriebene Namensbezeichnung in einem Buchtitel nachweisbar ist[146], kann gemäss der Skala von Helmut Weinacht zu diesem Zeitpunkt von der Etablierung der Bezeichnung auf der sechsten Stufe ausgegangen werden.[147]

Schon Wilhelm Will, Flurnamenforscher und Gegner der Schweiz-Nachbezeichnung zu Zeiten des Nationalsozialismus, behauptete 1939, dass ein Ausruf des Schweizer Kupferstechers Adrian Zingg[148] (1734–1816) aus St. Gallen und des Malers Anton Graff (1736–1813) aus Winterthur bei

---

141 Heller 1829; Weinacht 1994, S. 97.
142 Plänckner 1841; Weinacht 1994, S. 94–97.
143 Klemm 1958, S. 13; Hasche 1783.
144 Klemm 1958, S. 14; Nikolai 1801.
145 Götzinger 1804; Klemm 1958, S. 14.
146 Klemm 1958, S. 13–15.
147 Weinacht 1994, S. 94.
148 Siehe Abb. 1 im Anhang.

ihrer Wanderung durch das an die Schweiz erinnernde Elbsandsteingebirge im Jahr 1780 zu dieser Nachbenennung geführt habe: «Die Schweiz in Sachsen!»[149] Dasselbe sagte Klemm aus.[150] Mit der Veröffentlichung von Nikolais Reiseführer erachtete Will die Bezeichnung «Sächsische Schweiz» um 1801 als bereits gefestigt.

Grundsätzlich ist nicht klar, welche der zwei Bezeichnungen die ältere ist. Obwohl Weinacht und Will in der «Sächsischen Schweiz» die erste Schweiz-Nachbezeichnung, und somit das Vorbild für die «Fränkische Schweiz», sehen, liegen beide Benennungen zeitlich so eng zusammen, dass keine klare Chronologie erkennbar ist. Tatsächlich unterzog Esper die künftige «Fränkische Schweiz» bereits 1774 einem Vergleich mit dem Land Schweiz.[151] Zingg und Graff zogen ihren Vergleich angeblich erst 1780. Drei Jahre später erfolgte der schriftliche Vergleich einer «Schweiz im Kleinen» mit der «Sächsischen Schweiz». In der «Fränkischen Schweiz» fand dieser Prozess hingegen langsamer statt. Für Weinacht ist die Bezeichnung erst um 1810 geläufig. Wenn wir die Geschwindigkeit der Festigung der Bezeichnung als Massstab nehmen, kann die «Sächsische Schweiz» als erste gefestigte Nachbenennung betrachtet werden. Jedoch existierte der Begriff «Fränkische Schweiz» 1774 bereits endonym, im Gegensatz zur «Sächsischen Schweiz». Laut Weinacht kam dieser erste festgehaltene Vergleich der Geburtsstunde des Tourismus in der «Fränkischen Schweiz» gleich. Allerdings dürfte der Uttenreuther Pfarrer Johann Friedrich Esper mit seinem ersten dokumentierbaren Vergleich kaum als Agent der Tourismusindustrie bezeichnet werden, ebenso wenig wie Zingg und Graff.

Motive für die Namensgebung

1951 wies der Orts- und Flurnamenforscher Walther Keinath die Schweiz-Nachbezeichnung einer Namenskategorie für Begriffe wie «Vertrautheit mit Fernem und Fremdem» zu. «Schweiz» stand für gebirgige Regionen, die an die Alpen erinnern.[152] Klemm ging hingegen bei seinen Ausführungen zur «Sächsischen Schweiz» umfassender auf die Gründe der Benennungen ein. Denn er rückte die «Sächsische Schweiz» von Zingg und Graff in den

---

149 Will 1939, S. 276.
150 Klemm 1958, S. 13–15.
151 Esper 1774, S. 13.
152 Keinath 1951, S. 186.

Kontext des Naturbegriffes der Romantik. Dabei beleuchtete er die Naturbezogenheit, die bereits Rousseau in den Mittelpunkt gestellt hatte, und die auch Bürger deutscher Städte zur Bewunderung lokaler Naturschönheiten anspornte. Die Benennung sei deshalb durch zwei Schweizer erfolgt, weil Deutsche sich noch nicht ins Gebirge gewagt hätten. Klemm führte die Entdeckung der «Sächsischen Schweiz» insgesamt auf das «Erstarken des bürgerlichen Selbstbewusstsein» sowie das «tiefe Naturgefühl der deutschen Romantik» zurück, beide eine notwendige Voraussetzung des aufkommenden Tourismus.[153]

Damit stellt sich die Frage, ob auch die bereits früh nachweisbar nachbenannte «Fränkische Schweiz» auf die Naturbezogenheit der Romantik zurückzuführen ist. Will belegte, dass auch sie mit der Entwicklung eines Naturgefühls zusammenhing, wobei er sich auf den Historiker Hermann Aubin bezog. Parallel zum Naturgefühl, so Will, erfasste die Schweiz-Nachbezeichnung zuerst «die grossen Anziehungspunkte der Landschaft», um sich dann später in kleineren Ablegern zu manifestieren.[154] Somit bejahte auch er einen Bezug zum Naturverständnis der Romantik.

Weinacht hielt fest:

> Wir haben einerseits davon einen subjektiven erfassten, künstlerischen, zu seiner Zeit um 1800 sentimentalen Landschaftsbegriff – er wird für uns für den Ausgangspunkt der Schweiz-Namen der entscheidende sein – speziell kreiert von Malern, Dichtern und Musikern und unterstützt vom Landschaftsverständnis des sprachlichen Normalverbrauchers, das sich ebenso vagen Umschreibungen wie Gegend, Gelände, Umgebung nur noch unbefriedigender eingrenzen lässt; anderseits ein sich selbst als objektiv verstehendes, auf das Objekt Landschaft bezogenes wissenschaftliches Verständnis.[155]

Weinacht unterstreicht in seiner Arbeit klare Beziehungen zwischen der Romantik und der Benennung «Fränkische Schweiz» und verknüpft sie mit Definitionen von Landschaft zur Zeit der Benennung. Dieser als subjektiv identifizierte Begriff spielt bei der Ausweitung der Schweiz-Nachbezeichnung eine tragende Rolle und spricht sich so für einen engen Zusammenhang mit der Romantik aus.

---

153 Klemm 1958, S. 11–14.
154 Will 1939, S. 277.
155 Weinacht 1994, S. 81–82.

Weinacht argumentiert weiter:

> Das heisst, für die Entstehung der Schweiz-Namen ist wohl das Gefühl für das Romantische ganz wichtig, aber nicht das Vorhandensein eines Ensembles von Hochalpen mit einem Gipfelkamm von 3000 bis 4000m, von Gletschern, hunderte Meter tiefen Trogtälern, eiszeitlich ausgeschürften Seen, weiträumigen Moränenlandschaften und schliesslich einem Jurariegel entscheidend.[156]

Zwar war der direkte Bezugspunkt sowohl für die «Fränkische» als auch für die «Sächsische Schweiz» die Schweiz selber. Doch das durch die Romantik und ihre Literatur vermittelte Bild der Naturschönheit erwies sich als wegweisend für die Nachbenennungen. Es reichten Seen und Felsen, um eine Verbindung zur romantischen Schweiz von Rousseau herzustellen.

> Die Pfarrer Götzinger und Nicolay haben das Elbsandsteingebirge für den Fremdenverkehr erschlossen. Kommt zu uns, unser Land ist ebenso schön wie die Schweiz, wollte man mit diesen Namen sagen, und die folgten dem Ruf, die es ihren besser bemittelten Kollegen gleichtun wollten und so auf billige Art mit einer Schweizerreise prunken konnten.[157]

Will sah in der «Sächsischen Schweiz» das älteste Beispiel einer Nachbenennung aus wirtschaftlich-touristischen Motiven. Und er erkannte einen nach Gesellschaftsschichten geordneten Tourismus. In der Realität waren das Reisen und der Tourismus im ausgehenden 18. Jahrhundert eine Angelegenheit der oberen Schichten. Doch die «Schweizen» in Deutschland als billigere Alternative zum teuren Tourismus in der Schweiz aufzusuchen, wurde erst in der zweiten Hälfte des 19. Jahrhunderts praktiziert.[158] Die erste Benennung der «Sächsischen Schweiz» erfolgte allerdings nicht durch den Tourismus, sondern durch einen exonymen Vergleich zweier Schweizer. Die endonyme Förderung dieser Bezeichnung im Interesse der Tourismusindustrie geschah erst später und diente gezielt der Festigung der Bezeichnung. Will untersuchte «die grossen Anziehungspunkte der Landschaft» und macht die Fremdenindustrie für die weitere Verbreitung der Schweiz-Nachbezeichnung in Deutschland verantwortlich. Der Erfolg dieser Marketingstrategie in Sachsen und Franken zog in der Umgebung weitere Schweiz-Nachbenennungen nach sich. Neben als «romantisch» eingeschätzten Landschaften werden auch kleinere Felsen und Täler zu

---

156 Ebd., S. 81–82. Siehe Abb. 1 im Anhang.
157 Will 1939, S. 276–278.
158 Siehe dazu Kapitel 5.

«Schweizen», so zum Beispiel die «Altdorfer», «Bieberehrener», «Fehrenbacher» oder «Giessbühler Schweiz».

Verselbständigung der Schweiz-Nachbezeichnung

Die Namensgeber der «Sächsischen» und «Fränkischen Schweiz» bezogen sich explizit auf die Schweiz. Bald folgten jedoch weitere kleinere «Schweizen», die rund um die «Fränkische Schweiz» lagen, wie Weinacht zeigte. Manche dieser Nachbenennungen überdauerten allerdings nur kurze Zeit. Weinacht führte dazu aus: «Der Adaptionsvorgang von der ‹Fränkischen› über die ‹Altdorfer› zur ‹Nürnberger Schweiz› zeigt uns, wie die Geltung eines schönen Namens erweitert und von der grossen Stadt an sich herangezogen, ihr einverleibt wird».[159] Für die Stadt überdauerte der Namen, der in der Regel für Landschaften eine nachvollziehbarere Verwendung fand, allerdings nicht. Im Verlauf des 19. Jahrhunderts ortet Weinacht rund um die «Fränkische Schweiz» mit der «Einberger», «Heldritter», «Rodacher», «Suhler», «Fehrenbacher», «Giessbühler», «Bieberehrener», «Spalter», «Altdorfer», «Nürnberger» und «Hersbrucker Schweiz» elf weitere «Schweizen».[160] Diese Entwicklung zeigte sich auch in der Zeitschrift «Vom Fels zum Meer», wo beispielsweise bei einem Besuch der «Fränkischen Schweiz» auch das Aufsuchen der «Nürnberger» oder «Hersburger Schweiz» empfohlen wird.[161] Diese kleineren «Schweizen» sieht Weinacht als Resultat einer «Übernamenmode», abgeleitet von den grossen älteren «Schweizen». Folgerichtig deklariert er diese Schweiz-Nachbezeichnungen als Versuch, den Trend zu kopieren. Er stellt dabei eine kürzere Lebensphase dieser Bezeichnungen fest, weil sie nicht organisch über eine längere Zeitspanne wachsen konnten.[162] Wie im Kapitel 5 dargestellt, etablierten sich in den Handatlanten diese sogenannten «grossen und alten Schweizen» ab 1860. Dabei ergibt sich auch für die «Sächsische Schweiz» eine Form von Clusterbildung.

Der Autor Johann Sporschil (1800–1863) hielt 1844 fest:

---

159 Weinacht 1994, S. 86–92.
160 Ebd. 1994, S. 86–92.
161 Spemann (Hg.), Vom Fels zum Meer, 1885, S. 457. Siehe auch Kapitel 5.
162 Weinacht 1994, S. 99–100.

> Der Name «Sächsische Schweiz» ist die geschmacklose Erfindung des vorigen Jahrhunderts', jetzt aber einmal zum Eigennamen geworden, ...konnte man nicht umhin, auch die gleichartigen Gegenden, die eigentlich zu Böhmen gehören, einzubezirken, und erfand, um jedem Lande sein Recht widerfahren zu lassen, den wunderlichen, aber dennoch den Zweck, einen bestimmten Umfang von Naturschönheiten zu bezeichnen, erfüllenden Doppelnamen «sächsisch-böhmische Schweiz».[163]

Sporschils ablehnende Beobachtung weist auf die eigendynamische Weiterentwicklung der Schweiz-Nachbezeichnungen in Deutschland hin. Diese gingen von den ersten Nachbenennungen aus. Etablierte Tourismusdestinationen zeigten sich auch als erste in den Handatlanten. Denn der «Weimar Handatlas» und «Meyers grosser Handatlas» führten die «Sächsische Schweiz» ab 1860 an.[164] Ein Jahr später folgte der «Stieler Handatlas»[165], ab 1868 tauchte die «Fränkische Schweiz» im «Meyer» auf. «Richard Andree's Allgemeiner Handatlas» nennt die «Sächsische Schweiz» ab 1880. 1893 erhöhten die Redaktoren der Atlanten erneut die Anzahl «Schweizen»; berücksichtigt wurden die «Fränkische», die «Kroppacher», die «Sächsisch-Böhmische» und «Pommersche Schweiz».[166] Die Zusammenführung von «Sächsischer» und «Böhmischer Schweiz» wurde im Andree 1893 vorgenommen. Dies ist ein einmaliger Prozess, dass eine kleinere, angrenzende und im Nachhinein benannte Schweiz tatsächlich in den Kreis[167] der grossen alten «Schweizen» vordrang. Eine Erwähnung in einem wissenschaftlichen Handatlas entspricht der höchsten Ebene der Festigung für eine Nachbezeichnung, wie Weinacht festhält. Obwohl die «Böhmische Schweiz» aus einem Zusammenspiel mit der «Sächsischen Schweiz» den Weg in die Handatlanten fand, zeigt das Beispiel, dass auch kleinere, an grössere und ältere Nachbenennungen angrenzende, «Schweizen» länger überdauern konnten, als die Beispiele rund um die «Fränkischen Schweiz» vermuten lassen.

In der ersten Hälfte des 19. Jahrhunderts diente vor allem die «Sächsische Schweiz» für andere, zum Teil weitabgelegene, «Schweizen» als wirtschaftliches Vorbild. Auch fern von Sachsen konnte das direkt beobachtet werden, so in Verhandlungen der zweiten Kammer der Landstände des

---

163 Sporschil 1844, S. 141.
164 Meyer 1858; Kiepert (Weimar) 1860.
165 Stieler 1864.
166 Andree 1881; Andree (Supplement zur zweiten und ersten Auflage von Andrees Handatlas enthaltend die 64 Seiten neuer Karten der dritten Auflage von 1893) 1893.
167 Siehe dazu Kapitel 3 und 5.

Grossherzogtums Hessen. Dort bezogen sich Abgeordnete auf die «Sächsische Schweiz» und unterstrichen damit ein Bewusstsein für den Markenwert der Bezeichnung. Denn dort rechtfertigte der Abgeordnete und Rechtsanwalt Johann Friedrich Lotheissen 1842, mit einem Verweis auf die «Sächsische Schweiz», seine Unterstützung für die Planung einer Eisenbahn durch die damalige Provinz Starkenburg, würde diese doch die Möglichkeit der Entstehung einer «Hessischen Schweiz» eröffnen. Basis seiner Argumentation bildeten die Naturschönheiten Hessens, die der Region den Namenszusatz Schweiz erlaubten und somit die Besucherzahlen steigern würden.[168] Die Entstehungsgeschichte dieser Main-Neckar-Bahn zeigt, wie im 19. Jahrhundert die Aussicht auf den wirtschaftlich-touristischen Markennamen «Schweiz» in Bezug zum Eisenbahnbau stand. Die wirtschaftliche Nutzung der Landschaftsbilder der Romantik erfolgte touristisch motiviert. Sie belegt zudem am Beispiel Hessen, dass der Markenname «Schweiz» im Ausland geprägt wurde.

Die starken Vorbildrollen der «Sächsischen» und «Fränkischen Schweiz» sorgten in Deutschland vermehrt dafür, dass der direkte Bezugspunkt für die Schweiz-Nachbezeichnung nicht etwa die Schweiz, sondern eine bereits nach der Schweiz benannte Gegend war. In Preussen wurde ausserdem 1896 in einem staatlichen Bericht festgehalten, dass der Name «Löwenberger Schweiz» auf den dortigen Sandstein zurückgehe, der an die «Sächsische Schweiz» erinnere.[169] Für diesen Vorgang finden wir Hinweise in weiteren Quellen.[170] Das Wegfallen der Schweiz als direkter Referenzwert für die Schweiz-Nachbezeichnung sowie die Bildung eines neuen Bezugspunktes in der «Sächsischen» oder «Fränkischen Schweiz» zeigen, wie sich die Schweiz-Nachbezeichnung selbständig weiterentwickelt (vgl. Kapitel 5). Bald konnten auch Elemente, die keine romantisch-landschaftlich Wirkung hatten, eine Schweiz-Nachbezeichnung scheinbar rechtfertigen. Damit lässt sich die eigentliche Anfangsphase dieser Verselbständigung erkennen.

Die aus der Romantik stammenden Erstbenennungen der «Sächsischen» und «Fränkischen Schweiz» sowie die anschliessende wirtschaftlich

---

168 Landstande des Grossherzogthums Hessen (Hg.) 1842, S. 13. Siehe auch Kapitel 4.
169 Bureau des Ausschusses zur Untersuchung der Wasserverhältnisse in den der Ueberschwemmungsgefahr besonders Ausgesetzten Flussgebieten (Hg.) 1896, S. 145. Siehe auch Kapitel 5.
170 Partsch 1896, S. 118. Siehe auch Kapitel 5.

motivierte und eigendynamische Ausbreitung der Schweiz-Nachbezeichnung stiessen zu Beginn bei vielen Vertretern der neuen wissenschaftlichen Geografie auf Ablehnung. Carl Ritter beispielsweise sah darin eine «irrige» Nachbenennung. Für ihn galt als Referenzwert allein ein vereinfachtes Abbild der Alpen.[171] Auch der Geograph und Publizist August Petermann (1822–1878) äusserte sich ablehnend dazu.[172] Besonders bei Ritter wird deutlich, dass er bergige Landschaftsattribute als Grundlage für seine Imagination und Projektion von der Schweiz verwendete. Die «Sächsische Schweiz» schien ihm deshalb zu wenig alpin zu sein. Zwar widersprach die romantische und touristische Verwertung einer Landschaftsbezeichnung vielen Geographen, wurde aber wegen der fortgeschrittenen Verselbständigung im Laufe des 19. Jahrhunderts akzeptiert und angewendet. Dazu kam die inhärente ästhetische Bedeutung, die für eine «schöne deutsche Landschaft» stand. Diese allgemeine Akzeptanz der Schweiz-Nachbezeichnungen lässt sich ungefähr ab 1840 zunehmend auch in wissenschaftlichen Handatlanten nachweisen.[173]

Weinacht schrieb, nur basierend auf einer Arbeit von Michel Hoffmann, dass die Bezeichnung «Fränkischen Schweiz» von den Nationalsozialisten abgelehnt wurde.[174] Es ist möglich, dass es im NS-Gau «Bayrische Ostmark» zu Oppositionen gegen die Bezeichnung gekommen ist, die Belege dazu sind allerdings knapp. Schliesslich kam es Ende 1938 gar zu einem Verbot des Namenzusatzes[175], das sich im Dritten Reich jedoch nicht durchsetzen konnte, denn die Schweiz-Nachbezeichnungen wurden weiter verwendet. Sichtbar auch auf Postkarten aus dem Jahre 1940, die den Namenszusatz «Schweiz» trugen. So wurde die Bezeichnung weiterhin diskutiert und kritisiert. Diese Kritik wurde auch in der Schweiz, so in der «Schweizer Illustrierten» 1938, registriert, wie Tanja Wirz mit ihren Recherchen für ihre Arbeit aus dem Jahr 2007 nachweisen konnte. Die Illustrierte bezog sich dabei auf deutsche Bestrebungen, die «Sächsische Schweiz» fortan «Sächsisches Felsengebirge» zu nennen. Im Artikel heisst es: «Wir selbst haben an unserem schönen Ländchen ein höheres und heiligeres Interesse, und es ist uns nur wohl dabei, wenn der Begriff Schweiz in seinem ursprünglichen und von allen Schweizern gewollten

---

171 Ritter 1838, S. 838–839.
172 Petermann (Hg.), Mittheilungen, Bd. 10, 1864, S. 365–366.
173 Siehe Kapitel 5.
174 Weinacht 1994, S. 100–101; Hoffmann 1953, S. 25–27.
175 Statistisches Reichsamt (Hg.) 1939, S. 272.

geistigen und territorialen Sinne erhalten und unangetastet bleibt».[176] Dass sich die Schweiz-Nachbezeichnung in Deutschland längst verselbständigt hatte und ein «ursprünglicher Sinn» zum Begriff mit Bezug zum schweizerischen Staat in Deutschland nicht an vorderster Stelle stand, wurde nicht erkannt oder ignoriert. Interessanterweise ist dies zu dieser Zeit eine der wenigen Reaktionen aus der Schweiz selber zu den zahlreichen Schweiz-Nachbezeichnungen. Diese einzelne Opposition ergibt jedoch kein Gesamtbild der Einschätzung der Schweiz-Nachbezeichnung unter dem Nationalsozialismus, denn es sind zwei Richtungen sichtbar, die im 6. Kapitel behandelt werden. Nach dem Zweiten Weltkrieg wurden die Schweiz-Nachbezeichnungen in den Handatlanten zunehmend verdrängt, eine Neuausrichtung, die vor allem die «Sächsische Schweiz» in westlichen Handatlanten betraf.[177]

An den ersten zwei Schweiz-Nachbenennungen lässt sich erkennen, wie diese durch ihre schnelle Etablierung im späten 18. Jahrhundert zu eigenständigen Bezeichnungen wurden. Bald orientierten sich andere, fernab gelegene ambitionierte Tourismusorte an diesen Vorzeigeobjekten. Damit ist eine erste eigendynamische Verselbständigung der Nachbezeichnung zu beobachten, die vom Tourismus selbständig getragen wurde. Referenzwert war somit nicht mehr die von der Romantik geformte Imagination der Schweiz, sondern bereits nachbenannte Orte.

2.2 Von «Englischen Alpen» zu «Englischen Schweizen»

Bei der literarischen Entdeckung der Alpen spielten Briten eine wichtige Rolle; es sei hier an den Dichter und Gelehrten Thomas Gray (1716–1771) erinnert, bei dem das Naturerlebnis in den Vordergrund gestellt wurde, das von Ästhetik und Poetik als Komponente der neuen Gefühlsdimension des Erhabenen analysiert wurde.[178] Ab Mitte des 18. Jahrhunderts begannen, wie bereits erwähnt, Touristen aus der englischen Oberschicht, Städte und Landschaften Mitteleuropas in ihre Grand Tour zu integrieren. Bekannt ist,

---

176 Wirz 2007, S. 368.
177 Siehe Kapitel 3.
178 Göller 1984, S. 230.

dass die Alpen zwischen der Zentralschweiz und dem Genfer See damals zur Destination wurden. Der aufkommende Tourismus förderte kulturelle Imaginationen vom unbekannten «anderen Ort», eine Entwicklung, die von wenigen Orten in den Alpen ausging. Der englische Philhelvetismus spielte infolgedessen bei der Verbreitung von Schweiz-Nachbenennungen in Grossbritannien eine Rolle. Wie im folgenden Abschnitt zu sehen ist, geht aber die Verwendung des Begriffes «Alpen» in England auf eine noch weiter zurückliegende Epoche zurück.

Die «English Alps» – eine römische «Erfindung»

Die Nutzung des Begriffes «Englische Alpen» ist bereits im 18. Jahrhundert nachweisbar. Eine interessante Anmerkung zu dieser Nachbenennung ist bei John Whitaker, Rektor von Ruan Lanyhorn in Cornwall zu finden, denn er vermerkte 1794 in seiner Studie zu Hannibals Überquerung der Alpen:

> We have actually a Roman Route for a part of our island, that gives us the same name of Alps for a range of our own mountains, the same appelation of Pennine for a particular point of them, and the fame accumulation of one upon the other for both. A Roman town is placed by it on the borders of Lancashire and Yorkshire, with this Italian title to it, ‹Ad Alpes Peninas›. Nor ist the appellation of Pennine yet lost entirely, among our English Alps. They have lost the name of Alps indeed, while the Italian have retained it; but have retained the appelation of Pennine; while the Italian have lost it.[179]

Von Whitakers Aussage kann man verschiedene Eigenschaften zur Bezeichnung «Englische Alpen» ableiten, die wir in den nächsten Abschnitten analysieren.

Die Alpen-Nachbezeichnung lässt sich bereits im frühen 17. Jahrhundert beim englischen Dichter Michael Drayton (1563–1631) nachweisen. Er verfasste zwischen 1613 und 1622 die Dichtung «Poly-Olbion», sein bekanntestes Werk. Im 28. Gesang stehen die Zeilen:

> Not Cheviot, of whose height Northumberland doth Albania to survey; nor those from coast to coast That well near run in length, that row of mountains tall, By the name of th' English Alps, that our most As soon shall those, or these remove out of their place.[180]

---

179 Whitaker 1794, S. 336–337.
180 Johnson (Hg.) 1810, S. 381.

Auch im 30. Gesang wird diese Bezeichnung mit einem lokalisierten Gebirge verbunden:

> So likewise to the east, that row of mountains tall, Which we our English Alps may very aptly call, That Scotland here with us, and England do divide.[181]

Kein geringerer als der Verfasser von «The Leviathan», Thomas Hobbes (1588–1679), schrieb 1626 anlässlich einer Exkursion durch die Peak District im Norden und Westen von Chatsworth das lateinische Gedicht «De Mirabilibus Pecci».[182] In der englischen Übersetzung von 1678 wurden Hobbes Zeilen wie folgt übertragen:

> On th' English Alps, where Darbies Peak doth rise, High up in Hills, that Emulate the Skies, And largely Waters all the Vales below, With Rivers that still plentifully Flow, Doth Chatsworth by swift Derwins Channel stand.[183]

Laut Whitaker muss es sich bei der Bezeichnung «Englische Alpen» Ende des 18. Jahrhunderts um eine gefestigte, jedoch sich im Rückzug befindliche Bezeichnung gehandelt haben.

Alpen-Nachbezeichnungen finden sich im England des 17. Jahrhunderts nicht nur bei Dichtern und Philosophen sondern auch bei der englischen Reiseschriftstellerin Celia Fiennes (1662–1741), der Tochter des Viscounts von Saye. Sie bereiste im 17. Jahrhundert weite Teile Grossbritanniens und hielt gleichzeitig ihre Eindrücke im erst um 1812 in Auszügen erschienenen Reisetagebuch «Through England on a Side Saddle» fest. Über die Malvern Hills schrieb sie:

> Here we enter into Worcestershire and ascend Manborn hills or as some term ye English Alps, a Ridge of hills Divideing Worcestershire and Heriforshire and was formerly Esteemed the divideing England and Wales, Herriford Shropshire & were Weltch Countys.[184]

Dies belegt, dass die Bezeichnung zu dieser Zeit in der Bevölkerung weit verbreitet war und seit längerer Zeit gefestigt gewesen war. In der Fachliteratur galt dieser Vermerk bis anhin irrtümlicherweise als erstes schriftliches Zeugnis der Bezeichnung «Englische Alpen». Wie gezeigt, lässt sich

---

181 Ebd., S. 391.
182 Martinich 1999, S. 69.
183 Mintz 1962, S. 15.
184 Fiennes (Neudruck) 2010, S. 33.

die Nachbenennung jedoch bereits bei Drayton und Hobbes zu Beginn des 17. Jahrhunderts ausmachen. Laut Whitaker geht die Bezeichnung gar auf die exonyme Benennung durch Römer in Grossbritannien zurück.[185]

Es stellt sich nun die Frage, welche Gebiete in England denn präzise als «Englische Alpen» bezeichnet worden waren. Whitaker benutzte die Bezeichnung für die Grenze zwischen Lancashire und Yorkshire in Nord-Zentralengland, Drayton jedoch für das Grenzgebirge zu Schottland in Northumberland und Hobbes hingegen schrieb von «Englischen Alpen» in Bezug auf Gebirge in der nordenglischen Grafschaft Derbyshire. Bei Fiennes wiederum bezieht sich die Bezeichnung auf trennende Gebirge zwischen Wales und Nordengland und James Brome nutzte die Bezeichnung bereits 1707 in einem Reisebericht für Wales.[186] Das «European Magazin» seinerseits nannte den Lake District 1793 «Englische Alpen» beim Beschreiben eines Gedichtes von Wordsworth.[187] Bis zum Ende des 18. Jahrhunderts findet sich die Alpen-Nachbezeichnung hauptsächlich für Gebirge Nordenglands und Wales. Nach Angaben von Stephanie Spencer galt auch Devon eine Zeit lang als «Englische Alpen».[188]

Insgesamt ist jedoch die Präsenz der Alpen-Nachbezeichnung in England vom frühen 17. bis Ende des 18. Jahrhundert überraschenderweise zurückgegangen. Whitaker hielt im zitierten Abschnitt von 1794 fest: «[…] They have lost the name of Alps indeed».[189] «Alpen» verschwand aber nicht nur – wie hier von Whitaker betont – in Lancashire und Yorkshire, man sieht um die Wende zum 19. Jahrhundert eine Abnahme der Verwendung des Begriffes in ganz Grossbritannien. Dies hängt nicht etwa mit einem Rückgang von Reiseberichten zusammen, im Gegenteil, die Anzahl Publikationen zu Landschaft und Reisen hatte stetig zugenommen. Die Alpenbezeichnung wurde vielmehr ersetzt. Im folgenden Abschnitt wird dargestellt, wie der Begriff «Schweiz» den Begriff «Alpen» in England verdrängte.

---

185 Whitaker 1794, S. 336–337.
186 Brome 1707, S. 241.
187 Woof (Hg.) 2001, S. 5.
188 Spencer 2011, S. 78.
189 Whitaker 1794, S. 336–337.

Motive für die Schweiz-Nachbenennung

Der Literaturwissenschafter Richard Holmes erklärte in seiner Arbeit über Lyrik aus dem Jahr 2005, dass die Dichter der «Englischen Romantik» beinahe eigenständige komplette Landschaften erfanden. Aufbauend auf der sogenannten «Grand Tour» tauchten verschiedene Örtlichkeiten durch einen «spirit of place» in Imaginationen und Gedichten auf. Holmes lokalisierte die wichtigsten Metaphern der Dichter der Englischen Romantik, dazu gehören der Lake District, das West Country, die Schottischen Highlands, die Ufer des Rheins, die Küsten Italiens, griechische Inseln und nicht zuletzt die Seen und Alpen der Schweiz.[190] Die Schweiz war also aufgrund der leicht definierbaren Landschaftsattribute zu einem festen Bestandteil der englischen Romantik geworden. Wie im folgenden Abschnitt zu sehen sein wird, liessen sich englische Dichter jedoch auf mehreren Ebenen auf Aspekte der Schweiz ein.

Lake District

Der Dichter William Wordsworth (1770–1850) wuchs im Lake District in der nordenglischen Grafschaft Cumbria auf. Als Sohn eines Anwalts besuchte er die Universität Cambridge und bereiste 1790 den Kontinent. Dabei gelangte er auch in die Schweizer Alpen.[191] Eindrücke seiner Reise, mit der Betonung auf der sublimen Landschaft, publizierte er im Gedicht «The Crossing of the Alps».[192] Als dann die Franzosen 1798 in die Schweiz einfielen, offenbarte Wordsworth seine Sympathien für die Schweiz, indem er in «Thought of a Briton on the Subjugation of Switzerland» sein Bedauern ausdrückte. Gleichzeitig gab er der Hoffnung Ausdruck, dass die Schweizer sich ihre verlorenen Freiheiten selber zurückerobern können, wie Patrick Vincent (2009) belegte. Wordsworth hielt den Mythos von den schweizerischen Freiheiten aufrecht, weil ihm diese als Vorbild für den Lake District dienten. Für ihn bildete die Schweiz das kulturelle Modell für das Ideal der Wertvorstellungen einer Agrargesellschaft.[193]

---

190 Holmes 2005, S. 10–13, 43.
191 Ebd., S. 10–13, 43.
192 Averill 1980, S. 99.
193 Vincent 2009, S. 91–92.

In enger Verbindung zu Wordsworth stand der in Devon geborene Dichter Samuel Taylor Coleridge (1772–1834). Auch er hatte die Universität Cambridge absolviert und publizierte gemeinsam mit Wordsworth 1798 «Lyrical Ballads». Beide wohnten 1800 im Lake District.[194] Und wie Wordsworth war auch er vom französischen Einfall in die Schweiz enttäuscht.[195] 1802 entstand nach einer Besteigung des Scafell[196] das Gedicht «Hymn Before Sunrise – in the Vale of Chamouni», worin er den französisch-italienischen Mont Blanc im Stile der Romantik beschrieb. Es basierte auf Erzählungen Wordsworths und Gedichten über die Schweiz. Kurz nach der Veröffentlichung hielt Coleridge in einem Brief an seinen Kollegen Sotheby fest:

> I involuntarily poured forth a Hymn in the manner of the psalms, tho' afterwards I thought the Ideas & disproportionate to our humble mountains. & accidentally lighting on a short note in some Swiss Poems, concerning the Vale of Chamouny, & it's Mountain, I transferred myself thithier, in the spirit, & adapted my former feelings to these grander external objects.[197]

Somit dürfte er, genau wie Wordsworth auch, ein idealisiertes literarisches und keineswegs ein wissenschaftliches Modell der Schweiz vor Augen gehabt haben.

Doch schon vor dem Auftritt der englischen Romantiker war der Lake District in Reiseberichten und Führern beschrieben worden. Neben der Alpen-Nachbezeichnung, welche, wie oben erwähnt, im «European Magazine» auch für den Lake District benutzt wurde, verwendete bereits Thomas West (1720–1779) in seinem ersten Reiseführer von 1784 Vergleiche mit den Alpen.[198] 1800 publizierte dann John Housman seinen Reiseführer zum Lake District. Beide zogen Vergleiche mit den Alpen. Housman verwendete sogar die Bezeichnung «Alps of Borrowdale».[199] Ein neues Element erschien im bekannten «Guide through the District of the Lakes» von Wordsworth 1835. Er verglich die Wasserfälle, Seen, Bäume, Farben und Berglandschaften des

---

194 Holmes 2005, S. 47.
195 Corrigan 2008, S. 73.
196 Berg im nordenglischen Lake District, 978 m ü. M.
197 Empson/Pirie 2002, S. 251.
198 West 1784, S. 203.
199 Housman 1800, S. 159, 226.

Lake District explizit mit denen der Schweiz.[200] Wordsworth wurde damit zum eigentlichen Namensgeber für die «Englische Schweiz».

Spätestens bis 1856 hatte sich die Bezeichnung «English Switzerland» für den Lake District durchgesetzt, denn der Schriftsteller und Theologe Adam Vulliet (1814–1892) benutzte in diesem Jahr diese Bezeichnung in einem in Boston erschienenen Werk.[201] Im gleichen Jahr erwähnte auch Samuel Cole die Nachbezeichnung im «New England Farmer».[202] Beide beziehen sich bei der Erklärung der Namensbezeichnung auf die Lake Poets und bezeichnenderweise schrieben sie die Namen gross. Laut der Nachbenennungs-Skala von Helmut Weinacht kann man damit von einer festen Etablierung der Schweiz-Nachbezeichnung zu diesem Zeitpunkt ausgehen. Zwei Jahre später erschien das Werk «The British Switzerland» von Thomas Rose, das diesen Begriff sogar im Buchtitel aufführte.[203] 1863 wurde der Name auch im «Neuen Konversations-Lexikon» von Julius Meyer publiziert.[204] Das «Durham University Journal» benutzte den Begriff 1896 und bezog sich dabei ebenfalls auf Wordsworth als Ausgangspunkt für die Benennung.[205] «English Switzerland» für den Lake District beruhte demnach auf den idealisierenden Vergleichen Wordsworths und konnte sich aufgrund der Popularität englischer Dichter durchsetzen. Wordsworth wird seither als der eigentliche Taufpate der «Englischen Schweiz» im Lake District genannt.[206]

Devon

Der Lake District in der nordwestlichen Grafschaft Cumbria war jedoch nicht das einzige Gebiet in Grossbritannien, das als «Englische Schweiz» bekannt wurde. Noch früher war die Region Devon mit den Ortschaften Lynton, Lynmouth und Matlock Bath unter diesem Namenszusatz bekannt geworden. Laut Stephanie Spencer (2011) war ebenso für Devon die Bezeichnung «Englische Alpen» geläufig.[207] Laut den Historikern John Walton und James Walvin (1983) hatten die Naturschönheiten Devons dazu

---

200 Wordsworth 1835, S. 1, 16, 98, 99, 101–103, 107.
201 Vulliet 1856, S. 367.
202 Cole (Hg.) 1856, S. 323.
203 Rose 1858.
204 Meyer (Hg.), Meyer Neues Konversations-Lexikon, 1863, S. 61.
205 Salkeld (Hg.), The Durham University Journal, No. 12, 1896, S. 374.
206 Pichot 1825, S. 96.
207 Spencer 2011, S. 78.

geführt, dass in den Schriften Wordsworths, Coleridges und Southeys der Küstenabschnitt zwischen Ilfracombe und Lynmouth als «Englische Schweiz» benannt worden war.[208] Auch Joanna Billing hob hervor (2003), dass Wordsworth und Coleridge in den 1790er-Jahren Wanderungen in Devon unternommen hatten, und dass auch der Dichter Robert Southey (1774–1843) die Bezeichnung «Englische Schweiz» für Devon gebraucht habe[209] Dies legt den Schluss nahe, dass auch hier die englischen Romantiker für die Schweiz-Nachbenennung verantwortlich sind.

Der Dichter Robert Southey (1774–1843) aus Bristol schrieb anlässlich seines Besuches in Devon im August 1799 an seinen Freund John May:

> From the Summerhouse Hill between the two is a prospect most magnificent – on either hand, combes and river; before, the beautiful little village, which, I am assured by one who is familiar with Switzerland, resembles a Swiss village. This alone would constitute a view beautiful enough to repay the fatigue of a long journey, but to complete it there is the blue sea, for the faint and feeble line of the Welsh coast is only to be seen on the right hand if the day be clear.[210]

Southey benutzte also einen Vergleich eines Schweiz-Kenners zwischen den an der Küste gelegenen Dörfern Lynmouth und Lynton und Dörfern in der Schweiz. Southey lobte auch die gebirgig anmutende Landschaft:

> Imagine a narrow vale between two ridges of hills, somewhat steep; the southern hill turfed; the vale, which runs from east to west, covered with huge stones and fragments of stone among the fern that fills it; the northern ridge completely bare, excoriated of all turf and all soil, the very bones and skeletons of the earth; rock reeling upon rock, stone piled upon stone, a huge and terrific mass.[211]

Sein Sohn Charles Cuthbert Southey, der später die Briefe herausgab, fügte seinerseits an, dass die von seinem Vater vorgenommenen Vergleiche mit der Schweiz die Bezeichnung «Englische Schweiz» für Devon etabliert und zum Bau zahlreicher Gebäude im Chalet-Stil geführt hatte.[212] Auch hier hatte die Tourismusindustrie aus dem Vergleich Kapital geschlagen.

Der Begriff «Englische Schweiz» haftete im ganzen 19. Jahrhundert an Devon. So erklärte beispielsweise ein Reiseführer aus dem Jahr 1879, dass

---

208 Walton/Walvin 1983, S. 188.
209 Billing 2003, S. 79.
210 Rev. Southey (Hg.) 1849, S. 215.
211 Ebd., S. 215.
212 Ebd., S. 215.

diese Bezeichnung dem voralpinen Terrain der Region entspreche.²¹³ Somit dürfte die Nachbenennung für Devon von Southey aus dem späten 18. Jahrhundert die älteste der sich durchsetzenden Schweiz-Nachbezeichnung in England sein. Sie weist einige Ähnlichkeiten mit der Entwicklung im Lake District auf, denn bei beiden ist ein Naturmodell der voralpinen bis alpinen Schweiz, bestückt mit Seen und Tälern, die Ursache. Und beide Gegenden waren zuvor von führenden Autoren der Englischen Romantik mit der Schweiz verglichen worden, was zur schnellen Etablierung der Bezeichnungen beitrug. Die vorher häufigere Verwendung des Begriffes «Alpen» im Zusammenhang mit hügeligen Landschaften war somit verdrängt worden. Parallel dazu entwickelte sich auch in Devon eine Tourismusindustrie.

Wales

Im 18. Jahrhundert wurde eine dritte grosse «Englische Schweiz» bekannt, nämlich Wales. 1803 schrieb der dänisch-französische Geograph Conrad Malte Brun (1775–1826) in seinem Werk «Universaly, or a Description of all Parts of the World», das 1831 in englischer Sprache erschienen war:

> The great number of mountains which diversify its surface have gained it the name of Little Switzerland. It will be readily understood that it is not in the loftiness of their summits this resemblance can be traced with the country of the Alps, but in their steep, rough, and perpendicular sides, the depth of their narrow valleys, the small but limpid lakes which occurat every step, the great number of rivers and streams which now are precipitated in cascades, and now roll their waters slowly through the meadows, [...]. This country offers a continual succession of romantic landscapes and scenes of savage wildness.²¹⁴

Daraus geht hervor, dass Teile von Wales bereits vor 1803 unter dem Begriff «Englische Schweiz» bekannt gewesen sein müssen. Die Bezeichnung musste sich wahrscheinlich bereits Ende des 18. Jahrhunderts gefestigt haben, und so Eingang in sein Werk gefunden haben. Das Erscheinen des Begriffes in einem geographischen Werk unterstreicht immer die Verankerung einer Ortsbezeichnung, ob endonym von Ansässigen oder exonym von Reisenden gebraucht.

Als Geograph unterschied Brun in seinem Werk klar zwischen den Begriffen «Alpen» und «Schweiz». Nicht alpine Höhen, sondern vielmehr der Gesamteindruck von Wildheit, Wasser, Täler und die Form des

---

213 Worth 1879, S. 21.
214 Brun 1831, S. 742–743.

Naturerlebens in der Romantik definierten bei ihm die Bezeichnung. Er lehnt den Begriff «Alpen» für Wales, wie ihn Brom noch 1707 gebrauchte, ab. Die Nachbezeichnung «Schweiz» für Wales fand hingegen auch in deutschen Publikationen Anklang. August Friedrich Wilhelm Crome (1753–1833) schrieb in seinem Staatskundewerk «Allgemeine Übersicht der Staatskräfte von sämtlichen europäischen Ländern (1818): «Die sogenannte Englische Schweiz – ist ganz gebirgicht, durchschnitten von einzelnen fruchtbaren Thälern».[215] Sein Landschaftsbeschrieb glich damit dem Eindruck Bruns, beide fokussierten auf eine immer wieder verwendete Schweiz-Metapher der Romantik: die Betonung der fruchtbaren Täler.

Romantische Landschaften waren mehrfach in den Beschreibungen von Wales als «Englische Schweiz» zentral. Auch Franz Locher bemerkt in seinem Lehrbuch «Allgemeine Geographie» (1852): «Im Westen Englands ist das Gebirge von Wales, wegen seiner vielen romantischen Parthien bisweilen auch die englische Schweiz genannt, dessen höchste Berge der 3568 Fuss hohe Snowdon und der Cader Jdris, 3550 Fuss höh sind».[216] Er stellt also die «romantischen Parthien» in den Vordergrund für die Bezeichnung.

«Englische Schweiz» waren somit für Wales seit dem 18. Jahrhundert eine gefestigte Bezeichnung. Obwohl sie nicht in Atlanten geführt wurde, fand sie Eingang in mehrere geographische Werke und Lehrbücher. Mit Brun war es auch ein Geograph, der die Bezeichnung erstmals schriftlich festhielt. Das Beispiel Wales zeigt auch, wie gerade die Geographen den Begriff «Alpen» im Verlauf des 19. Jahrhundert nicht als Gattungsbegriff für alle Gebirge akzeptieren, sondern auf eindeutige Differenzierungen in der Namensbezeichnung pochten. Dabei war Bruns frühe Bemühung um einen klaren Eigennamen wegweisend.[217] Nicht nur verdrängte er mit der Festigung der Bezeichnung «Englische Schweiz» für Wales den wissenschaftlich diffusen Begriff «Englische Alpen», sondern festigte zugleich den Schweiz-Begriff in der Praxis, indem er ihn in seinem Geographiewerk «Universal Geography, or a Description of all Parts of the World» verwandte.[218]

---

215 Crome 1818, S. 308.
216 Locher 1852, S. 519.
217 Siehe dazu Kapitel 5.
218 Brun 1831, S. 742–743.

Vermarktung im Tourismus

Ab Mitte des 19. Jahrhunderts fanden die romantisierenden Schweiz-Nachbezeichnungen in England auch über touristische Kanäle Verbreitung und führten damit zu deren weiteren Festigung, denn sie fanden, zusammen mit touristischen Angeboten, Erwähnung in der Reiseliteratur, Lexika und Geographie-Handbüchern. So weist beispielsweise 1856 ein Reiseführer zum Lake District auf die vorhandene Hotelinfrastruktur der «Englischen Schweiz» hin.[219] Hermann Julius «Meyers Konservations-Lexikon» wiederum beschreibt 1863 den Lake District als das «romantische Land der Seen», das eine beliebte «Schweiz» der Engländer sei.[220] So beliebt, dass bereits in der zweiten Hälfte des 19. Jahrhunderts Kritiken über Frühformen des Massentourismus nachweisbar sind, so in «The Saturday Review»: «The Swiss corner of England is just now full, and will probably in a week or two be crowded, in another week or two crammed».[221]

> Let Switzerland keep its own, and shear them; may its filth and discomfort, its wines ordinary, and its bills extraordinary, never fail to please; may that unintelligent portion of our fellow-countrymen, who go there to rise and sleep with the sun, and seek for accommodation on the mountain-tops, amid ice and snow, and extortioners who make their demands in patois, all refrain from inflicting their Superiorities upon the English Lake district.[222]

Ein Ablehnen von Beschreibungen der realen Schweiz durch Reisende aus den oberen Gesellschaftsschichten, die sich kritisch zu den «Schweizen» Englands äusserten, und wohl auch wirtschaftliche Interessen sowie möglicherweise auch ein gewisser Nationalismus, dürften William und Robert Chambers zu diesen Zeilen bewegt haben, in denen Vorzüge des Lake Districts gegenüber der Schweiz hervorgehoben werden. Der Kommentar verdeutlicht auch, dass die Bezeichnung «Englische Schweiz» in ihrer touristischen Perspektive automatisch zu Vergleichen zwischen der realen Schweiz und den nachbenannten Regionen führte.

Die Forschung stellte fest, dass oft eine Verbindung zwischen den nach der Schweiz benannten Ortschaften und Gebiete zu berühmten Poeten der

---

219 Black/Black 1856, S. 34.
220 Meyer (Hg.), Meyers Neues Konversations-Lexikon, 1863, S. 61.
221 Cook/Harwood/Harris/Pollok/Hodge (Hg.), The Saturday review, No. 22. 1866, S. 393.
222 Chambers/Chambers (Hg.), Chamber's journal of Popular Literature, Science and Arts, 1863, S. 225.

Romantik postuliert wird. Im Vordergrund stehen die sechs grossen Dichter der englischen Romantik, nämlich Samuel Taylor Coleridge (1772–1834), William Wordsworth (1770–1850), Lord Byron (1788–1824), Percy B. Shelley (1792–1822), John Keats (1795–1821) und William Blake (1757–1827). Daneben machen die Historiker John K. Walton und James Walvin[223], wie bereits erwähnt, die Dichter Coleridge, Shelley und Southey für die Bezeichnung von Devon als «Englische Schweiz» verantwortlich, während das «Durham University Journal»[224] Wordsworth mit der Schweiz-Nachbezeichnung für den Lake District in Verbindung brachte. Sich auf einen oder mehrere der berühmten Dichter zu berufen, spiegelt allerdings nur die orthodoxe Interpretation der englischen Romantik früherer Jahre. Dieses bis in die 1980er Jahre dominante Bild wurde unterdessen revidiert und um weitere Kreise englischer Dichter und Künstler erweitert. Christoph Reinfandt zeigte jedoch 2008, dass die Akzeptanz dieser Revision relativ bescheiden ausfiel und sich die Aufmerksamkeit nach wie vor auf die «Big Six» und wenige andere, darunter Southey, konzentriert.[225] Dieselbe ungebrochene Dominanz spiegelt sich auch in der Forschungslage zu den Schweiz-Nachbenennungen.

Der Autor Adolf Wilda vermerkt zum Lake District 1854: «Westmoreland ist die englische Schweiz, das durch Dichter berühmte Land der Seen. Die Eisenbahn führt in einigen Stunden von Manchester und Liverpool zum Ufer des Lake Windermere, welcher der grünste und schönste von allen ist».[226] Auch Charles Cuthbert Southey, der Sohn von Southey, schrieb 1849 bezüglich der «Englischen Schweiz» in Devon: «His praise of Lynton and Lynmouth and dislike of many other places was well used as publicity for the developing tourism industry. His likening of the area to Switzerland earned it the title 'The English Switzerland' and sparked off a fashion for building in a Swiss style».[227] Daraus lässt sich schliessen, dass die Tourismusindustrie schon kurz nach Southeys Vergleichen zwischen Devon und der Schweiz aus ihnen Kapital schlug. Im Verlauf des Jahrhunderts wurden zu Werbezwecken weitere Berühmtheiten beigezogen. So hielt der «The Official Guide to the Great Western Railway» fest,

---

223 Walton/Walvin 1983, S. 188.
224 Salkeld (Hg.), The Durham University Journal, No. 12, 1896, S. 374.
225 Reinfandt 2008, S. 47–48.
226 Wilda 1854, S. 164.
227 Rev. Southey 1849. S. 215.

dass 1884 auch die Queen und der Prince Consort Teile Devons mit der Schweiz verglichen hätten.[228]

Ähnlich wie bei der Entwicklung von Schweiz-Nachbenennungen in Deutschland ist auch bei den «Schweizen» in England eine Form von Clusterbildung zu beobachten. Neben den drei «grossen Schweizen» im Lake District, Devon und Wales finden sich sporadisch auch Schweiz-Nachbezeichnungen in anderen Teilen Englands. Derek Hudson stellte fest, dass auch Tyndall in Surrey vor 1914 als Kurort Anstrengungen unternahm, sich als «English Switzerland» zu positionieren.[229]

Das Berufen auf berühmte Vertreter der englischen Literatur in der Werbung für eine «Englische Schweiz» hat sogar im 21. Jahrhundert noch seinen Platz. Laut Robert Cooper rühmte der englische Schriftsteller Edward Morgan Forster (1879–1970) die Schönheit der südlich vom Lake District gelegenen Shropshire Hills.[230] Der regionale Tourismusverband bezog sich 2013 ebenfalls auf diesen Schriftsteller, der seinen Roman «Howard's End» in dieser Gegend situierte.[231] Auch in der aktuellen Werbung des Sportjournalisten Matt Cooper für den «Church Stretton Golf Club» wird die «Englische Schweiz» in Shropshire durch Forster vermarktet. Interessanterweise bezieht sich Cooper auf Ähnlichkeiten des «Church Stretton»-Golfkurses zum bekannten Golf Club «Crans-sur-Sierre», der in den Walliser Alpen liegt.[232]

Die Nutzung der Schweiz-Nachbezeichnung für englische Regionen durch populäre Romantiker führte, wie bereits gezeigt, zu einer Verdrängung des Begriffes «Alpen» in England. Als Ursache konnte ein Landschaftsmodell nachgewiesen werden, das stark von der Romantik geprägt wurde, was sich auch in der endonymen Erstbenennung durch Dichter im Lake District und exonym in Devon zeigt. Am Beispiel Wales fand sich 1803 eine frühe geographische Unterscheidung zwischen Hochgebirge und niedrigen Gebirgen. Während sich viele Geographen zu dieser Zeit noch gegen die Schweiz-Nachbezeichnung aussprachen, fand sie allerdings der Geograph Brun für Wales zutreffend.[233] So wurde die Alpen-Nachbezeichnung

---

228 Measom (Hg.) 1884, S. 166.
229 Hudson 1997, S. 32.
230 Cooper 1995, S. 8.
231 Shropshire Tourism (Hg.), Stand Januar 2013.
232 Cooper 2013, Stand Januar 2013.
233 Vergleiche mit Kapitel 5.

in mehreren Regionen Englands durch eine Schweiz-Nachbezeichnung verdrängt. Die aufkommende Tourismusindustrie nutzte die Schweizvergleiche der Dichter zu Werbezwecken, was die Bezeichnung zusätzlich festigte. Wie in Deutschland bildeten sich rund um bekannte «Schweizen» kleinere «Schweizen», die einen Anteil am Erfolg der Vorbilder ergattern wollten. Da wie dort wurde der Begriff «Schweiz» als gewinnversprechenden Markennamen eingeschätzt. Zwar wurden die Bezeichnungen nicht in Atlanten geführt, doch sie finden sich in zahlreichen geographischen Werken und Lexika. Gemäss der Weinacht-Skala ist bei der Bezeichnung «Englische Schweiz» für den Lake District, Devon und Wales vom Erreichen von der fünften und sechsten Phase der Konsolidierung zu sprechen, Weinacht definierte diese Stufen mit dem Auftauchen der Namen auf Titelblättern und der Grossschreibung in Titeln.[234] Doch die Konsolidierung verlief in England in dieser Hinsicht nicht wie in Deutschland. Auch lässt sich in England nicht die gleiche Verselbständigung wie in Deutschland erkennen; sie erreichte aber eine ähnliche Stufe der Konsolidierung durch die Aufnahme in Lexika und geographische Werke.

2.3 «Argentinische Schweiz»: Entwicklungen einer kolonialen Bezeichnung

Erste Vergleiche

Die Nachbenennungsphase der «Argentinischen Schweiz» fällt in die Jahre rund um 1880, eine Phase, die in der konservativen Historiographie Argentiniens lange als «Goldenes Zeitalter» verstanden worden war. Als Vertreter dieser Sichtweise fragten konservative Akademiker, gemäss Julia Rodriguez, nach den Gründen des nachfolgenden Niederganges eines scheinbar vielversprechenden Argentiniens im frühen 20. Jahrhundert. Innerhalb dieser Gründe führte Rodriguez 2007 auch einen Begriff des Soziologen Carlos Waisman auf, der 1987 den Ausdruck «reversal of development» schuf.[235] Einige der Gründe für diesen «reversal of development» werden

---

234 Weinacht 1994, S. 94. Zur Erklärung zur Skala siehe Kapitel 1.
235 Rodriguez 2007, S. 3; Waisman 1987.

im Peronismus der 1930er- und 1940er-Jahre gesucht. Rodriguez vertritt im Gegensatz zu diesen – gemäss ihrer Interpretation herkömmlichen Mustern – die Sicht, dass der Niedergang der Ende 19. Jahrhundert noch boomenden Wirtschaft bereits in diesem «Goldenen Zeitalter» verursacht worden war. Im Einzelnen machte sie die ungleiche Verteilung von Macht, Einkommen und Vermögen sowie Rassismus, Konflikte und Diktaturen verantwortlich und stellte sich infolgedessen auch gegen eine Idealisierung der Verhältnisse im Argentinien des späten 19. Jahrhunderts.[236]

Die Geschichte der Nachbenennung der «Argentinischen Schweiz» dürfte aufgrund ihres umstrittenen Kontextes, dem «Goldenen Zeitalter», noch nicht endgültig evaluiert worden sein. Adriana Otero et al. erklärten dazu, dass die See-Gegenden der Anden schon vor der Verstaatlichung des Gebietes durch Argentinien als «Argentinische Schweiz» idealisiert worden seien. In diesem Zusammenhang schreiben sie die Nachbenennung dem französischem Naturforscher Victor Martin de Moussy (1810–1869) zu. Denn er führte im Auftrag der argentinischen Regierung eine Expedition nach Patagonien, deren Ziel es war, attraktives Land für die Ansiedlungen von europäischen Emigranten zu finden. Gemäss Otero et al. konnte das europäische Ideal von einer «Argentinischen Schweiz» die Entwicklungspolitik und Siedlungsmodelle in dem noch nicht kolonialisierten Gebiet beeinflussen. Obwohl Otero et al. das Potential der Bezeichnung erkannten, halten sie, wie auch schon Floria Navarro Pedro 1999, einen Naturvergleich de Moussys von 1865 als Ausgangspunkt für die Benennung der «Argentinischen Schweiz».[237]

Diese Interpretation wurde bald zum grossen Teil von Reiseführern der Tourismusbranche und in Feuilleton-Beiträgen übernommen. Die argentinische Schriftstellerin Maria Sonia Christoff schrieb 2011 in der «Neuen Zürcher Zeitung», die Nachbezeichnung in Form einer Vermutung ebenfalls de Moussy zu. Cristoff verwies in diesem Artikel auf die Ähnlichkeit der schweizerischen und der argentinischen Landschaft mit Bergen und Seen sowie auf den angeblichen Zwang der Argentinier, sich mit Europa zu vergleichen. Weiter führte sie aus, dass die Bezeichnung zu Beginn für das Seengebiet Patagoniens benutzt worden war. Mit der Entwicklung der Tourismusindustrie im frühen 20. Jahrhundert konzentrierte sich die Bezeichnung zunehmend auf die Stadt Bariloche.[238] Es scheint,

---

236 Rodriguez 2007, S. 3. Siehe auch Halperin Donghi 2003, S. 33–53.
237 Otero et al. 2006, S. 202; Pedro (1999, S. 93, 144.) zitiert in Otero et al. 2006, S. 202.
238 Cristoff in Neue Zürcher Zeitung (fortan: NZZ) 19. November 2011.

dass heutig die «Argentinische Schweiz» in Verbindung zu schweizerisch anmutenden Landschaften und dem Tourismus gesehen wird. Eine nähere Betrachtung historischer Quellen bestätigt diese Perspektive allerdings nicht.

Denn eine vertiefte Beschäftigung mit den Schriften von de Moussy zeigt, dass er nicht als eindeutiger Namensgeber identifiziert werden kann. Interessanterweise erwähnt de Moussy 1860 eine «Suisse sudaméricaine» von Chile, nicht von Argentinien:

> C'est surtout du côté chilien que ces conditions du sol se présentent, et que des lacs nombreux servent de réservoirs d'alimentation aux cours d'eau également nombreux qui tombent dans l'océan Pacifique. Cette région, que l'on pourrait appeler la Suisse sudaméricaine, est habitée par les fameux Araucans, ces Indiens robustes et braves devant lesquels la conquête espagnole a dû reculer, mais qui aujourd'hui, liés par de sages traités respectésdes deux parts, ont remplacé, la lance par l'aiguillon, et se livrent à une paisible agriculture.[239]

Diese Zeilen weisen auf den fruchtbaren Boden Chiles, die Seen und Wasserläufe und nicht zuletzt auf die Urbewohner der chilenischen Küste hin. Lediglich in Bezug auf attraktive Ressourcen erwägt er einen Vergleich mit der Schweiz. Vier Jahre später verzichtete er gänzlich darauf.[240] Weil somit seine Rolle bei der Urheberschaft der Bezeichnung nicht eindeutig belegbar ist, drängt sich eine Suche nach früheren Namensgebern auf.

Neben de Moussy befassten sich weitere Wissenschaftler mit der «Argentinischen Schweiz». So soll umgekehrt der argentinische Wissenschaftler und Leiter des Museums in Buenos Aires, Francisco Moreno (1852 bis 1919), um 1900, anlässlich eines Besuchs der Zentralschweiz und des Vierwaldstättersees, die Schweiz «ein verkleinertes Patagonien» genannt haben, wie in deutschsprachiger Fachliteratur zu lesen ist.[241] In der Zeitschrift «Globus» wird beispielsweise 1898 darauf hingewiesen, Moreno habe vice versa von einer «Argentinischen Schweiz» gesprochen.[242] Winfried Golte vermerkte in seiner Arbeit zum südchilenischen Seengebiet irrtümlicherweise, die Bezeichnung sei in einer Broschüre von 1904 erstmals benutzt worden, und zwar für beide Seiten der Anden.[243]

---

239 De Moussy 1860, S. 172.
240 Ebd. 1864.
241 Röthlisberger 1904, S. 29.
242 Kiepert (Hg.), Globus, No. 73, 1898, S. 333.
243 Golte 1973, S. 100.

Die Bezeichnung «Argentinische Schweiz» wird in Argentinien also mit Francisco Moreno in Verbindung gebracht. Gemäss einer Arbeit von Adela Moreno Terrero de Benites aus dem Jahr 1988 war er es, der anlässlich seiner 1876 durchgeführten Expedition zum Nahuel Huapi See die Gegend so getauft habe.[244] Allerdings ist nicht bekannt, inwiefern Francisco Moreno mit den Schriften und Vergleichen von de Moussy vertraut war. Diese Benennung erfolgte erst nach einer anfänglichen Zurückhaltung. Denn in seinem Werk «Viaje á la Patagonia austral emprendido bajo los auspicios del gobierno nacional 1876–1877» von 1879 bevorzugte er noch Vergleiche mit den Alpen und verzichtete auf die Schweiz-Nachbezeichnung.[245] Obwohl er die Schweiz-Nachbezeichnung durchaus nicht häufig gebrauchte, fand sie schnell Anerkennung bei Argentiniens' politischer Elite. So bezog sich General Conrado Villegas (1841 bis 1884) auf die Expedition Morenos und nannte 1881 das Territorium um den See Nahuel Huapi «nueva Suiza» und «Suiza argentina». Er schrieb auch von einem günstigen Klima für landwirtschaftliche Bearbeitung.[246] Im gleichen Jahr griff auch Estanislao Severo Zeballos (1854–1923), Politiker, Gründer des «Argentine Geographic Institute» und späterer Aussenminister, die Bezeichnung im Kontext eines Grenzstreites mit Chile auf. Er verwies nebenbei auch auf die Fruchtbarkeit des Territoriums.[247] Die Zeitschrift «Boletin» des «Instituto Geografico Argentino» benutzte danach den Ausdruck bereits 1882.[248]

Die Ausgaben des «Consejo Nacional de Educación» jedoch zeigen, wie schnell sich danach der Begriff «Argentinische Schweiz» in offiziellen Organen etablieren konnte. Denn der «El Monitor de la Educacion Comun» schreibt bereits 1889 «Suiza Argentina» mit einer Majuskel. In dieser Ausgabe wurden auch die Verdienste von General Villegas für die Region hervorgehoben.[249] Die dabei verwendete Grossschreibung bedeutet nach der Skala von Weinacht, dass sich die Bezeichnung etabliert hatte. Somit wurde ein orthographischer Hinweis auf die Wandlung vom blossen Adjektiv zum Eigennamen erbracht. Dazu gesellt sich durch den Gebrauch in staatlichen

---

244 Moreno Terrero de Benites 1988, S. 144. Siehe auch De Mendieta 2002, S. 148.
245 Moreno 1879, S. 349.
246 Villegas (Neudruck) 1977, S. 14, 206, 31.
247 Zeballos 1881, S. 327.
248 Instituto Geografico Argentino (Hg.), Boletin, No. 3, 1882, S. 47.
249 Consejo Nacional de Educación (Hg.), El Monitor de la educación común, 1889, S. 963.

Publikationen eine Akzeptanz mit offiziösem Charakter. Im gleichen Jahr erschien die Bezeichnung auch im «Atlas geografico de la Republica Argentina»[250], ein Jahr später in der Publikation der «Comision Nacional del Centenario» und «Recuerdos Argentinos», die Estanislao Zeballos publizierte. Und überall wird die Fruchtbarkeit des Bodens für die Nutzung der Landwirtschaft betont, was auf eine gemeinsame Quelle hinweist.[251]

Neben der Erwähnung in Publikationen staatlicher Ministerien erlangte dann die Nachbezeichnung mit dem Begriff «Argentinische Schweiz» anlässlich der zweiten Volkszählung die höchsten offiziellen Weihen für eine Nachbenennung. Sie wurde am 10. Mai 1895 durch die Censuskommission unter der Leitung von Innenminister José Uriburu durchgeführt. Die Publikation dazu führte erstaunlicherweise den Begriff «Suiza Argentina» im Begleittext mehrmals auf, obwohl es sich weder um den Namen einer Provinz noch eines Zählkreises handelte.[252] Auch in den «Diario de sesiones de la Camara de Diputados» erscheint die Bezeichnung vier Jahre später von offizieller Seite wieder für die stets als «fértil» bezeichnete Region.[253] Die Förderung in primär staatlichen Organen lässt aufhorchen. Deshalb soll im nächsten Abschnitt die Rolle der Förderer im politischen Kontext Argentiniens am Ende des 19. Jahrhunderts dargestellt werden.

Motive für die Nachbenennung

Mehrere Motive begründeten die Namensgebung «Argentinische Schweiz». Wie bereits festgestellt, war de Moussy im Auftrag der argentinischen Regierung unterwegs, um Land für Siedler zu finden. Daniel Bosse belegte 2008, dass die argentinische Elite ab 1880 die Eingliederung und Nationalisierung von Einwanderern in Kolonien förderte.[254] Damit handelte es sich bei der Besiedlung Patagoniens durch europäische Siedler um eine Form von Kolonialismus. Jenny Haase zeigte 2009, dass Patagonien im 19. Jahrhundert für europäische Siedler offen stand, wobei die Grenzen zwischen Argentinien und Chile vorerst unklar blieben.[255] Sie sieht Parallelen

---

250 Zerolo 1889, S. ix.
251 Mabragaña (Hg.) 1890, S. 38; Zeballos (Hg.) 1890. S, 369.
252 Comisión Directiva del Censo (Hg.) 1898, S. 29.
253 Congreso de la Nación, Cámara de Diputados de la Nación (Hg.) 1898, S. 169.
254 Bosse 2008, S. 13.
255 Haase 2009, S. 45.

zu diversen kolonialisierten Regionen, wo eine indigene Bevölkerung bedrängt wurde. In Patagonien trat dieser Prozess erst durch die spanische Kolonialisierung und danach am Ende des 19. Jahrhunderts durch die Armeen von Argentinien und Chile auf. Letztere wollten Raum für europäische Siedler schaffen.

Haase zeigte auf, dass theoretisch zwei Formen von Kolonialismus unterschieden werden können. Zum einen der klassische Kolonialismus, bei dem ein Land besetzt wird, wie beispielsweise Indien von Grossbritannien; zum anderen der Kolonialismus in Form von territorialer Expansion, wie in Chile und Süd-Argentinien. In beiden Fällen wird kein unbesiedeltes oder leeres Land erobert und besetzt. Haase verwies auf Edward Said, der Kolonialismus als «Verpflanzung von Siedlungen auf ein entlegenes Territorium» definierte. Dementsprechend sind auch die argentinischen und chilenischen Eroberungen des Südens als «innerer» Kolonialismus zu bezeichnen. Während zwischen «settler colonies» und «colonies of occupation» unterschieden werden kann, gehört der argentinische und chilenische Kolonialismus gemäss Haase zu ersterem. Weitere Beispiele für diese Kolonialismus-Form finden sich in Neuseeland, Australien, den USA und Kanada. Eine Parallele bei der Kolonialisierung Patagoniens und anderen Regionen gibt es für sie auch im eurozentrischen und ethnozentrischen Umgang mit der jeweiligen Urbevölkerung.[256]

Die Förderer der Schweiz-Nachbezeichnung in Argentinien waren in die Conquista del Desierto (Eroberung Patagoniens) involviert, so auch General Villegas. Er war an Aktionen in Neuquén und am Rio Negro beteiligt, die Teil der Conquista del Desierto gegen die Ureinwohner Südargentinens waren. Auch Zeballos war dabei und schrieb 1878 unter anderem zur Unterstützung die Streitschrift «The Conquest of fifteen thousand leagues». Er förderte auch die Expeditionen Morenos und verfasste die Initiative für das «Gesetz zur Erstellung landwirtschaftlicher Kolonien». Ebenso ist anzunehmen, dass Morenos Motive nicht rein wissenschaftlicher Art gewesen waren. Haase betonte 2009, dass neben Zeballos Arbeiten diejenigen von Moreno für die Rechtfertigung und ideologische Besetzung Patagoniens wichtig waren. Sie bezweckten möglicherweise eine «naturwissenschaftliche Rechtfertigung» der Kolonialisierung. Beide betonten eine von ihnen behauptete Leere des Raumes Patagonien und füllten sie mit einer Fortschrittsutopie namens «Argentinische Schweiz».

---

256 Ebd., S. 53, 60–83.

Zum einen sicherten sie für Argentinien das Land im Grenzstreit mit Chile und ermöglichten zum anderen militärisch die Besiedlung durch europäische Siedler.[257]

In diesem südamerikanischen kolonialen Kontext ist somit eine neue Nutzungsform der Schweiz-Nachbezeichnung zu beobachten. Zeitlich erfolgte diese Neubildung und Anwendung exakt in der Zeitperiode der Conquista, zudem wird sie von den Protagonisten der Eroberung und Besetzung verschriftlicht und benutzt. Damit könnte sie der Kolonialisierung des Gebietes in diverser Hinsicht dienen. Die mehrfach erwähnte Fruchtbarkeit der «Suiza Argentina» passte mit Anspielung auf grüne und saftige Alpweiden voller Schafe und Kühe zur Fortschrittsutopie von Zeballo und Moreno. Und sie brachte ein europäisches Element und eine Identität in das als «leerer» Raum beschriebene Gebiet. Diese sollten nicht nur die Präsenz der indigenen Mapuche verbergen, sondern vor allem auch auf europäische Siedler attraktiv wirken, die vom argentinischen Staat gefördert wurden. Zudem lenkte der Begriff «Schweiz» von den gleichzeitigen Eroberungen ab, weil sie nicht mit südamerikanischen Konflikten in Zusammenhang gebracht wurde. Der Bezeichnung kam in Zusammenhang der ständigen Grenzstreitigkeiten mit Chile noch eine weitere Bedeutung zu. Der zweite Teil der Bezeichnung, «Suiza Argentina», beinhaltete den Namen des Eroberers und trat so Anfechtungen von chilenischer Seite entgegen. Der bereits erwähnte Gebrauch der Bezeichnung «Schweiz» in zahlreichen staatlichen Publikationen unterstreicht deren strategische Bedeutung, die anstelle von indigenen Einzelbezeichnungen der Mapuche für das ganze Gebiet gebraucht wurde.

Die deutschsprachige Rezeption interpretierte die Siedlerkolonien entsprechend den von der argentinischen Regierung vermarkteten Schriften. Autoren, die sich des Themas annahmen, verwiesen auf Profit versprechende, natürliche Ressourcen – Ureinwohner wurden dabei kaum erwähnt. So stellte beispielsweise Otto Schmitz 1894 in Leipzig im Rahmen einer Finanzstudie über Mexiko auch die Flüsse, Waldungen, Seen und die grosse Zukunft Argentiniens dar.[258] Max Josef von Vacano seinerseits verwies 1905 auf das «fruchtbare Hügelland» und bestehende Kolonien in Argentinien.[259]

---

257 Haase 2009, S. 53, 60–63, 79–83.
258 Schmitz 1894, S. 42.
259 Vacano 1905, S. 72.

Ähnlich erwähnte Hans Steffen die schnelle Besiedlung der Region sowie den Tourismus als wichtig.[260]

Im Gegensatz zu den einfachen europäischen Vergleichen mit der Landschaft der Schweiz verdeutlicht dieser Quellentypus, dass hier ein profitorientiertes Interesse die Landschaftsbeschreibungen dominierte. Die Fruchtbarkeit des Bodens und der Hinweis auf Kolonien prägten das Bild in den Publikationen des ausgehenden 19. und frühen 20. Jahrhunderts. Die Bezeichnung «Schweiz» dient hier vielmehr dem begehrten Ideal der Prosperität und zeigte damit Parallelen zu dem bereits beobachteten Verselbständigen von Schweiz-Nachbenennungen in Deutschland auf.

Obwohl die indigenen Mapuche unter der Führung von Valentin Sayweke (1818–1903) während der Conquista del Desiertos (1878–1880) Widerstand leisteten, schritten die argentinische Armee und die europäischen Siedler in ihrer Eroberung des Gebietes der «Argentinischen Schweiz» schnell voran. Denn sie hatten der argentinischen Armee, die von europäischen Nationen ausgerüstet worden waren, wenig entgegenzusetzen. Für die Zeiten der Kolonialisierung lassen sich von den Ureinwohnern Patagoniens wenige dokumentarisch belegbaren Gegenmassnahmen nachweisen. Schriftliche Opposition und Aufforderungen zu Wiedergutmachung stammen erst vom Ende des 20. und Beginn des 21. Jahrhunderts. Haase erwähnte den Historiker David Viñas als einen der ersten, der 1982 im Zusammenhang mit der Eroberung Patagoniens den Begriff «colonialismo interno» verwendete.[261]

Aus der Fülle schriftlicher Aufforderung zur Wiedergutmachung aus der Gegenwart sticht ein Text des argentinischen Autors und Aktivisten Hernán Scandizzo hervor. Er argumentierte, dass Moreno durch seine Verwandlung der Region in die «Suiza Argentina» im Namen der Wissenschaften die Eroberung Patagoniens ermöglichte.[262] Hier ist zu beobachten, dass die Schweiz-Nachbezeichnung für die indigenen Bevölkerungen Argentiniens durchaus fremd sein dürfte, und dass sie heute als wichtiger Teil der sprachlichen und physischen Eroberung Patagoniens verstanden werden könnte. Bevor wir das Weiterleben der Schweiz-Nachbezeichnung in Argentinien nach der Conquista im Wirtschaftszweig Tourismus beobachten, soll ein kurzer Blick auf das benachbarte Chile geworfen werden, wo die Schweiz-Nachbezeichnung eine parallele Entwicklung durchlief.

---

260 Steffen 1919, S. 144.
261 Haase 2009, S. 62; Viñas 1982, S. 43.
262 Scandizzo, Stand Februar 2013.

Südamerikanische «Schweizen» im Vergleich

Der Naturforscher und Angehörige der deutschen Armee, Bernhard Philippi (1811–1852) erkundete in der Mitte des 19. Jahrhunderts Chile. Die Historikerin Regine I. Heberlein zeichnete 2008 nach, wie Philippi sowohl im Auftrag der deutschen und als auch der chilenischen Behörden in den 1840er-Jahren die weitere Besiedlung Chiles vorbereitete. Die Motive der chilenischen Regierung deckten sich zudem weitgehend mit denjenigen der argentinischen. Dazu Heberlein: «Their objective was to settle immigrants in those parts of the country that had been only sparsely reconnoitered and appropriated by the Spanish, in order to cement the new republic's claim over these territories against the native population and the European superpowers».[263]

Heberlein verwies ausserdem auf Philippis Strategie, die auf der Arbeit des Naturforschers Juan Ignacio Molina aus der Mitte des 18. Jahrhunderts aufbaute, denn er benutzte bei seiner Publikation eines Büchleins für Auswanderer Kartenmaterial von Molina. Sein Vorgehen bestand darin, die Landschaft Chiles mit der Landschaft der Schweiz gleichzusetzen. Dies tat er in den Jahren 1840–1842 kontinuierlich und in identitätsstiftender Absicht in Berichten der «Geographischen Gesellschaft» und in weiteren publizierten Broschüren. Dabei stütze sich Philippi erneut auf Molina auf, der zuvor die Landschaft Chiles mit den Alpen verglichen hatte. Heberlein fasste Philippis Vergleiche mit der Schweiz und den Alpen als «Reduzierung» Chiles auf ein «ästhetisches Klischee» auf, um den «organischen Diskurs von Deutschtum» auf die Kolonialisierung Chiles zu lenken. Hier ist eine sprachliche Kolonialisierung durch publizierte Einzelaussagen festzustellen. Ab 1846 liessen sich die ersten deutschen Siedler in Chile nieder. In ihren Briefen in die deutsche Heimat zogen diese wiederum Vergleiche mit Landschaften in Europa. Als ästhetische Referenz diente beispielsweise der Schwarzwald.[264] Hier taucht erneut die Schweiz-Nachbezeichnung, die sich in Chile gegen Ende des 19. Jahrhunderts durchsetzte, als Metapher für deutsche Landschaften auf.

Im Gegensatz zu Argentinien förderte weniger der chilenische Staat die Bezeichnung «Schweiz», sie erfolgte vielmehr exonym in – hauptsächlich – deutschen Schriften. Bis ins frühe 20. Jahrhundert beschränkten sich die

---

263 Heberlein 2008, S. 31.
264 Ebd., S. 6, 31, 149–150, 55.

Beschreibungen der «Chilenischen Schweiz» auf landschaftliche Attribute der Region. Der kolonialistische Aspekt der fruchtbaren und ertragreichen Landschaft und der durch eine europäische Identität gefüllte leere Raum wurden noch nicht thematisiert, obwohl die Etablierung der deutschen Kolonien längst stattgefunden hatte. Paul Rohrbach verwies in seiner Studie von 1926 über Amerika bei der «Chilenischen Schweiz» auf Gebirgsseen, Schneeberge und Wasserfälle.[265] Ähnlich hob Günther Plüschow in seinem Reisebericht von 1926 hauptsächlich die Berge hervor. Dabei vermerkte er lediglich deutsche Laute, die ihn angeblich dort umgaben.[266] Diese Rhetorik änderte sich erst in den Dreissigerjahren des 20. Jahrhunderts, als sich in Deutschland nationalsozialistisches Gedankengut verbreitete. Die deutschen Siedlungen, oder auch deutsche Kolonien genannt, in der «Chilenischen Schweiz» wurden in Werken unkritisch beschrieben und auch nicht geleugnet. Die Schweiz-Nachbezeichnung wurde als deutsche Landschaftsbezeichnung für deutsche Tugenden verwendet. Interessanterweise verdrängten diese nationalsozialistisch geprägten Redaktoren landschaftliche Attribute ganz aus ihrem Beschrieb Chiles. Ins Zentrum rückten sie vielmehr eine Definition der Schweiz-Nachbezeichnung, die ein Synonym für nationalsozialistische Tugenden und Ideale war.[267]

Die «Schweizen» Südamerikas im 20. Jahrhundert

Nach der europäischen Besiedlung Patagoniens im 19. Jahrhundert übernahm im 20. Jahrhundert der aufkommende Wirtschaftszweig Tourismus die Hauptaufgabe der Erhaltung der Bezeichnung «Argentinische Schweiz». Dies zeigen exonym verfasste Schriften über diese Region. Werner Hopp betonte 1955 in seiner Beschreibung Argentiniens den Zusammenhang zwischen «Argentinischer Schweiz», Wintersportorten und Luftkurorten.[268] Das Geographische Institut der Universität Bonn suggerierte 1970 in seinem Publikationsorgan, dass die Bezeichnung in einem Zusammenhang mit amerikanischen und brasilianischen Gästen stehe.[269]

---

265 Rohrbach 1926, S. 76.
266 Plüschow 1926, S. 60.
267 Klute 1930, S. 296–297; Rhode 1931, S. 121; Stollberg (Hg.), Wir Deutsche in der Welt, 1936, S. 56; Siehe Kapitel 6.
268 Hopp 1955, S. 114.
269 Heine (Hg.) 1970, S. 12, 129.

Drei Jahre später folgte das Geographische Institut der Universität Göttingen in einer Publikation diesem Schluss und stellte die Bezeichnung ebenfalls in Beziehung zum Tourismus.[270]

Sobald sich der Tourismus zum Träger der Benennung entwickelte, lässt sich bei der Verwendung des Begriffes «Argentinischen Schweiz» eine Umdeutung der Landschaft erkennen. Dies traf insbesondere auch auf europäische Autoren zu. Bereits 1943 bemerkt Wilhelm Rohmeder, dass Wasserfälle und Naturpärke die «Argentinische Schweiz» auszeichnen.[271] Anders als im 19. Jahrhundert waren nicht mehr die Fruchtbarkeit des Bodens oder die wirtschaftliche Zukunft des Landes wichtig, sondern der ästhetische Vergleich mit den Schweizer Alpen. Dies sieht man in den «Mitteilungen» der Österreichischen Geographischen Gesellschaft. Auch sie betonten 1973 eine landschaftliche und touristische Ähnlichkeit Argentiniens mit der Schweiz und ihrem Tourismus.[272] Das «winterliche, verschneite Hochgebirge» gilt noch 1966 dem Geographischen Institut der Universität Bonn als für die Bezeichnung verantwortlich.[273]

Die Nachbezeichnungen «Chilenische Schweiz» und «Argentinische Schweiz» sind in der zweiten Hälfte des 20. Jahrhunderts vorwiegend über den touristischen Bereich erhalten geblieben. 1953 verwies auch Karl Krüger in seiner «Länderkunde» auf das touristische Potenzial der «Chilenischen Schweiz». Er hob das Skifahren[274] als wichtigen Faktor der wirtschaftlichen Entwicklung hervor. Im 20. Jahrhundert wurde der Begriff «Chilenische Schweiz» auch als Titel für Reiseführer der Region gebraucht; was der höchsten Stufe der Akzeptanz in der Skala von Weinacht entspricht. Nach dem Zweiten Weltkrieg kamen jedoch mit landschaftlichen Attributen neue Facetten zum Vorschein. Denn wie einst im 18. Jahrhundert Molina wies auch die «Schweizerische Stiftung für Alpine Forschung» 1948 in ihrem Publikationsorgan als Erklärung der Schweiz-Nachbenennung der chilenischen Region auf frühere Reisende hin, die sich beim Anblick der Weiden, Wälder und Gletscher an die Schweiz erinnert gefühlt hätten. Der Text bemerkte beiläufig, dass dabei ebenfalls zahlreiche Schweizer Siedler beteiligt gewesen sein.[275] Es lässt sich hier jedoch keine direkte Verbindung

---

270 Liss 1978, S. 28.
271 Rohmeder 1943, S. 69.
272 Eriksen 1973, S. 23, 31.
273 Toll (Hg.) 1966. S. 233.
274 Krüger 1953, S. 573.
275 Kurz (Hg.) 1948, S. 367.

zur kolonialistischen Vergangenheit erkennen. Ähnlich setzte der Verleger Karl Ernst Maedel in seinem «Lok-Magazin» die «Chilenische Schweiz» mit Kordilleren und Vorlandseen gleich (1968).[276] Ebenso Emil Hinrichs, der 1969 in seiner «Länderkunde» auf Schneeberge und Gletscher verweist.[277] In derselben Weise sogar die «Gesellschaft für Deutsch-Sowjetische Freundschaft», die darauf verzichtete, die kolonialistische Vergangenheit anzuprangern, sie sprach stattdessen von mit der Schweiz vergleichbaren Wäldern und Weiden.[278] Es ist jedoch zu betonen, dass nachbenannte Landschaften in Chile und Argentinien in der Nachkriegszeit allein mit der Schweiz verglichen wurden, Deutschland kam nicht mehr vor. Somit fand auch die nationalsozialistische Symbolik für deutsche Tugenden im Zusammenhang mit der Schweiz-Nachbezeichnung nach dem Zweiten Weltkrieg in Chile ein stillschweigendes Ende.

Zusammenfassend kann gesagt werden, dass sich die Nachkriegszeit in den argentinischen und chilenischen «Schweizen» besonders durch die simultane Entwicklung des neuen Erwerbszweigs, dem Tourismus, auszeichneten. Er sicherte den Erhalt der Nachbezeichnungen und leitete eine Besinnung auf die alpine Landschaft der Schweiz ein, die touristisch genutzt wurde. Während der Begriff «Argentinische Schweiz» mit seinem kolonialen Hintergrund und die exonyme Verbindung zum nationalsozialistischen Deutschland als der «Landschaft der Tugend» verloren ging. Vielmehr nutzte die noch junge Tourismusindustrie die Nachbezeichnung «Schweiz» und hielt sie bis ins 21. Jahrhundert lebendig.

2.4 Kolonial-wissenschaftliche Benennungspraxis: die «Southern Alps»

Jock Phillips und Bronwyn Dalley zeigten 2001, dass die Historiographie über Neuseeland bis in die 1960er-Jahre stark von der Geschichtsschreibung in Grossbritannien bestimmt worden war und sich hauptsächlich mit Kriegsgeschichte befasst hatte. Dies änderte sich erst in den 1960er-Jahren

---

276 Maedel (Hg.), Lok-Magazin, 1968, S. 29.
277 Hinrichs 1969, S. 508.
278 Gesellschaft für Deutsch-Sowjetische Freundschaft (Hg.), Freie Welt, 1971, S. 9.

mit einer neuen Ausrichtung der Forschung und der Universitätskurse auf die Geschichte Neuseelands. Zu diesem Zweck wurde im Jahr 1967 das «New Zealand Journal of History» lanciert und 1969 die «New Zealand Historical Association» gegründet.[279] Es findet sich seither eine zahlreiche Literatur über die europäische Entdeckung Neuseelands, wobei sie sich allerdings über die Benennung der «Southern Alps» weitgehend ausschweigt. Hinweise finden sich nur in John Paynes Werk von 1794 und der von John Wilson 2011 verfassten Enzyklopädie zu Neuseeland.[280] Spätere Informationen zu der Entdeckung der «Southern Alps» enthält die Enzyklopädie zu Neuseeland von A. H. McLintock von 1966.[281] Als nützlich erwiesen sich auch die Journale von Captain James Cooks Begleiter Sydney Parkinson (1745–1771).[282] Zur allgemeinen Geschichte Neuseelands erarbeiteten Tom Brooking 2004 und Philippa Mein Smith 2005 Standardwerke.[283]

Die ältesten nachweisbaren Alpen-Nachbenennung für Neuseeland lassen sich auf der Karte von James Cook «A Chart of Newzeland»[284] von 1770 und auf einer berühmteren Karte des Zeichners Sydney Parkinson (1745–1771), die 1773 posthum veröffentlicht wurde, finden.[285] Diese waren während der ersten Südsee-Expedition von Captain James Cook (1728–1779) entstanden. Cook liess auf seiner ersten Expedition in den Jahren 1768–1771 zahlreiche Landkarten anfertigen. Gemäss John Paynes im Jahre 1794 publiziertem Geographiewerk und den Einträgen im Reisejournal von Sydney Parkinson umsegelte die «Endeavour» etwa um den 9. März 1770 das Gebirge der südlich gelegenen Insel Neuseelands, womit wohl mit diesem Datum das Geburtsdatum des Begriffes «Southern Alps» oder «Südalpen» angenommen werden darf. Seither führen die meisten Karten diese Nachbenennung für das neuseeländische Gebirge und sie gilt auch heute als offizieller Name.

Laut Eintrag zu den «Southern Alps» in der Neuseeländischen Enzyklopädie von 1966 wurde der exakte Umfang des Gebirges nie richtig festgestellt. Ohne auf den Namen einzugehen, der als nicht offiziell festgelegter Namen für das Gebirge der Südinsel verwendet wird, steht dort: «The

---

279 Phillips/Dalley 2001, S. 10.
280 Payne 1794; Wilson 2011.
281 A. H. McLintock 1966.
282 Parkinson (Neudruck) 2013.
283 Brooking 2004; Smith 2005.
284 Geographic Board, Stand Februar 2013. Siehe Abb. 2 im Anhang.
285 Payne 1794, S. 804; Wilson 2011.

extent of the Southern Alps has never been officially defined. This account deals with that part of the axial range of the South Island extending from Haast Pass to Arthur's Pass».[286] Trotz dieser fehlenden Definition hatte sich die Nachbenennung im 19. Jahrhundert auch auf höchster Ebene etablieren können: denn der Begriff «Southern Alps» war bereits in wissenschaftlichen Handatlanten aufgenommen worden. So berücksichtigt beispielsweise die Redaktion des «Stieler Handatlas» den Namen durchgehend von 1850 bis 1925, ähnlich wie «Andree» von 1880 bis 1930. Auch der Redaktor des «Sohr Berghaus» trug die Benennung 1892 ein, ebenso führten sie britische und französische Editoren in ihren Handatlanten.[287]

Motive für die Benennung

Brooking zeigte in seiner Arbeit von 2004 zur neuseeländischen Geschichte, wie 1642 mit der Ankunft von Abel Tasman an der neuseeländischen Küste die europäische Erforschung Neuseelands begann. Es war die «Dutch East India Company» gewesen, die seine Expedition mit dem Ziel finanzierte, Passagen durch die Südsee nach Chile zu erkunden. Tasmans Entdeckung wurde allerdings nur ansatzweise auf Karten festgehalten, offen blieb, ob Neuseeland ein Teil eines grossen, noch unentdeckten Südkontinentes sei. Da kein wirtschaftliches Interesse vorhanden war, erkundete Tasman Neuseeland nicht weiter. Auf die Niederländer folgten im 18. Jahrhundert mit John Byron und Samuel Wallis die Briten. Erst Cook erkundete Neuseeland genauer. Seine Expedition sollte zuerst die Venuspassage von Tahiti aus dokumentieren, um danach Neuseeland zu erforschen. Hauptanliegen – nebst offiziellen wissenschaftlichen Zielen – war die Erweiterung des Empires und das Finden von Handelsrouten sowie die Suche nach fruchtbarem Land für Siedlungen und das Entdecken von Bodenschätzen; also eine Mischung aus wissenschaftlichen und wirtschaftlich-kolonialen Interessen.[288]

Die wirtschaftlich-kolonialen Intentionen Grossbritanniens wurden durch den Wettlauf mit französischen Schiffen in der Region rund um Neuseeland gesteigert. Denn die französische Expedition unter Jean Francoise Marie de Surville (1717–1770) befand sich im Dezember 1769 nur wenige Kilometer von Cook entfernt. Und 1772 war es die Expedition unter Marc

---

286 McLintock 1966, Stichwort «Southern Alps».
287 Siehe dazu Kapitel 3.
288 Brooking 2004, S. 22–24.

Joseph Marion du Fresne (1724–1772), die in der Bay of Islands die französischen Interessen vertrat. Im Konkurrenzkampf erhielt Cook deshalb 1769 von der britischen Admiralität die Anweisung, entdecktes Land zu annektieren, was am 15. November 1769 in Mercury Bay und am 30. Januar 1770 in Queen Charlotte Sound geschah.[289]

Die Erkundung des neuseeländischen Landesinneren war ein langer Prozess, der sich über das ganze 19. Jahrhundert erstreckte. Zu den ersten Erforschern zählten Missionare, die die Eignung der Böden für europäische Siedlungen erkundeten. Zu ihnen gehörten Samuel Marsden, Henry Williams, William Colenso und Octavius Hadfield sowie der Bischof George Selwyn (1809–1878). Eine tragende Rolle bei der Suche nach für Landwirtschaft geeignetem Land spielte auch die «New Zealand Company», die 1825 bzw. 1839 in London zur Förderung der Kolonisation Neuseelands gegründet worden war.[290] Doch es waren im Zeitraum 1860–1880 die berühmten Geologen und Kartographen, so die Deutschen Ernst Dieffenbach (1811–1855) und Julius von Haast (1822–1887) sowie die Österreicher Ferdinand von Hochstetter (1829–1884) und Andreas Reischek (1845–1902), die Neuseeland wissenschaftlich erforscht hatten.

Haase zeigte 2009 am Beispiel «Argentinische Schweiz» auf, dass in der Theorie zwischen zwei Formen von Kolonialismus unterschieden werden kann. Wie bei dem von ihr beschriebenen Beispiel Patagonien handelte es sich auch bei Neuseeland um eine «settler colony», der Kolonialismus kam dabei in Form von territorialer Invasion zum Ausdruck. Denn die Siedler verdrängten auch in Neuseeland die indigenen Bevölkerungen, die sogar oft auch vernichtet wurden.[291] Im Rahmen einer Annektion kommt der Benennung des Territoriums eine grosse symbolische Bedeutung zu. Britische Expeditionen beanspruchten bereits mit der Beschreibung und Benennung die Landschaft für sich. Mit diesem kolonialen Hintergrund der Benennungspolitik lohnt sich ein Blick auf die Prozesse der europäischen Benennungen in Neuseeland.

Europäische Entdecker und Siedler verdrängten mit einer eigenen Namengebung die Ortsnamen der Maori; nur im Norden der Nordinsel konnten sich einige längerfristig behaupten. Laut der Enzyklopädie Neuseelands gab es bis zur Schaffung des «New Zealand Geographic Board

---

289 Ebd., S. 26. Siehe auch Dalley/Atkinson (Hg.), Ministry for Culture and Heritage, Abschnitt «European explorers – exploration of New Zealand», Stand Februar 2013.
290 Ebd., S. xii–xx, 34–37, 54–56.
291 Haase 2009, S. 53, 60–63.

Act» von 1946 keine Richtlinien in der neuseeländischen Nomenklatur. Die meisten europäischen Namen Neuseelands waren Duplikate von Namen Europas, dabei wurden fünf verschiedene Kategorien gebildet: 1. Namen, welche die frühen Entdecker verliehen; 2. Namen von Missionaren; 3. Namen, die von Siedler bestimmt wurden; 4. Namen aus der Geschichte Neuseelands; 5. Namen mit Bezug zum Goldschürfen.

Hier interessiert besonders die erste Kategorie, die Benennungen durch die frühen Entdecker. Der Eintrag in der Enzyklopädie hält fest:

> The early navigators gave names to many coastal features when they charted the New Zealand coasts. No fixed pattern was followed in bestowing these and, in some cases, their survival appears to be accidental. Two names which Tasman gave have survived – Cape Maria Van Diemen and Three Kings Islands. Cook left many names on these coasts. Among these are names of his contemporaries, Cape Saunders, Mount Egmont, Palliser Bay; experiences of the voyage, Cape Foulwind, Cape Kidnappers, Poverty Bay, Bay of Plenty, and Cape Farewell; and names of members of his crew, Hicks Bay, Solander Island, and Young Nicks Head.[292]

Die Entdecker folgten demgemäss keinem vorgeschriebenen Namenskonzept. Dabei müssen allerdings die bereits erwähnten und vom neuseeländischen Ministerium für Kultur und Herkunft klar betonten kolonialen Aneignungsabsichten einkalkuliert werden.[293] Weil insbesondere die britische Expedition koloniale Absichten hegte, sind die zahlreichen Benennungen von Cook und Parkinson – darunter auch die «Southern Alps» – in diesem Kontext zu werten. «Southern Alps» als Name stand somit für etwas Greif- und Identifizierbares für Europäer. Er wurde als identitätsstiftende Metapher genutzt. Cook und Parkinson machten durch die exonyme Benennung aus einem unbekannten Maori-Land europäisches Territorium. Durch einen nachfolgenden inneren Kolonialismus der Siedler kann man auch von einer endonymen Weiterverbreitung ausgehen.

Zu den wirtschaftlich-kolonialen Absichten gesellten sich jedoch nicht zuletzt die offiziellen wissenschaftlichen Motive. So konnte sich die Cook-Besatzung beim Anblick der «Southern Alps» auf das Alpenmodell berufen, das durch die damalige starke Präsenz in der Wissenschaft Modellcharakter erreicht hatte. Auf der Wissenschaft lastete zudem der Druck, Resultate zu präsentieren. Alexander Schunka argumentiert zudem

---

292 McLintock 1966, Stichwort «European Place Names».
293 Dalley/Atkinson (Hg.), Ministry for Culture and Heritage, Abschnitt «European explorers – exploration of New Zealand», Stand Februar 2013.

2011 zu Recht, dass graphische Darstellungen und einfache Signaturen auf Karten nicht die gleichen Vorstellungen hervorrufen wie eine Metapher, ein Begriff, der sich sogar von einem Nomen proprium zu einem Appellativum gewandelt hatte.[294] Der Begriff «Alpen» übernahm auch in wissenschaftlicher Hinsicht diese Funktion. Die «Southern Alps» sind ebenso ein Beispiel für eine untrennbare Verflechtung von kolonialen Motiven mit wissenschaftlichen Erkundungen.

Das «Phantom» «See Alpen»

Koloniale Nachbenennungen folgten auch innerhalb von Siedlerkolonien unterschiedlichen Mustern. Als Kontrast zum Beispiel «Southern Alps» diene hier als eigentliches «Phantom» unter den Alpen-Nachbenennungen das Beispiel der nordamerikanischen «Sea-Alps». Diese Nachbenennung bewegte sich, im Vergleich zu den «Southern Alps», in einem völlig ungesicherten Bereich. Denn zuweilen ist die Bezeichnung kaum fassbar, da diese für verschiedene Gebirgszüge Verwendung fand, wobei auch die jeweiligen Namengeber nicht ausmachbar sind.

Die Verwendung des Namens «See-Alpen» oder «Sea-Alps», die an der nordamerikanischen Westküste liegen, mündete nicht in einen wissenschaftlich eindeutigen Begriff. Die Verwirrung war gross, so nutzten ihn die Redaktoren des «Meyer-Handatlas» 1843 und 1848 für die in Kalifornien gelegenen Sierra Nevada Mountains.[295] Der «Stieler» seinerseits brauchte den Namen 1848 für die Cascade Mountains in British Columbia.[296] «Sohr-Berghaus»-Redaktoren wiederum lokalisierten die «See-Alpen» von 1849 bis 1854 für die südlichen Cascade Mountains zwischen den Vereinigten Staaten und Kanada, während diese gemäss «Berghaus» von 1842 noch gänzlich in Kanada lagen.[297]

Die Verwendung des englischen Namens «Alps» für die teilweise in den Territorien von indigenen Völkern, Mexikanern und Russen gelegenen Gebirge zeugt von einer sprachlichen Vereinnahmung durch die US-amerikanische und kanadisch-britische Ausbreitung nach Westen. Eine ausdrückliche oder gar wissenschaftliche Beschreibung der jeweiligen «Sea-Alps»

---

294 Schunka 2011, S. 148.
295 Meyer 1847; Meyer 1848. Siehe Abb. 4 im Anhang.
296 Stieler 1853.
297 Fleming (Berghaus) 1849.

war selbstverständlich zum Zeitpunkt der Namensgebung nicht beabsichtigt, weil die Bezeichnung vor der eigentlichen Einnahme durch Siedler erfolgte. Sie diente vielmehr als erste Identifizierung von Land, das besiedelt werden sollte, denn sie stiftete eine erste Kategorisierung, eine Identität. Der Name stand für Eindrücke wie die Hochgebirge an der nordamerikanischen Westküste, deren Besitz zudem politisch umstritten war. So nutzten die Redaktoren des «Meyers» die Bezeichnung bereits 1843 vor der Gründung der Republik von Kalifornien 1846 und dem Beitritt in die Amerikanische Union im Jahr 1850. «Sea-Alps» zeugt von der vorauseilenden sprachlichen Eroberung von Gebieten und demonstrierte die Bedeutung der Alpenbezeichnung für Siedlerkolonien.

Siedler verdrängten auch die Ortsnamen der indigenen Bevölkerung in grossen Teilen des nordamerikanischen Westens. Gemäss Donald G. Daviau (2002) war dort in den frühen Phasen der Namensgebung kein Kontrollorgan tätig. Die Siedler konnten somit selber entscheiden, ob sie einen Namen auf die Dauer akzeptierten, offiziell wurde er erst durch Erwähnungen auf Landkarten. Eine Regulierung erfolgte erst 1890, als das «U.S. Department of the Interior» das «Board on Geographic Names» gegründet hatte.[298]

Mit der Eroberung des Westens von Nordamerika verschwand nach 1854 der Begriff «See-Alpen» für Gebirge in Kalifornien, Oregon und Washington wieder aus den Handatlanten und dem Vokabular von Geographen und Ortsansässigen. Keine der zahlreichen Anwendungen in Nordamerika überdauerte lange. Das und der Zeitpunkt der Verwendung deuten darauf hin, dass die Bezeichnung nur in einer ersten Phase der Eroberung zu provisorisch identitätsstiftenden Zwecken gebraucht wurde. Das dürfte auch damit zusammenhängen, dass in den Vereinigten Staaten eine eigene Identität gesucht und gefördert werden musste, um sich auch von Europa abzugrenzen. Dabei kam es oft zu Vermischungen von Namen aus dem Englischen und den Sprachen der indigenen Bevölkerung.[299] Zudem kam in Nordamerika keine frühe wissenschaftliche Erforschung von Gebirgen, die den Beinamen «Alpen» tragen, vor, im Gegensatz zu Neuseeland. Denn dort widmeten sich, wie bereits erwähnt, im 19. Jahrhundert die Wissenschaftler Ernst Dieffenbach, Julius von Haast, Ferdinand von Hochstetter und Andreas Reischek dem Studium des Gebirges, das die Bezeichnung «Southern Alps» trug und festigten so die Nachbenennung.

---

298 Daviau 2002, S. 33.
299 Ebd., S. 39.

Gegendiskurse im nachkolonialen Zeitalter

Die koloniale europäische Benennungspraxis wurde nicht nur für unbesiedeltes Land verwendet, denn ein weiteres indirektes Ziel war die sprachliche Verdrängung der indigenen Bevölkerung durch die Verwischung ihrer Spuren. So können nach einer kolonialen Übernahme in den meisten Fällen die indigenen Namen für Ortschaften nicht mehr rekonstruiert werden. Denn oft fehlten schriftliche Zeugnisse und die Urbewohner waren vertrieben worden. In Neuseeland wird die Verdrängung der Maori-Namen heute offiziell thematisiert. Das neuseeländische Ministerium für Kultur und Herkunft hält diesbezüglich fest:

> Explorers and surveyors viewed the landscape as empty and available, and travelled New Zealand, transplanting familiar names as they went, and 'discovering' territory known to Maori for generations. Much of the artistic work of the early explorers was also done to encourage settlement. It presented a familiar landscape, rich in material resources, and most importantly, available. Parallels drawn between areas in Britain and in New Zealand were reflected in the choice of place names, with Maori names replaced by familiar European ones.[300]

Doch in Neuseeland wird seit längerem die Reetablierung von Maori-Namen gefördert, im Gegensatz zu anderen ehemaligen Kolonien. Bereits 1894 befürwortete Premierminister Joseph Ward ein Amendement, das bei neuen Ortschaften Maori-Namen den englischen Namen bevorzugte. Bis dahin war die «Royal Geographic Society of London» verantwortlich für offizielle Namen in Neuseeland gewesen. Der «Designations of Districts Act» von 1894 gab danach dem General-Gouverneur von Neuseeland das Recht, Namen zu ändern und vergeben. 1946 wurde zusätzlich das «New Zealand Geographic Board» geschaffen.[301] Grund für diese Reorganisation war, Klarheit für Post und Bahn zu schaffen,[302] denn durch die Vermischung von ursprünglichen Maori-Namen aus dem Hawaiki mit dem Englischen der Siedler entstanden Missverständnisse.[303] In diesem Rahmen kam es zu Umbenennungen, beispielsweise wurde 1998 dem «Mount Cook» der Maori-Name «Aoraki» vorangestellt: Aoraki/Mount Cook.

---

300 Dalley/Atkinson (Hg.), Ministry for Culture and Heritage, Abschnitt «Exploring New Zealand's Interior», Stand Februar 2013.
301 McLintock 1966, Stichwort «Place-Names».
302 Geographic Board (Hg.), Stand Februar 2013.
303 McLintock 1966, Stichwort «Maori Place-Names».

Das «New Zealand Geographic Board» publizierte unter dem Titel «Post-colonial recognition» acht Regeln für topographische Namen in Neuseeland:

1. Original names are given preference where duplication occurs.
2. Names established by long usage may be retained in their incorrect form.
3. Publication of a new name in any work does not necessarily establish such name.
4. The possessive form is avoided.
5. The use of hyphens in a name is avoided where-ever possible. This relates particularly to Maori place names where separate parts of a name are written as one name.
6. Names in a foreign language are, wherever possible, rendered in the form adopted by the country concerned.
7. The use of alternative names, except where both English and Maori names are in general use, is avoided.
8. Only persons who have climbed or traversed alpine features have the right to submit names for such features.[304]

Neben den Bemühungen, die Namen der Maori zu reetablieren und eindeutige Zuordnungen zu schaffen, fällt auf, dass unter Punkt 8 speziell von «alpine features» die Rede ist. Statt «mountainous» wird «alpine» gebraucht. Daraus folgt, dass «Southern Alps» als fest im neuseeländischen Vokabular verankert betrachtet werden kann, die koloniale Bedeutung wird demnach auch nicht vom «New Zealand Geographic Board» beachtet. Das heisst, dass die Alpen-Nachbenennung in Neuseeland als Gattungsnamen verstanden wird. Was hingegen die Inselnamen betrifft, wurde 2009 festgestellt, dass diese Namen nie einen offiziellen Charakter gehabt, sondern sich über die Umgangssprache etabliert hatten.

In Neuseeland konnte sich der Begriff «Southern Alps» nicht zuletzt wegen der Verbindung des kolonialen und wissenschaftlichen Hintergrunds über die Jahrhunderte halten, er verschwand – im Gegensatz zu anderen kolonialen Benennungen – auch nach der Eroberung des Gebietes durch Siedler nicht. Zum einen wollte sich der neuseeländische Staat weniger von Europa emanzipieren als Nordamerika, zum andern wurde der Name durch konsequente Nutzung in der Wissenschaft (Ernst Dieffenbach, Julius von

---

304 Geographic Board (Hg.), Stand Februar 2013.

Haast, Ferdinand von Hochstetter und Andreas Reischek) stark gefestigt. Hinzu kommt, dass die Benennung aus dem Umfeld des berühmten und anerkannten James Cook stammt. «Southern Alps» spiegelte somit bei der Ausbreitung des global präsenten Europas bereits am Ende des 18. Jahrhunderts die Ausstrahlung des Alpenmodells.

Fazit

An den Beispielen «Sächsische» und «Fränkische Schweiz», den ältesten Nachbenennungen mit dem Begriff «Schweiz» in Deutschland, liess sich schrittweise ablesen, wie diese sich von einem landschaftlichen Vergleich, verbunden mit einer literarischen Idee, zu eigenständigen Bezeichnungen entwickelt hatten, an denen sich ambitionierte Tourismusorte aus wirtschaftlichen Gründen orientiert hatten. Es handelte sich dabei um eine erste eigendynamische, vom Tourismus getragene Verselbständigung der Schweiz-Nachbezeichnung. Bezugspunkte waren nicht die vorangegangene von der Romantik geformten Imagination der Schweiz selber, sondern bereits etablierte nachbenannte «Schweizen». Wie in den theoretischen Ansätzen der «Globalgeschichte» erarbeitet, liess sich in Deutschland ein spezifischer Prozess der Verselbständigung erkennen. Ebenfalls beobachtbar ist ein Wandel im gegenseitigen Austausch. Der transferierte Namen stand nicht mehr für dieselbe Idee, wie vor dem Export. Somit erhielt die Schweiz rückwirkend einen Markennamen aus dem Ausland. Bei den «Englischen Schweizen» lässt sich ein Naturmodell der voralpinen bis alpinen Schweiz, ausgestattet mit Seen und Tälern, erkennen. Massgebend für die Entwicklungen in England war der Beitrag berühmter Werke der Englischen Romantik, die mit ihren Vergleichen mit der realen Schweiz eine schnelle Etablierung der Nachbezeichnungen bewirkten. Frühere Alpen-Nachbezeichnungen wurden allerdings verdrängt und es etablierte sich gleichzeitig eine Tourismusindustrie. Es konnte damit verdeutlicht werden, wie wirtschaftlich motivierte Vergleiche in der Lage waren, eine Bezeichnung durch eine andere zu ersetzen. Ähnlich wie in Deutschland bildete sich auch in England um bekannte «Schweizen» ein Kreis von kleineren «Schweizen», die am ökonomischen Erfolg der Vorbilder teilhaben wollten.

Einen völlig andersartigen Prozess durchlief die Schweiz-Nachbezeichnung in Argentinien. Denn der Begriff «Argentinische Schweiz» dürfte unter anderem in der kolonialen Conquista mitgeholfen haben, blutige Eroberungen zu verbergen, und diente auch als Propagandainstrument bei der Besiedlung und bei Grenzstreitigkeiten mit Chile. Die Verwendung in zahlreichen staatlichen Publikationen unterstreicht die endonym-hierarchisierende Instrumentalisierung der Bezeichnung. Die «Argentinische Schweiz» zeigt allerdings mit der Deutung als Fortschrittsutopie Parallelen zur Verselbständigung der «Schweizen» in Deutschland auf. Gemeinsamkeiten mit den «Schweizen» Englands und Deutschlands lassen sich an der späteren Verwendung der Bezeichnung in der Tourismusindustrie erkennen. In Neuseeland allerdings beinhaltete der Namen «Southern Alps» eine mit kolonialen und wissenschaftlichen Motiven verknüpfte identitätsstiftende Wirkung, eine spezifische Mischung, die dazu beitrug, dass die «Southern Alps» diese Nachbenennung über die Jahrhunderte hinweg behalten haben.

3. Dokumentation der Schweiz- und Alpen-Nachbenennungen vom 18. bis ins 20. Jahrhundert

In diesem Kapitel werden die in Quellen nachweisbaren «Schweizen» und «Alpen» vorgestellt. Die Hauptgruppe der Quellen bilden die wissenschaftlichen Handatlanten, die als erstes in einem quantitativen Schritt aufgelistet und deren Umfelder beschrieben werden. In einem zweiten Schritt werden in Handatlanten gefundene Alpen-Nachbezeichnungen aufgeführt und nach chronologischen Gesichtspunkten gruppiert. Im dritten Schritt werden belegbare Schweiz-Nachbenennungen chronologisch sortiert, um die Entwicklung auf der Zeitachse zu dokumentieren.

3.1 Die Entwicklung der Handatlanten im 19. und 20. Jahrhundert

Wissenschaftliche Herausforderungen

Qualitativer Ausgangspunkt beziehungsweise das Ziel für die Verfasser und Editoren der führenden Handatlanten war ein wissenschaftlich vertretbarer Standard ihrer Werke. Die Kartographie-Historiker Steffen Siegel und Petra Weigel wiesen 2011 nach, dass der Erfolg des Perthes-Verlags in Gotha mit der Publikation des «Stieler Handatlas» auf der konsequent gelösten Aufgabe, einen wissenschaftlichen Atlas zu edieren, beruhte. Der Verlag glich dementsprechend einer «Gelehrtenrepublik». Eine fehlerfreie Übertragung der Resultate der damaligen Feldforschung auf die publizierte Karte gehörte damit zum beanspruchten Qualitätsstandard.[305] Innerhalb der Atlanten-Editionen wurde der «Stieler Handatlas» aus dem Perthes-Verlag mit seiner Ausgabe im Jahr 1834 zur Leitpublikation und

---
305 Siegel 2011, S. 8–9, 11, 13; Weigel 2011, S. 205.

er übernahm damit die qualitative Führung innerhalb der Handatlanten-Familien.

Leider lassen sich in der «Sammlung Perthes Gotha» nicht alle überlieferten Druckplatten den gedruckten Karten zuordnen, wie Weigel festhält.[306] Damit kann der Arbeitsablauf leider nicht mehr rekonstruiert werden. Bruno Schelhaas und Ute Wardenga belegten zudem in ihrem Beitrag zum Band von Siegel und Weigel (2011), dass die wichtigen internen Informationskanäle zwischen den Wissenschaftlern und den Druckern fehlerfrei funktionierten. Der Perthes-Verlag, der auch geographische Expeditionen organisierte, bezweckte mit dieser Arbeitsorganisation, einen wissenschaftlichen Ruf aufzubauen und zu sichern.[307] Kathrin Polenz stellte im selben Band das wissenschaftliche Vorgehen innerhalb des Verlages ausführlich dar: es war eine Kombination aus verlagseigenen Untersuchungen und externen wissenschaftlichen Beiträgen. Karten entsprangen demnach einem kompilatorischen Vorgehen, das heute nicht mehr auf einzelne Quellen zurückgeführt werden kann.[308]

Die Entwicklungen der Geographie und der Kartographie verliefen beinahe parallel, doch vor allem die Geographie entwickelte sich gemäss Polenz schnell zu einer wissenschaftlichen Disziplin; denn sie musste sowohl den Ansprüchen auf militärischem Gebiet gerecht werden, als auch die um 1800 gemachten Entdeckungen verarbeiten.[309] Vorhandene Wissenslücken wurden allerdings kaschiert.[310] Vor allem zeichnet sich die Verwendung des Begriffs «Alpen» durch eine wissenschaftliche Ungenauigkeit aus. Denn es war damit einerseits lediglich eine positiv besetzte Metapher instrumentalisiert worden, um einer unbekannten Region Anschaulichkeit zu verleihen. Andererseits schuf der Rückgriff auf den Begriff «Alpen» einen Bezug zum wissenschaftlichen Alpenmodell. Diese mehrdeutige Verwendung des Begriffes spiegelt den damaligen Stand des Wissens wider.

Die führenden Verleger kartographischer Werke im deutschsprachigen Gebiet waren sich dieser inhärenten Unsicherheiten durchaus bewusst. Ihnen ging es jedoch primär um die einwandfreie Umsetzung der topographischen Forschungsergebnisse im Druck. Gemäss Siegel ist eine Karte auch als Ergebnis dieser unterschiedlich definierten Voraussetzungen und

---

306 Weigel 2011, S. 205, 225, 226.
307 Schelhaas/Wardenga 2011, S. 97.
308 Polenz 2011, S. 85.
309 Ebd., S. 71.
310 Siegel 2011, S. 19–25.

Methoden zu betrachten, welche in ihrer Gesamtheit das Resultat von geregelten Beobachtungen und ebenfalls geregelten kartographischen Gesetzen war. Wissenschaftliche Exaktheit ist deshalb entsprechend unterschiedlich zu interpretieren.[311]

Wissenschaftliche Unsicherheit und Unkenntnis wurde ohne entsprechenden Hinweis in die Karte übertragen. Doch weil der Eigenname «Alpen» Vorstellungen von Gebirgen hervorrufen konnte, kann seine Benutzung auch als vorwissenschaftlicher Versuch betrachtet werden, unbekannten Gebirgen eine schematische Form zu geben. Der Kartograph Max Eckert (1868–1938) formulierte diese eingestandenen begrifflichen Unsicherheiten folgendermassen: «Wir operieren in Geographie und Kartographie mehr mit Fiktion als allgemein eingestanden wird, ja, wir gebrauchen Begriffe, die wir von theoretischem Standpunkt aus als falsch erkennen; trotzdem behalten wir sie bei, da sie ‹Praktisch› wahr sind, d.h. nützlich und unentbehrlich. Das ist ja in jeder exakten Wissenschaft so».[312]

Gesamthaft gesehen nahm im 19. Jahrhundert die internationale Ausstrahlung der deutschen Handatlanten zu. So eröffnete Joseph Meyer (1796–1856) 1832 von Leipzig aus eine Niederlassung in New York und später in Philadelphia. Der Perthes-Verlag wiederum blühte unter der Leitung von August Heinrich Petermann (1822–1878) dank neuer Ausgaben des «Stieler-Atlas» und des «Physischen Atlas» von Heinrich Berghaus in der Mitte des 19. Jahrhunderts wieder auf. Um 1845 war die Anzahl deutscher Atlanten-Publikationsreihen auf fünfzehn angewachsen und verblieb bis auf die Zeitspanne der gescheiterten Revolution von 1848, bis ins späte 19. Jahrhundert stabil.

In der zweiten Hälfte des 19. Jahrhunderts entwickelten sich das geographische und kartographische Wissen sowie die Drucktechnik weiter und die Verlage expandierten ins europäische Ausland. Damit verschob sich auch das Gleichgewicht auf dem Verlags-Markt. Denn als 1881 das Verlagshaus Velhagen & Klasing mit der Neuausgabe des «Andree» den mehrfarbigen Kartendruck auf den Markt brachte, geriet das Verlagshaus Perthes in ökonomische Schwierigkeiten und musste seine Führungsposition innerhalb der Atlanten-Editionen an Velhagen & Klasing abgeben. Im selben Jahr erschien «Andrees Allgemeiner-Handatlas» auch in französischer sowie schwedischer Sprache, denen in den folgenden Jahren mehrere Auflagen

---

311 Ebd., S. 20.
312 Eckert zitiert in Siegel 2011, S. 19.

folgten. Die englische Version machte sich schliesslich im Jahr 1895 unter dem Titel «The Times Atlas» sogar selbstständig; ungarische, dänische, norwegische und italienische Versionen folgten. Der «Stieler-Handatlas» erfuhr seinerseits nach «Andrees Allgemeiner-Handatlas» eine Internationalisierung durch französische, englische, italienische, spanische, schwedische, ungarische, dänische und türkische Ausgaben.[313] Insgesamt kann von einer grossen Expansion der Atlanten-Verlage in Europa am Ende des 19. Jahrhunderts gesprochen werden.

Bereinigung des Atlanten-Marktes im 20. Jahrhundert

Das Überangebot an Handatlanten führte zu einer Bereinigung des Marktes im 20. Jahrhundert. Allerdings waren einige der Verlage der untersuchten Handatlanten nach der allgemeinen Blütezeit in der Mitte des 19. Jahrhundert bereits um die Jahrhundertwende verschwunden. Zu den prominenten Opfern vor dem Zweiten Weltkrieg gehörten keine geringeren als die Editionen von «Andree», «Stieler», «Sohr-Berghaus» und «Weimar».

Die Atlanten-Krise betraf auch die letzte Ausgabe des «Weimar-Handatlas», die 1880 zum letzten Mal erschienen war sowie «Berghaus' Physikalischer Atlas», dessen Produktion nach 1892 vom Verlagshaus eingestellt wurde. Ähnliches galt für das 1932 aufgelöste Verlagshaus Carl Flemming, das von 1902–1906 die letzte und auch unvollständige Ausgabe des «Sohr-Berghaus» publizierte. Besonders auffallend ist das Ende des im 19. Jahrhundert führenden «Stieler-Handatlas». Zwar existierte das Verlagshaus Justus Perthes auch noch später, doch die Ausgaben 10 und 11 vom «Stieler» waren bereits 1925 ediert worden. Der als teuer geltende Kupferdruck des «Stielers» musste mit den auf das günstigere Umdruckverfahren setzenden «Andree» und «Debes» konkurrieren. Die Redaktoren hatten möglicherweise die Qualitätsansprüche vernachlässigt, welche den Atlas in der Vergangenheit ausgezeichnet und von der Konkurrenz abgehoben hatten: denn die Geländedarstellung und Lesbarkeit wurden als mangelhaft kritisiert. Die Ausgabe von 1925 konnte die hohen Erwartungen nicht erfüllen.[314] Auch eine geplante Neuauflage konnte nicht realisiert werden.

---

313 Espenhorst 2003, S. 31, 34–36.
314 Weigel 2011, S. 217–218, 226.

Danach wurde der «Andree», herausgegeben vom Verlag Velhagen & Klasing, mit seinem Format und der Typografie, vor allem mit dem «Stieler» in Konkurrenz, eingestellt. Die letzte Ausgabe erschien 1937, obwohl der Verlag bis 1990 weiter existierte. Bis zum Ende des Zweiten Weltkrieges war Leipzig zum neuen Editionszentrum aufgestiegen, wo «Debes», «Andree» und «Meyer» produziert wurden.

Deutsche Handatlanten-Redaktionen, die hauptsächlich noch in Leipzig publiziert hatten, wurden nach dem Krieg entweder eingestellt oder wurden einer politischen Neuausrichtung unterzogen. Zahlreiche Bestände fielen an die sowjetischen Besatzungsbehörden.[315] Die zwei übrig gebliebenen grossen Handatlanten-Verlage «Debes» und «Meyer» unterlagen einem fundamentalen Wandel, denn die Editionen der Dreissigerjahre waren stark nationalsozialistisch geprägt. «Debes» wurde 1950 in Stuttgart und Berlin publiziert und veröffentlichte mit Karl Franz Wagner nochmals ein kleines revidiertes Atlantenwerk. Der «Meyer» erschien – in Zusammenarbeit mit «Duden» – in Mannheim. Ein Werk, das sich mit der Bedeutung früherer Ausgaben vergleichen konnte, wurde allerdings erst 1962 wieder vorgelegt.

Das deutsche «Atlantensterben» gibt Anlass, einen Blick auf die damalige internationale Situation zu werfen, denn die zu den Siegermächten gehörenden Nationen beherrschten nun das Feld der Atlanten-Editionen. Die Verlagshäuser in den über Kolonialreiche regierenden Staaten England und Frankreich übernahmen damals die führende Rolle. Erstens wurde eine hilfreiche Funktion bei der Aufrechterhaltung der Kolonialherrschaft angestrebt und zweitens beeinflusste der Kalte Krieg die Karteneditionen. Für Frankreich und England gab es somit genügend geopolitisch Gründe, dem Publikum umfangreiche und sorgfältig ausgearbeitete Atlanten im Stile der deutschen Vorgänger zu präsentieren. In den Nachkriegsjahren stand insbesondere der «Atlas Général» von Vidal-Lablache in Frankreich im Vordergrund, der damit den «Schrader-Atlas» ablöste. In England übertraf – der auch für den US-amerikanischen Markt produzierte – «The Times Atlas of the World» von John Bartholomew den «Royal Atlas».

---

315 Ebd., S. 225.

Tab. 1: Untersuchte Atlanten und chronologische Etappen (Kurzversion).[316]

Deutschland:
Editionen Andree Handatlas, Leipzig, Ausgaben, 12 Ausgaben, 1881–1937.
Editionen Debes Handatlas, Leipzig und Stuttgart, 3 Ausgaben, 1900–1950.
Editionen Meyer Handatlas, Leipzig und Mannheim, 12 Ausgaben, 1847–1979.
Editionen Sohr-Berghaus Handatlas, Gotha und Leipzig, 6 Ausgaben, 1849–1892.
Editionen Stieler Handatlas, Gotha, 10 Ausgaben, 1834–1925.
Editionen Weimar Handatlas, Weimar, 3 Ausgaben, 1823–1860.

Frankreich:
Editionen Schrader Atlas, Paris, 3 Ausgaben, 1899–1939.
Editionen Vidal de la Blanche, Paris, 2 Ausgaben, 1936–1956.

Grossbritannien:
Editionen Royal Atlas, Endinburgh und London, 3 Ausgaben, 1881–1924.
Editionen The Times Atlas, Edinburgh und London, 7 Ausgaben, 1922–1985.

In den zwei folgenden Abschnitten zu Alpen- und Schweiz-Nachbenennungen werden die Entwicklungen der Atlanten und Nachbezeichnungen in drei Perioden unterteilt. Eine erste Periode betrifft die Jahre 1780–1850, eine zweite 1850–1930 und eine dritte 1930–1992. In der ersten Periode befinden sich die wissenschaftlichen Handatlanten in ihren Anfangsstadien. In diesem Zeitraum sind die Schweiz- und die Alpen-Nachbenennungen anfangs noch ziemlich instabil, sie etablieren sich jedoch im Laufe der Zeit. In der zweiten Periode erleben die Atlanten-Editionen eine Blütezeit und, damit verbunden, die Verbreitung beider Nachbenennungen. Die dritte Periode zeichnet sich durch eine Krise der Atlanten und den Rückgang der Alpen- und Schweiz-Nachbenennungen aus.

---

316 Die ausführliche Tabelle (Tab. 2) befindet sich im Anhang.

3.2 Die Verwendung des Begriffes «Alpen» in Handatlanten

Drei Typen der Alpen-Nachbezeichnung

Bei der geographischen und zeitlichen Verbreitung der Alpen-Nachbezeichnung in Handatlanten lassen sich drei verschiedene Kategorien unterscheiden, nämlich die Frühformen für Gebirge in unerforschten Gebieten (Alpenland-Bezeichnungen), die Nachbenennung für Gebirge in politisch umstrittenen Gebieten (instabile Alpen-Nachbezeichnung) und die Nachbenennung für wissenschaftlich erforschte, oft in Kolonien gelegenen und über längere Zeitspannen nachbenannten Gebirge (stabile Alpen-Nachbezeichnung). Zur ersten Kategorie gehören die Bezeichnungen «Alpenländer» und «Alpenhörner» für Regionen und Einzelberge. Diese Namen waren in den wissenschaftlichen Handatlanten v.a. ein spezifisches Phänomen der ersten Hälfte des 19. Jahrhunderts und wurden für neue Entdeckungen, laufende Kolonialisierungen und Erschliessungen verwendet; der zu dieser Zeit führende «Stieler-Handatlas» benutzte danach die Alpenland-Nachbezeichnung in der zweiten Hälfte des 19. Jahrhundert nur noch einmal. Im «Stieler» von 1830–1834 sind das «Habessinische Alpenland», 1831–1834 das «Alpenhorn» in Tschad, 1834 das «Alpenland des Altain Oola» in Zentralasien, das «Indische-», das «Daurische-» und das «Turkestanische Alpenland», das «Bauirische Alpenland» in Zentralasien 1849 und 1861 (!), nachweisbar. Die «Meyer»-Redaktoren verwenden 1844 das «Hochalpenland Tschad» sowie das «Alpenland Camerun». Der «Weimar-Handatlas» seinerseits verwandte 1855 die Bezeichnung «Alpenthal von Kaschmir».[317] Insgesamt handelte es sich bei den Alpenland- und Alpenhorn-Nachbenennungen also mit 9 Verwendungen im «Stieler-Handatlas» und von 2 im «Meyer-Handatlas» um ein kurzlebiges Phänomen in der ersten Hälfte des 19. Jahrhunderts. Bei den Alpenland-Nachbezeichnungen dreht es sich durchwegs um noch unerforschte Gebiete Afrikas und belegt damit, dass gerade der Begriff «Alpenland» zu Beginn einer Erforschung eines Gebietes als Synonym für «hohe Berge» beziehungsweise als Gattungsname benutzt worden ist. Er ist somit auch ein Merkmal eines noch geringen Wissensstandes, der folgerichtig mit der weiteren Erforschung einer Region und einer Stabilisierung der politischen und administrativen Verhältnisse

---

317 Siehe Abb. 3 im Anhang.

wieder verschwindet. Erst in einer zweiten Periode folgten Alpen-Nachbenennungen für Gebirge Zentralasiens. Massgebend war der Ablauf der kolonialen Ausbreitung der Grossmächte und fand auch hier Anwendung auf weitgehend unbekannte, nicht-kartographierte Regionen.

Zu der zweiten Kategorie, zu den instabilen Alpen-Nachbenennungen gehört die Bezeichnung «See-Alpen». Wie bereits in Kapitel 2 aufgezeigt, fehlen für die Nachbenennung «See-Alpen» bzw. «Sea-Alps» an der nordamerikanischen Westküste allerdings eine zeitgenössische wissenschaftliche oder politische und vor allem eindeutige Begründung und Lokalisierung für die Verwendung dieser Nachbenennungen. Diese Nicht-Definition führte zu einem Durcheinander. So benutzten die Redaktoren des «Meyer-Handatlases» den Namen sowohl 1843 als auch 1848 für die in Kalifornien gelegenen Sierra Nevada Mountains. Die Redaktoren des «Stielers» gebrauchten den Namen dann 1848 für die Kaskaden in British Columbia. «Sohr-Berghaus»-Redaktoren wiederum lokalisierten die «See-Alpen» 1849–1854 zwischen den Vereinigten Staaten und Kanada, während sie im «Berghaus»-Atlas von 1842 noch alleine in Kanada lagen. Die Verwendung des englischen Namens «Alps» für die teilweise in den Territorien von indigenen Völkern, Mexikanern und Russen gelegenen Gebirge zeugt von einer sprachlichen Vereinnahmung durch die US-amerikanische und kanadisch-britische Ausbreitung nach Westen. Inmitten dieser politischen Veränderungen waren weder eine wissenschaftlich eindeutige und allgemein anerkannte topographische Definition noch gar eine politische Definition möglich, da die Nachbenennung für ganz unterschiedliche Gebirge verwendet wurde. Er wurde vielmehr für unerforschte und umstrittene Hochgebirge an der nordamerikanischen Westküste verwendet, möglicherweise aus einem militärisch-politischen Bedarf heraus, befriedigt durch eine administrative Notlösung vor Ort. Auch die Nutzung dieser Bezeichnung 1843 im «Meyer» vor der Gründung der Republik von Kalifornien im Jahr 1846 und deren Beitritt in die Amerikanische Union 1850 zeugt von dieser sprachlichen Eroberung. Die vielfältige Verwendung der Nachbenennung für die «See-Alpen» zeigt auch, dass zwischen den Handatlanten-Familien eine deutliche Differenz bestand. Dies weist auch bereits auf Versuche zu internen wissenschaftlichen Abklärungen hin.

Die dritte Kategorie wird durch die stabilen Bezeichnungen gebildet, zu ihnen können diejenigen Alpen-Nachbezeichnungen gezählt werden, die über längere Zeiträume bestimmte Gebirge bezeichnet hatten. Die Redaktoren des «Weimar-Handatlases» nahmen bereits 1823 die «Dinarischen

Alpen» auf. Dabei trug dieser Gebirgszug seinen Namen vermutlich durch seine Nähe zu den «originalen» Alpen, als deren Ausläufer er betrachtet wurde. Der Begriff «Australische Alpen» wurden seinerseits ab 1841 bis zum Ende des 19. Jahrhunderts von den Redaktoren des «Sohr-Berghaus» aufgeführt. Ähnlich wie bei den «Southern Alps» in Neuseeland handelte es sich auch bei dieser Nachbezeichnung um eine kolonialistisch-wissenschaftliche Verbindung. Zum einen verlieh die Nachbezeichnung diesem Gebirge scheinbar wissenschaftlich-topographische gesicherte Anhaltspunkte, zum anderen signalisierte er die britische Präsenz und damit einen politischen Anspruch. Die Vermutung, dass die ersten in führenden Handatlanten auftauchenden Alpen-Nachbenennungen Resultat wissenschaftlicher Arbeit und kolonialer Ausbreitung waren, lässt sich somit vielfach belegen. Die Redaktoren des «Stieler-Handatlases» führten die Süd-Karpaten ab 1844 bis 1925 als «Transylvanische Alpen» auf. Politisch war dies eine Verdeutschung des Namens, der den deutschsprachigen Raum gegen Osten auf diesem (pseudo-) wissenschaftlichen Weg auszuweiten versuchte. Es zeigen sich damit aber auch wissenschaftlich geprägte Vorstellungen[318] für ein zu dieser Zeit noch kaum erforschtes Gebirge. Der Name «Transylvanische Alpen» wurde ab 1847 im «Meyer-Handatlas», ab 1849 auch im «Sohr-Berghaus-Handatlas» und ab 1880 im «Andree» aufgeführt und blieb im «Andree» bis 1930 bestehen.

Begriffskonjunkturen im 19. und 20. Jahrhundert

Ab der zweiten Hälfte des 19. Jahrhunderts sowie in der ersten Hälfte des 20. Jahrhunderts lässt sich eine weitere Zunahme der Alpen-Nachbezeichnungen erkennen. Der «Stieler-Handatlas» führte die seit 1844 erwähnten «Transylvanischen Alpen» in seinen Editionen bis 1925 weiter. Von 1850–1925 fügte deren Redaktion die «Südalpen» Neuseelands und die «Australischen Alpen», ab 1866 die «Dinarischen» und ab 1905 die «Albanischen Alpen» dazu. Zusätzlich führte das Verlagshaus Perthes in Gotha von 1848–1906 die «See-Alpen» Nordamerikas und 1850 die «Katunga-Alpen» auf. Die Redaktoren des «Andrees» nutzten die Alpenbenennungen ebenfalls oft, war damit etwas später als der «Stieler», dafür fast bis in die

---

318 Zum Beispiel zur Gestalt der Landschaft.

Zwischenkriegsjahre des 20. Jahrhunderts. Ab 1880–1930 verwendeten sie die Nachbezeichnungen «Dinarische Alpen» und «Neuseeländische Südalpen», ab 1881 die «Albanischen Alpen» sowie die «Transylvanischen Alpen» und ab 1896 die «Australischen Alpen». Zwischen 1893 und 1924 nahm das Verlagshaus aus Leipzig auch die «St. Elias-Alpen» unter verschiedenen Bezeichnungen in den Handatlanten auf. Sporadischer führte «Sohr-Berghaus» Alpen-Nachbenennungen. Denn die «See-Alpen» lokalisierte die Redaktion von 1849–1854, von 1849–1872 führte sie auch die «Transylvanischen Alpen» an. Die «Australischen Alpen» wiederum wurden zwischen 1841 und 1892, die «Neuseeländischen Südalpen» 1892 vermerkt. 1874 erfolgte zusätzlich der Eintrag für die «Katun Alpen». Die Redaktoren des «Meyer» beschränkten sich von 1851 bis 1877 auf die Nachbenennungen der «Dinarischen Alpen» sowie der «Transylvanischen Alpen» von 1847 bis 1877 und der «Australischen Alpen» von 1868 bis 1877. Der «Weimar» lokalisierte ab 1853 bis 1857 die «Australischen Alpen», die «Dinarische Alpen» 1855 und 1860, die «Transylvanischen Alpen» von 1855 bis 1860 sowie die «Skandinavischen Alpen» 1860.

Im Rahmen der Veränderungen im Gebrauch der Alpen-Nachbezeichnung können sogar im 20. Jahrhundert noch in zahlreichen Ausgaben von Handatlanten gewisse Veränderungen beobachtet werden. So sind beispielsweise in der Ausgabe des «Meyers» von 1934 Zu- und Abnahmen bei den Alpen-Nachbezeichnungen zu erkennen. Denn 1916 hatten die Redaktoren die «Dinarischen», «Transylvanischen», «Australischen» sowie die «Neuseeländischen Südalpen» berücksichtigt, doch 1934 fügten sie die «Nordalbanischen Alpen» hinzu, verzichteten dafür auf die «Transylvanischen Alpen» und benutzten stattdessen den Namen «Südkarpaten». Die Redaktoren des «Andree» lokalisierten für dieselben Gebirge ähnliche Nachbezeichnungen. Im Gegensatz zum «Meyer» hielt sie auch 1937 an der Bezeichnung «Transylvanische Alpen» fest. In deren Repertoire standen, wie beim «Meyer», die «Dinarischen», «Nordalbanischen», «Australischen» und die «Südalpen Neuseelands». Zusätzlich vermerkten sie die «St. Elias Alpen» in Alaska. Beim «Debes», dem dritten grossen verbliebenen deutschen Handatlanten-Editoren, findet sich ein ähnliches Repertoire an Bezeichnungen wie bei «Meyer» und «Andree». So wurden in der Ausgabe von 1900 die «Dinarischen», «Transylvanischen», «Nordalbanischen», «Australischen» und die «Südalpen Neuseelands» berücksichtigt. In der nachfolgenden Ausgabe von 1936 blieben diese Erwähnungen unverändert. Die Redaktoren der verbleibenden deutschen Handatlanten hielten sich in den Kriegsausgaben für die Alpen-Nachbezeichnung an die im 19. Jahrhundert etablierten Benennungen.

Das Ende der deutschen Handatlanten-Editionen in der Zwischenkriegszeit und nach dem Zweiten Weltkrieg, hauptsächlich ökonomisch und durch die globale Neuordnung bedingt, hatte auch auf die Alpen-Nachbezeichnung Auswirkungen. In deutschen Handatlanten der Nachkriegsjahre erfuhr dann jedoch die Alpen-Nachbezeichnung einen markanten Rückgang. Mit dem Verschwinden des «Andree» können wir die Entwicklung zwar nur noch bei «Meyer» und «Debes» verfolgen. Die Debes-Redaktoren hielten auch in der Ausgabe von 1950 ohne grosse Änderungen an den fünf etablierten Alpenbezeichnungen der Vorgängerausgaben fest. Im «Meyer» hingegen lässt sich ein weiterer Rückgang beobachten. Denn die Ausgabe von 1962 nannte noch die «Australischen», «Dinarischen» und die «Südalpen Neuseelands». 1974 führten die Redaktoren gerade noch die «Australischen» und die «Neuseeländischen Südalpen» auf. Auch die Ausgabe von 1979 begnügte sich mit diesen zwei Erwähnungen. Mit dem deutschen Atlantensterben und rückläufigen Entwicklungen in den Nachkriegsjahren stellt sich auch die Frage nach dem Stand der Nachbezeichnungen in britischen und französischen Atlanten.

Auch in den britischen Handatlanten kann man bei der Alpen-Nachbezeichnung nach dem Zweiten Weltkrieg eine Veränderung der Häufigkeit beobachten. Zwar hatte bereits im 19. Jahrhundert eine ähnliche Berücksichtigung der Alpen-Nachbezeichnungen wie in deutschen Handatlanten bestanden. So wurde im «Atlas of Modern Geography» von der Redaktion, unter der Leitung von Alexander Keith Johnston, dem königlichen Geographen für Schottland, bereits 1881 die «Dinaric», «Transylvanian», «Australian» sowie die «Southern Alps» in Neuseeland vermerkt. Und noch im frühen 20. Jahrhundert waren diese Alpen- Nachbezeichnungen gültig. Ab 1924 fügte die Redaktion sogar noch die «Albanian Alps» hinzu. Im 20. Jahrhundert übernahm dann «The Times Atlas» die Vormachtstellung unter den Handatlanten-Editionen. Er wurde zudem – auch in der Nachkriegszeit – auch für den amerikanischen Markt produziert. Unter der Leitung von John Bartholomew übernahmen die Redaktoren vor dem Zweiten Weltkrieg die etablierten Alpen-Nachbezeichnungen «Dinaric», «Transylvanian», «Northalbanian», «Australian» sowie die «Southern Alps» Neuseelands. Ganz anders sieht es in den Nachkriegsjahren aus. Die Ausgabe von 1958 führte nur noch die «Australian Alps» und «Southern Alps». 1967 findet man überraschenderweise wieder vermehrt

Belege für die ehemaligen Alpen-Nachbenennungen. Die Redaktion fügte den erwähnten sogar noch die Bezeichnung «Japan Alps Nationalparc» zu. Zudem ergänzte sie die Bezeichnung «Carpati Meridionali» durch den dünnaufgetragenen Schriftzug und Untertitel «Transylavanian Alps». Daran hielten die Redaktoren bis 1985 fest und berücksichtigten dazu nochmals die «Dinaric Alps».

In französischen Handatlanten hingegen kann man – im Gegensatz zu den Entwicklungen in deutschen und britischen Handatlanten – eine Zunahme der Alpenbezeichnung verfolgen. Im «Atlas de Géographie Moderne», der unter der Leitung von Schrader in Paris veröffentlicht wurde, verortete die Redaktion 1904 die «Alpes Australiennes», die «Alpes du Sud» in Neuseelands, die «Alpes Dinariques» sowie die «Alpes Transylvanie». Dazu fanden die «Alpes de St. Elie», im Grenzgebiet zwischen Alaska und Kanada, die südlich des Mt. St. Elias geortet wurden, Berücksichtigung. 1923 liessen die Redaktoren wiederum die «St. Elias» und die «Australischen Alpen» weg. Diesen Kurs revidierte die Redaktion 1939 erneut, als sie eine Anzahl bisher nichterwähnter Alpen lokalisierte. In sowjetischem Gebiet wurden die «Alpes de la Tschouia», die «Alpes du Katoun» und die «Alpes du Tschoulychman» geführt. Auch im zweiten grossen Atlantenwerk Frankreichs ist eine ähnliche Entwicklung zu beobachten. So vermerkte die Redaktion des «Atlas Général» 1936 die «Transylvanischen», «Dinarischen», «Albanischen», «Neuseeländischen», «St. Elias» sowie die «Australischen Alpen». Als Neuheit wurden die «Alpes de Colombie» in Britisch Columbia und die «Alpes du Sétchouen» in China in dieser Ausgabe geortet. In der Nachkriegsausgabe von 1956 nahmen die Redaktoren auffallenderweise keine Reduktionen vor. So ist festzuhalten, dass insgesamt trotz eines Teilrückganges der Alpen-Nachbezeichnungen im 20. Jahrhundert, in einigen Handatlanten-Editionen eine entgegengesetzte Entwicklung stattgefunden hatte. Allerdings handelt es sich dabei um Einzelfälle.

Kartographische Darstellungen zu Alpen-Nachbenennungen in Handatlanten

Alpen-Nachbenennungen in Handatlanten 1800–1850

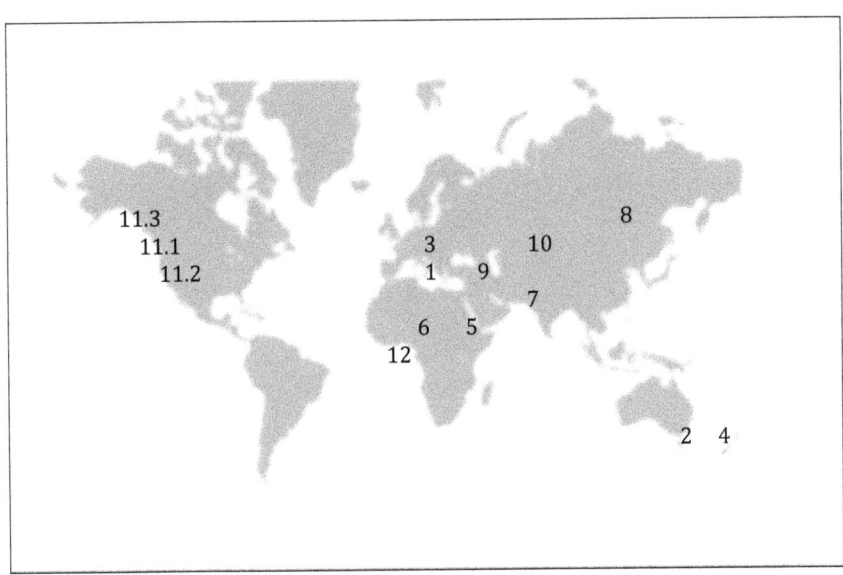

Stabile Verortungen
1   Dinarisches Alpenland (ab 1823)
2   Australian Alps (ab 1834)
3   Transylvanische Alpen (ab 1844)
4   Southern Alps (ab 1850)

Einmalige und vereinzelte Ortungen
5   Alpenland Habesch (1830)
6   Hochalpenland und Alpenhorn Tschad (1831–1844)
7   Indisches Alpenland (1834)
8   Daurisches und Bauirisches Alpenland (1834)
9   Turkestanisches Alpenland (1834)
10 Alpenland des Altain Oola (1834)
11 1 See-Alps (1843), 11.2 (1842), 11.3 (1848)
12 Alpenland Camerun (1844)

Alpen-Nachbenennungen in Handatlanten 1850–1930

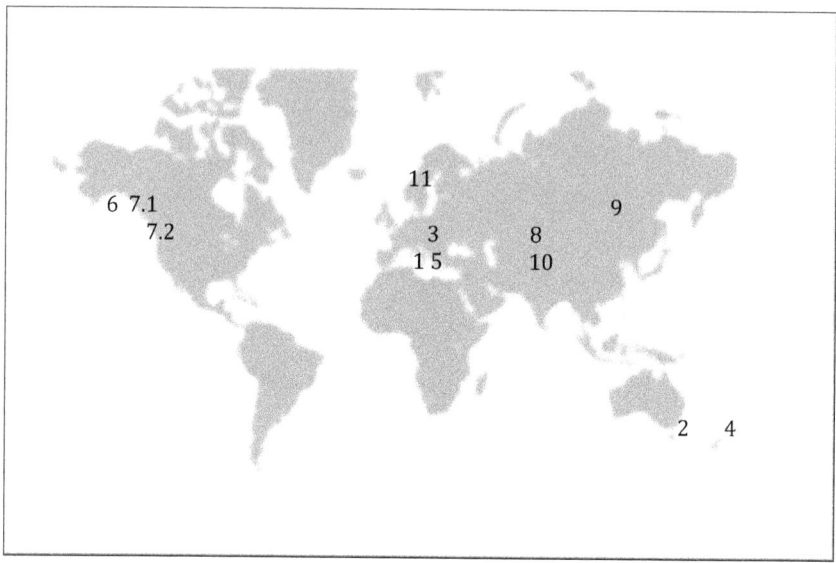

Stabile Verortungen
1   Dinarische Alpen
2   Australian Alps
3   Transylvanische Alpen
4   Southern Alps
5   Nord-Albanische Alpen (ab 1881)
6   St. Elias Alps (ab 1899)

Einmalige und vereinzelte Ortungen
7   See-Alpen (7.1. 1854, 7.2. 1861, 1906)
8   Katunga und Katun Alpen (1850, 1874)
9   Bauirisches Alpenland (1849, 1861)
10 Alpenthal von Kaschmir (1855)
11 Skandinavische Alpen (1860)

Alpen-Nachbenennungen in Handatlanten 1930–1985

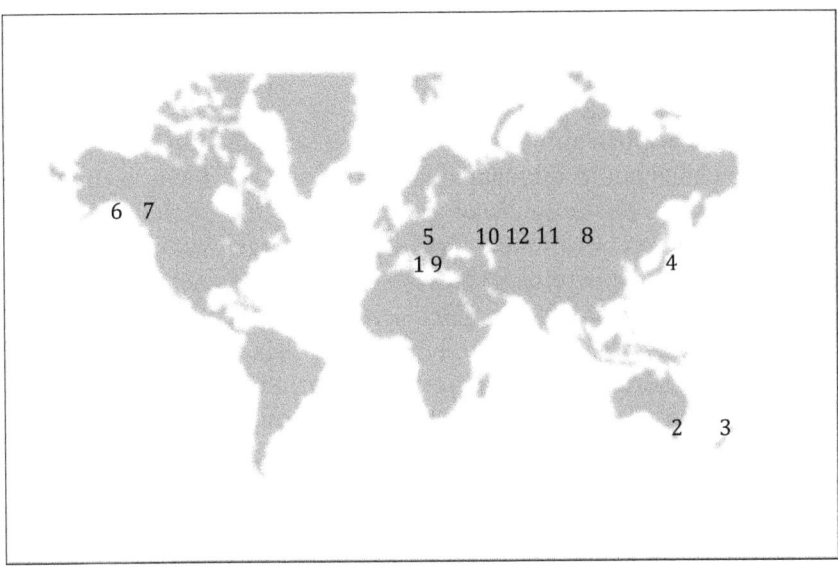

Stabile Verortungen
1 Dinaric Alps
2 Australian Alps
3 Southern Alps
4 Japan Alps National Parc (ab 1967)

Einmalige und vereinzelte Ortungen
5 Transylvanische Alpen (1939, 1956. Nur noch in Untertitel: 1967, 1985)
6 Alpes St. Elie (1956)
7 Alpes de Colombie (1936, 1956)
8 Alpes du Sétchouen (1936, 1956)
9 Alpes Albanaise (1936)
10 Alpes de la Tschouia (1939)
11 Alpes du Katoun (1939)
12 Alpes du Tschoulychman (1939)

3.3 Die Verbreitung der Schweiz-Nachbenennungen

Handatlanten

Seit der Mitte des 19. Jahrhunderts tauchen neben den zahlreichen Alpen-Nachbezeichnungen in führenden Handatlanten auch Schweiz-Nachbezeichnungen auf. Diese Zunahme ist auf mehrere und auch unterschiedliche Faktoren zurückzuführen. Grundsätzlich zeigen wissenschaftliche und kartographische Kreise ab dieser Zeit eine zunehmende Akzeptanz gegenüber der Nachbezeichnung Schweiz, es scheint, als ob sie die grosse Verbreitung der touristisch motivierten Schweiz-Nachbezeichnungen nicht weiter ignorieren wollten. Vermutlich im Sinne des Grundsatzes, dass lokal breit verwendete Namen als verankert zu akzeptieren seien. Denn mit der Ausnahme von «Sohr-Berghaus» fügten die untersuchten Verlagshäuser ihren Editionen von Handatlanten generell vermehrt Schweiz-Nachbenennungen ein. Die bereits in der ersten Hälfte des 19. Jahrhunderts etablierten Tourismusdestinationen fanden sich auch zuerst in den deutschen Handatlanten. So berücksichtigten «Meyers grosser Handatlas» und der «Weimar Handatlas» ab 1860 die «Sächsische Schweiz» als topographischen Namen. Der «Stieler» folgte ein Jahr später und benutzte die Bezeichnung ohne Unterbruch bis 1925. «Meyer» fügte ab 1868 die «Fränkische Schweiz» hinzu. Richard Andree's «Allgemeiner Handatlas» berücksichtigte die Schweiz-Nachbezeichnung, wobei er allerdings die «Sächsische Schweiz» 1880 einführte, also etwas später als die mit ihm konkurrierenden Editionen. Doch bereits in der Ausgabe von 1893 erhöhte diese Redaktion die Anzahl Schweiz-Nachbezeichnungen und erwähnte die «Fränkische», die «Kroppacher», die «Sächsisch-Böhmische» und «Pommersche Schweiz». Nachdem der «Stieler» 1914 dann die «Livländische Schweiz» aufgenommen hatte, lokalisierte auch der «Andree» diese ab 1922. Bis 1930 berücksichtigte «Andree» die erwähnten fünf Schweiz-Nachbenennungen in ununterbrochener Folge. Diese Zunahme zeugt von einem Wandel in der Bedeutung der Nachbezeichnungen und den damit zusammenhängenden Landschaftsbildern des Namens.

Der Anstieg in den Dreissigerjahren des 20. Jahrhunderts und der Rückgang nach 1945 verliefen allerdings nicht gleichmässig, sie unterschieden sich auch je nach Herkunftsland der Atlanten. Auffallend ist ein Anstieg der

Verzeichnung von Schweiz-Nachbezeichnungen in deutschen Handatlanten vor und während des Zweiten Weltkrieges, der in den Nachkriegsjahren von einem starken Rückgang gefolgt wurde. So lokalisierte die «Andree-Edition» in der letzten Ausgabe von 1937 die «Mecklenburger», «Pommersche», «Kroppacher», «Sächsische», «Böhmische» und die «Fränkische Schweiz». Die Redaktoren des «Debes» fügten 1936 zu den bereits in der Ausgabe von 1900 aufgeführten «Sächsischen» und «Fränkischen Schweiz» die «Livländische Schweiz» hinzu.[319] In der Nachkriegsausgabe 1950 verschwand diese aber wieder. Im «Meyer», dem dritten noch verbleibenden Grossproduzenten deutscher Handatlanten, kann man die gleiche Entwicklung verfolgen. Nachdem die Ausgabe von 1916 völlig auf Schweiz-Nachbezeichnungen verzichtet hatte, fügten die Redaktoren 1934 mit der «Sächsischen», «Fränkischen», «Holsteiner», «Mecklenburger» und der «Pommerschen Schweiz» gleich fünf Schweiz-Nachbezeichnungen wieder hinzu. Die Redaktoren lokalisierten hingegen 1962 lediglich nur noch die «Fränkische Schweiz»; 1974 verzichteten sie dann auch auf diese. In der Ausgabe von 1979 wiederum erfuhren die Schweiz-Nachbenennungen mit der «Fränkischen», «Holsteinischen», «Märkischen» und «Sächsischen Schweiz» eine bescheidene Wiederbelebung.

In französischen und britischen Atlanten ist bezüglich der Schweiz-Nachbezeichnungen eine gleichmässigere Entwicklung zu beobachten. So lokalisierte «Schrader» im «Atlas de Géographie Moderne» 1904 noch die «Livländische Schweiz» als «Suisse de Wenden». Sie verschwand allerdings aus späteren Werken wieder. Die Redaktion des «Vidal-Lablache» wiederum ignorierte die sonst üblichen Schweiz-Nachbezeichnungen im «Atlas Général». Die Redaktoren des britischen «The Times Atlas» unter der Leitung von J. G. Bartholomew lokalisierten ihrerseits 1922 die «Sächsische Schweiz». Nach dem Zweiten Weltkrieg gingen sie dazu über, diese zu ignorieren; und berücksichtigten jedoch ab 1955 in allen Ausgaben die «Fränkische Schweiz».

---

319 Siehe Abb. 11 im Anhang.

Kartographische Darstellung der Schweiz-Nachbenennungen

Schweiz-Nachbenennungen in deutschen Handatlanten 1860–1979

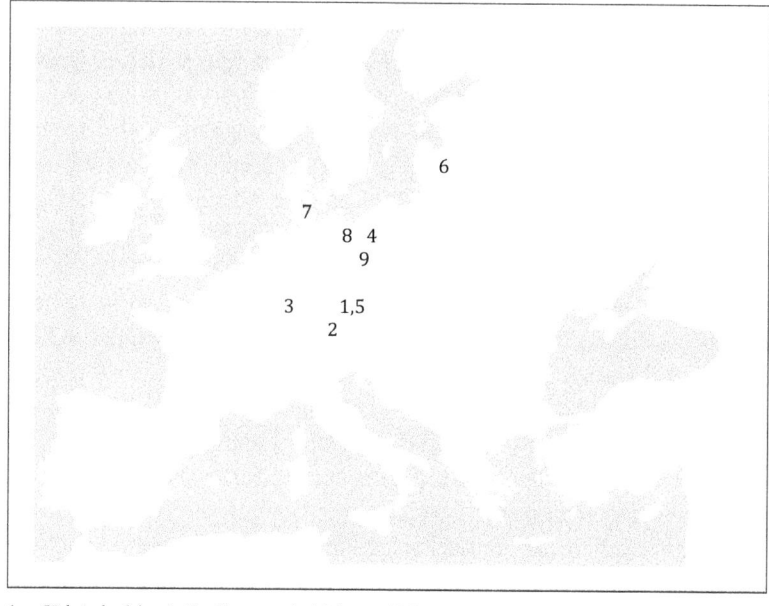

1	Sächsische Schweiz, Erwähnungen in 6 Atlanten 1860–1979
2	Fränkische Schweiz, Erwähnungen in 4 Atlanten 1868–1962
3	Kroppacher Schweiz, Erwähnungen in 1 Atlas 1893–1937
4	Pommersche Schweiz, Erwähnungen in 2 Atlanten 1893–1937
5	Sächsisch-Böhmische und Böhmische Schweiz, Erwähnungen in 1 Atlas 1893–1937
6	Livländische Schweiz, Erwähnungen in 4 Atlanten 1904–1936
7	Holsteiner Schweiz, Erwähnungen in 1 Atlas 1934–1979
8	Mecklenburger Schweiz, Erwähnungen in 2 Atlanten 1934–1937
9	Märkische Schweiz, Erwähnung in 1 Atlas 1979

Textquellen

Im folgenden Abschnitt werden die Schweiz-Nachbenennungen aus Textquellen, wie zum Beispiel publizierten Sachbüchern, Reisejournalen, Zeitschriften und Zeitungen, auf sechs chronologisch geordneten Karten aufgeführt. Zu diesen wird jeweils der Jahrgang der ältesten gefundenen schriftlichen Quelle angegeben. Dies ermöglicht, Rückschlüsse auf die Zeit der Verschriftlichung der Namen zu ziehen. Es werden jeweils zuerst Karten zur europäischen und dann zur globalen Verteilung der

Schweiz-Nachbenennungen innerhalb einer Zeitspanne gezeigt. Als erstes werden Karten mit Nachbenennungen zwischen 1774 und 1850, danach zwischen 1851 und 1929 und zuletzt zwischen 1930 und 1988 aufgezeigt.

Europäische Schweiz-Nachbenennungen 1774–1850

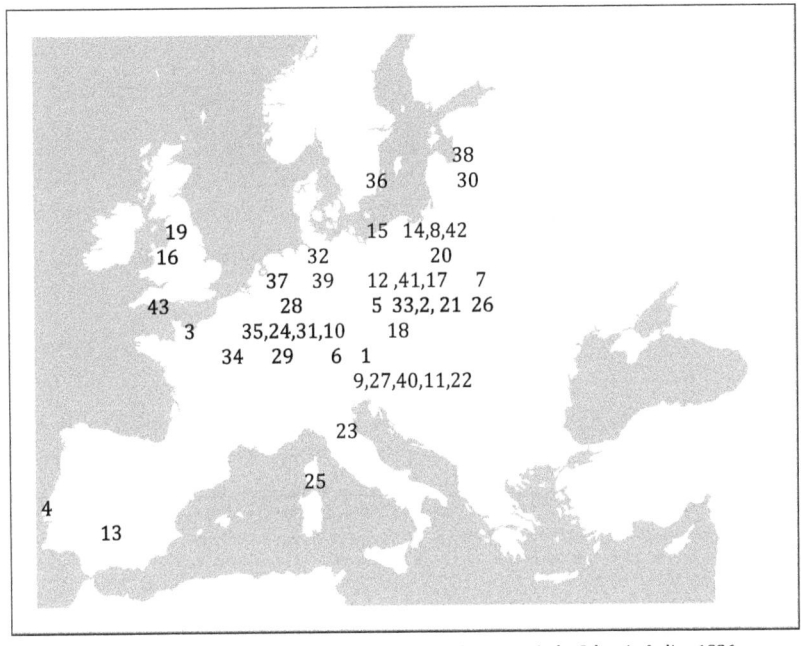

1	Fränkische Schweiz, Franken 1774	23	Piemontesische Schweiz, Italien 1836
2	Sächsische Schweiz, Elbsandsteingebirge 1783	24	Belgien, 10 Schweizen, Petite Suisse 1838
3	Suisse Normande, Frankreich 1784	25	Korsische Schweiz, Baoelica 1839
4	Portugiesische Schweiz, Estoril, Portugal 1789	26	Polnische Schweiz, Krakau, Polen 1839
5	Schweizerling, Sachsen Anhalt 1793	27	Österreichische Schweiz, Briel 1840
6	Schweizerhaus, Stuttgart 1797	28	Schweizertal, St. Goarshausen, R. Pfalz 1840
7	Schlesische Schweiz, Nysa, Polen 1807	29	Hessische Schweiz, Gobert 1842
8	Pommersche Schweiz 1808	30	Kurische Schweiz, Lettland 1842
9	Österreichische Schweiz, Salzkammergut 1813	31	Nassauische Schweiz, Hessen 1843
10	Palliener Schweiz, Trier 1822	32	Vegesacker Schweiz, Bremen 1843
11	Österreichische Schweiz, Gmünden 1823	33	Sächsisch-Böhmische Schweiz 1844
12	Altmärkische Schweiz, Sachsen Anhalt 1824	34	Village Suisse, Versailles, Frankreich 1844
13	Spanische Schweiz, Sierra Nevada 1824	35	La Suisse flamande, Brugge, Belgien 1845
14	Rostocker Schweiz, M. Vorpommern 1826	36	Schwedische Schweiz, Schweden 1845
15	Mecklenburgische Schweiz, M. Seeplatte 1829	37	Holländische Schweiz, Limburg 1845
16	Englische Schweiz, Wales 1831	38	Livländische Schweiz, Lettland 1846
17	Schweizerhaus, Niederstriegis, Sachsen 1833	39	Weimarische Schweiz, Thüringen 1846
18	Mährische Schweiz, Tschechien und Nürnberger Schweiz, 1834	49	Österreichische Schweiz, Wels bei Linz 1847
19	Englische Schweiz, Lake District 1835	41	Hohburger Schweiz, Sachsen 1848
20	Neumärkische Schweiz, N. Sathen, Polen 1835	42	Massurische Schweiz, Sensburg, Polen 1848
21	Böhmische Schweiz, Tschechien 1836	43	Englische Schweiz, Devon, England 1849
22	Österreichische Schweiz, Steiermark 1836		

Globale Verteilung von Schweiz-Nachbenennungen 1788–1846

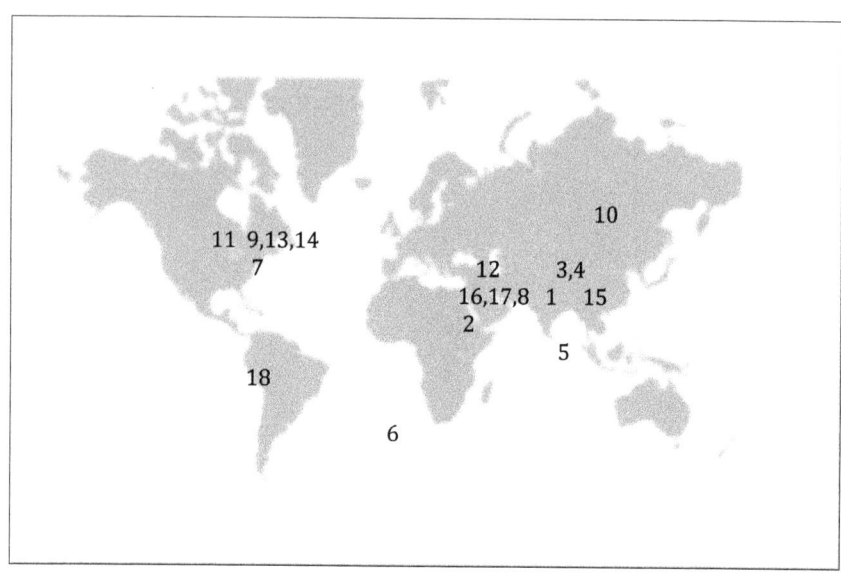

1 Little Switzerland (auch Indische Schweiz), Hindustan 1788
2 Afrikanische Schweiz, Habesch 1789
3 Asiatische Schweiz, Tibet 1789
4 Indische Schweiz, Tibet und Buthan 1809
5 Switzerland of the East, Ceylon 1817
6 Kleine Schweiz, St. Helena 1823
7 Amerikanische Schweiz, South Carolina 1826
8 Arabische Schweiz, Arabien 1828
9 New Switzerland, Indiana 1828
10 Sibirische Schweiz, Umgebung von Krasnojarsk 1834
11 New Switzerland, Madison County 1835
12 Schweiz des Orients, Kurdistan 1835
13 Switzerland of America, New Hampshire 1835
14 Switzerland of America, Vermont 1837
15 Chinesische Schweiz, Jünnan, China 1840
16 Schweiz des Orients, Libanon 1842
17 Switzerland of the East, Syrien 1843
18 Peruanische Schweiz, Huaraz, Peru 1846

Europäische Schweiz-Nachbenennungen 1851–1929

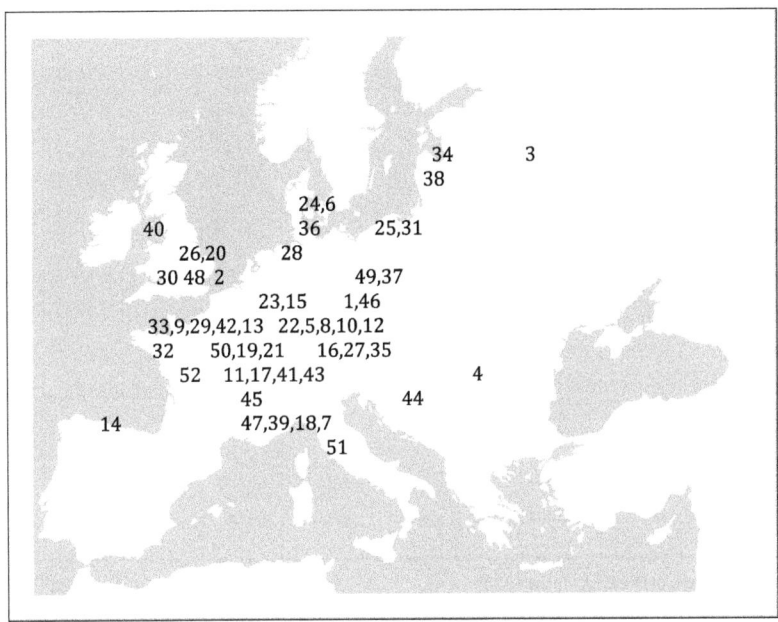

1	Brandenburg, 9 neue Ortungen 1851–1902	27	Haibacher Schweiz, Aschaffenburg, Bayern 1884
2	Little Switzerland, Folkstone 1851	28	Niedersachsen, 9 neue Ortungen 1885–1926
3	Russische Schweiz 1852	29	La Petite Suisse, D'Arromanches 1885
4	Schweiz des Ostens, Siebenbürgen 1852	30	Little Switzerland Alteryn 1886
5	Rheinland-Pfalz, 6 neue Ortungen 1853–1899	31	Kassubische Schweiz, Region von Karthaus, Polen 1887
6	Dänische Schweiz, Beile 1854	32	La Suisse Bretonne 1889
7	La Svizzera Ligure, Ligurien 1854	33	Petite Suisse, Carolles 1889
8	Schweizertal, Schlangenbad, Hessen 1856	34	Kurländische Schweiz, Lettland 1893
9	La Suisse de la Normandie, Mortain 1859	35	Tschechien, 2 neue Ortungen 1894
10	Thüringen, 4 neue Ortungen 1859–1894	36	Holsteinische Schweiz, Schleswig-H. 1896
11	Le Petite Suisse, Allier 1862	37	Löwenberger Schweiz, Lwowek, Polen 1896
12	Sachsen, 8 neue Ortungen 1862–1920	38	Litauische Schweiz 1898
13	La Basse Suisse, Vervins 1863 Belgien	39	La Suisse en Provence, Thorenc 1898
14	Spanische Schweiz, Asturias 1863	40	The Manx Switzerland, Isle of Man 1899
15	Nordrhein Westphalen, 8 neue Ortungen 1863–1928	41	Petite Suisse Bourguignonne, Burgund 1901
16	Franken, 3 neue Ortungen 1864–1908	42	La Petite Suisse normande, Harcourt 1905
17	La Petite Suisse, Avalllone 1865	43	Neuenheimer Schweiz, Baden-W. 1905
18	La Suisse Nicoise, Nizza 1865	44	Schweiz des Orients, Bosnien 1905
19	Petite Suisse, Marly le Roi 1865	45	La Suisse, Cerdon 1907
20	Little Switzerland, Horstead 1866	46	Kleine Echternacher Schweiz, Preussen 1911
21	La Valée Suisse, Troyes 1872	47	La Suisse Provençale, St. Pierre 1917
22	Luxemburg, 2 neue Ortungen 1872, 1889	48	Little Switzerland, Edgbaston 1917
23	Belgien, 7 neue Ortungen 1876–1920	49	Elbinger Schweiz, Elbinger Höhen 1921
24	Danske Schweiz 1878	50	La Petite Suisse berrichonne, 1924
25	Dörbecker Schweiz, Danzig, Polen 1883	51	La Svizzera Pesciatina, Pescia 1924
26	Little Switzerland, Derbyshire 1883	52	La Suisse Angevine, Angers, Frankreich 1929

Globale Verteilung der Schweiz-Nachbenennungen 1852–1926

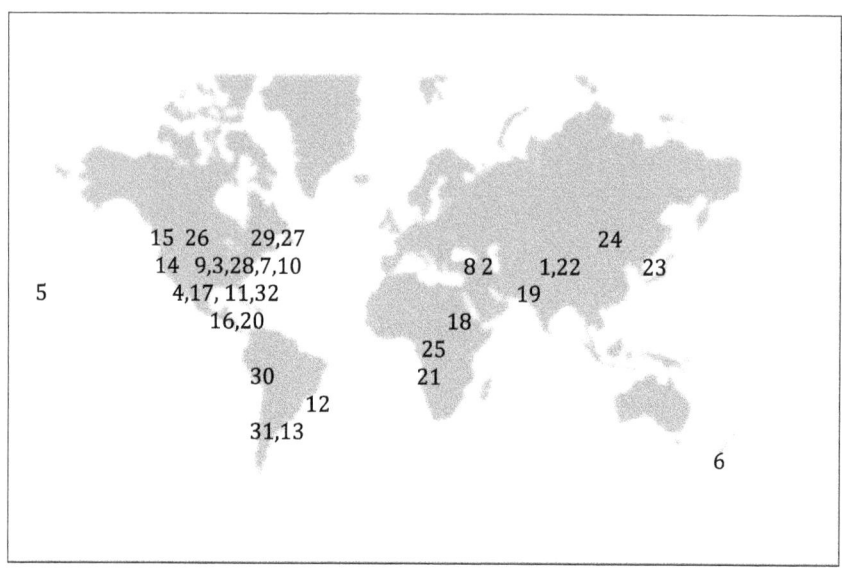

1	Switzerland of the East, Nepal 1852	17	Switzerland of America, Arizona 1887
2	Schweiz des Orients, Armenien 1855	18	Abessinische Schweiz, Abessinien 1888
3	Switzerland of America, Nebraska 1855	19	Schweiz des Ostens, Pakistan 1889
4	Kalifornien, 4 neue Schweizen 1858–1916	20	Mittelamerikanische Schweiz, CostaRica 1890
5	Schweiz der Südsee, Hawaii 1861	21	Keetmanshoper Schweiz, Namibia 1891
6	Neuseeländische Schweiz, Südinsel 1864	22	Tibetische Schweiz, Tibet 1899
7	Switzerland of America, Tennessee 1865	23	Japanische Schweiz, Jeddo 1904
8	Switzerland of the East, Israel 1866	24	Mongolische Schweiz, Changai 1910
9	Switzerland of America, Colorado 1869	25	La Petite Suisse Africaine, Sangha 1912
10	Pennsylvania, 2 Schweizen 1871–1873	26	Switzerland of America, Alberta 1917
11	Little Switzerland, Asheville 1875	27	Switzerland of Nova Scotia, Bear River 1917
12	Nueva Helvecia, Montevideo, Uruguay 1879	28	Iowa, 2 neue Ortungen 1918–1928
13	Argentinische Schweiz 1881	29	Switzerland of America, New York 1920
14	Amerikanische Schweiz, Oregon 1883	30	Peruanische Schweiz, Peru 1923
15	Washington, 2 neue Ortungen 1885–1921	31	Chilenische Schweiz, 1926
16	Finca Helvetia, Guatemala 1886	32	Switzerland of America, Charleston 1926

Europäische Schweiz-Nachbenennungen 1930–1981

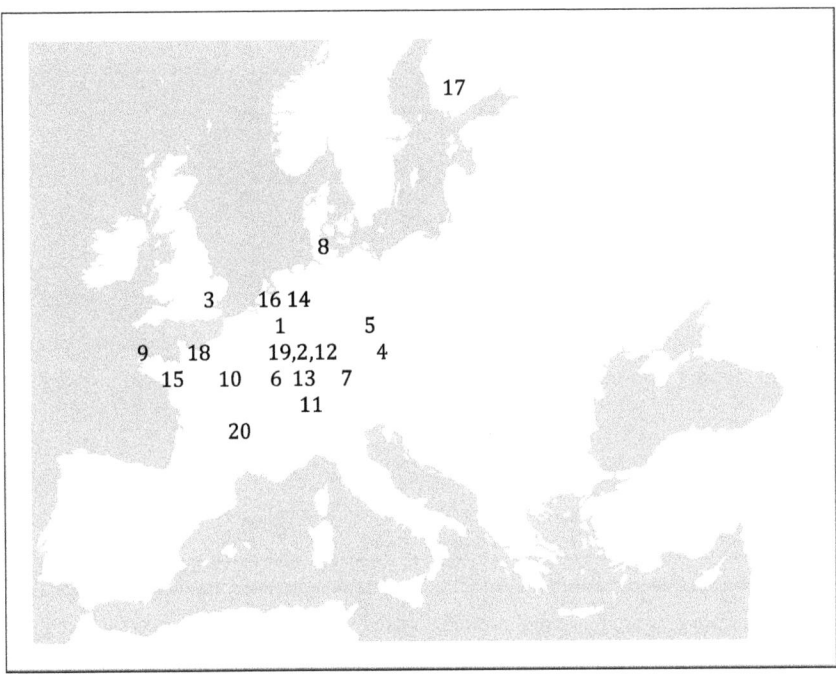

1	Nordrhein Westphalen, 7 neue Ortungen 1930–1986	11	Schwaben, 2 neue Ortungen 1949–1966
2	Rheinland-Pfalz, 5 neue Ortungen 1930–1939	12	Suhler Schweiz, Thüringen 1951
3	Little Switzerland, Guildford 1935	13	Hessen, 2 neue Schweizen 1957–1966
4	Wolkensteiner Schweiz, Sachsen 1935	14	Niedersachsen, 2 neue Schweizen 1961–1989
5	Alte Berliner Schweiz, Brandenburg 1936	15	La Suisse Vendéenne, 1969
6	Elsaas, 2 neue Ortungen 1939–1959	16	Maison Suisse, Brugge 1969
7	Franken, 2 neue Ortungen 1939–1966	17	Sveitsi, Finnland 1976
8	Schleswig-Holstein, 3 neue Ortungen 1939–1960	18	La Petite Suisse, Saint-Lo, Basse-Normandie 1979
9	Petite Suisse Bretonne, Brest 1945	19	Keuchinger Schweiz, Saarland 1980
10	La Petite Suisse, Aunay, Frankreich 1946	20	La Suisse Limousin, Limoges 1981

Globale Verteilung der Schweiz-Nachbenennungen 1931–1988

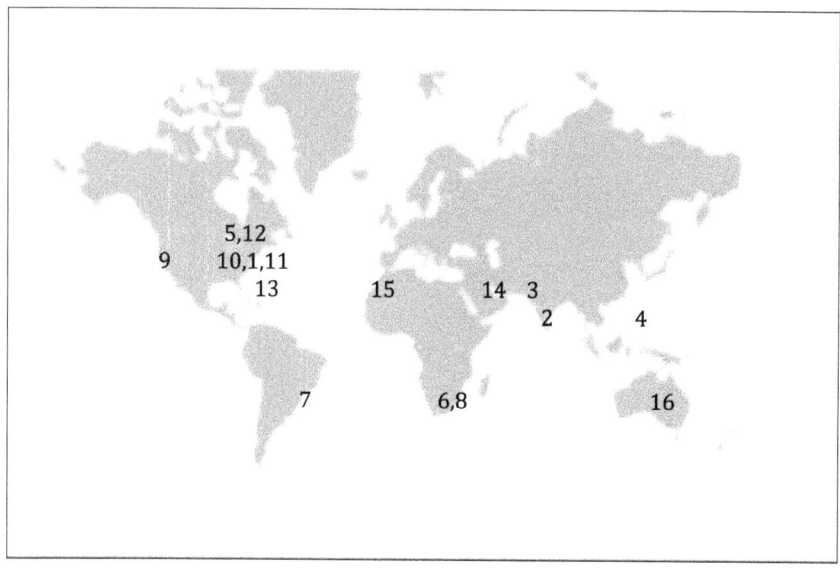

1	Switzerland of America, Lexington, Virginia 1931	9	Little Switzerland, El Verano, Kalifornien 1977
2	Switzerland of India, Darjeeling 1931	10	Little Switzerland, Arkansas 1979
3	Switzerland of India, Kashmir 1932	11	Little Switzerland, New Jersey 1979
4	Philippinische Schweiz, Luzon 1938	12	Switzerland of Ohio, Sugarcreek 1979
5	Switzerland of Illinois, Galena 1938	13	Switzerland of the Caribbean, Barbados 1980
6	Afrikanische Schweiz, Lesotho 1948	14	Schweiz des Orients, Kuwait 1983
7	Schweiz Lateinamerikas, Uruguay 1972	15	Subtropische Schweiz, Marroko 1987
8	La Petite Suisse Tzaneen, Umtata 1975	16	Schweiz des Pazifiks, Australien 1988

Fazit

Auf den Karten sind Anstiege in der Anzahl von Nachbenennungen in der zweiten Hälfte des 19. Jahrhunderts, Rückgänge der Anzahl nach 1940 sowie Anhäufungen von Nachbenennungen um jeweils eine Region erkennbar. Bei den Schweiz- und Alpen-Nachbenennungen war zu beobachten, dass nicht nur zwischen den zeitgleichen Atlanten-Editionen der verschiedenen Verlage zum Teil grosse Unterschiede bestehen, sondern dass auch zwischen den Atlanten-Auflagen eines einzelnen Verlages auf der Zeitachse ein heterogener Prozess von Zu- und Abnahme der Nachbezeichnungen stattgefunden hatte. Dies steht im Gegensatz zur bisherigen Auffassung, dass es sich bei der Entwicklung der Handatlanten-Editionen um einen homogenen Prozess gehandelt habe, basierend auf einer angeblich stabilen Datenbasis.

Für die Nachbenennungen konnten drei Kategorien eruiert werden, nämlich die «Alpenländer und Alpenhörner», «Instabile Bezeichnungen» sowie «Feste Bezeichnungen». In der ersten Kategorie befinden sich Bezeichnungen für Gebiete, welche nur in einer einzigen Atlanten-Edition erschienen und nur kurze Zeit verwendet worden sind, wie dies verhältnismässig oft bei Nachbezeichnungen in Afrika und sogenannten «Alpenländer» in Asien vorkam. Dies betrifft vor allem den Zeitraum vom Ende des 18. bis zum Anfang des 19. Jahrhunderts. Solche Bezeichnungen fanden auffällig häufig bei noch unbekannten Gebieten Anwendung und wurden oft später durch pseudo-einheimische Benennungen ersetzt. Zu diesen Schweiz-Nachbenennungen gehören auch die in der wissenschaftlichen Literatur nicht belegten, so auch die nur auf Postkarten erschienenen. In Deutschland allein handelt es sich dabei um 82 Belege für Schweiz-Nachbenennungen. In die zweite Kategorie, die eine Zwischenstellung einnimmt, gehören unbeständige Alpen-Nachbenennungen, welche zwar in mehreren Atlanten vorkommen, jedoch sowohl den Namen als sogar auch die Lokalisierung wechseln, wie zum Beispiel die «See-Alpen» oder die «St. Elias Alps». Ebenso gehören auch die zahlreichen Schweiz-Nachbenennungen, die in literarischen Werken und in Sachpublikationen belegt werden können, dazu, die nie Einlass in die Handatlanten gefunden hatten. In Deutschland fallen zum Beispiel 122 von den insgesamt 212 in Deutschland georteten «Schweizen» in diese Kategorie. Weltweit, inklusive Deutschland, handelt es sich um 309 Belege für Schweiz-Nachbenennungen von insgesamt 540, die in diese Kategorie gehören.[320] In die dritte Kategorie fallen Bezeichnungen, die sich im Laufe des 19. Jahrhunderts über mehrere Atlanten-Editionen hinweg etablieren und stabilisieren konnten, so zum Beispiel die «Australischen Alpen», die «Transylvanischen Alpen», die «Südalpen» Neuseelands, oder die «Sächsische» und «Fränkische Schweiz», und die teilweise bis heute gebräuchlich sind.

Mit einer quantitativen Chronologie können drei Perioden der Ausbreitung differenziert werden. So eine Anfangsphase mit der Etablierung erster Bezeichnungen von 1774 bis 1850. Daran schloss sich, besonders bei der Schweiz-Nachbenennung, parallel zu einem florierenden Tourismus, oft

---

320 Eine detaillierte Auflistung aller Schweiz-Nachbenennungen befindet sich im Anhang.

eine eigentliche Blütephase von 1850 bis 1945 an. Die dritte Phase ist gekennzeichnet durch eine Abnahme der Schweiz-Nachbezeichnungen nach dem Zweiten Weltkrieg. Bei der Schweiz-Nachbezeichnung ist ein tourismusstrategisches Muster – um grosse «Schweizen» bilden sich zahlreich kleinere «Schweizen» – erkennbar. Hingegen resultierte aus der Analyse der Alpen-Nachbezeichnung, dass deren Verbreitung dem globalen Verlauf der kolonialen Ausbreitung Europas folgte. Sie konzentrierte sich auch auf aussereuropäische Gebiete.

4. Erste Globalisierungsphase – 1770 bis 1850

In diesem Kapitel liegt der Fokus auf der ersten Globalisierungsphase der Schweiz- und der Alpen-Nachbenennungen im ausgehenden 18. und in der ersten Hälfte des 19. Jahrhunderts. Kapitel 2 hatte bereits dargelegt, wie es aufgrund von landschaftlichen Vergleichen in der «Sächsischen Schweiz» und von wissenschaftlich-kolonialen Motiven in den «Südalpen» Neuseelands zu ersten Nachbenennungen gekommen war. Nun werden die in Kapitel 3 aufgeführten Schweiz- und Alpen-Nachbenennungen auf einer Makroebene analysiert, und zwar mit der im dritten Kapitel umschriebenen Phase der Globalisierung der Nachbenennungen zwischen 1770 und 1850. Im ersten Teil des Kapitels sind Entwicklung, Ausbreitung und Modell der Schweiz-Nachbezeichnungen zu beachten. Im zweiten Abschnitt liegt der Fokus auf den Alpen-Nachbezeichnungen. Dabei werden zuerst die Motive, die zur Verbreitung der Modelle beitrugen, und in einem zweiten Schritt die Bildung der Landschaftsmodelle analysiert.

4.1 Von der Schweiz zu Schweiz-Nachbenennungen

Die erste Ausbreitungsphase der Schweiz-Nachbenennungen basierte auf spezifischen Vorstellungen und Imaginationen, welche bis ins 18. Jahrhundert rund um den Landesnamen «Schweiz» kursierten. Es handelte sich bei der Gesamtentwicklung um ein buntes Konglomerat der Aufklärung, wo sich die Schweiz mit ihren Alpen sowohl als Metapher eines neuen Naturverständnisses als auch als Forschungsobjekt in einem breiteren europäischen Bewusstsein etablieren konnte und damit dem aufkommenden Tourismus eine Formel mit Eigendynamik anbot. Deshalb ist nach den Erfindern, Verbreitern und den inhaltlichen Komponenten dieser Imaginationen zu fragen. Eine Analyse der ersten Ausbreitungswelle von Nachbenennungen der Schweiz hält Ausschau nach den Motiven und deren Rolle im Transfer der Schweizbezeichnung. Gleichzeitig sind die Gründe für die kartographische Nicht-Umsetzung dieser Nachbenennung in Handatlanten der ersten

ersten Hälfte des 19. Jahrhunderts zu suchen. Zudem geben zeitgenössische Reiseberichte zu Schweiz-Nachbenennungen Aufschluss über die Ursachen der Schweiz-Nachbenennungen und vermitteln Landschaftsvorstellungen zum Namen «Schweiz». Über die topographische Ausbreitung der Nachbezeichnung und den damit zusammenhängenden Landschaftselementen erschliessen sich letztlich die eigentlichen Motive der Nachbenennungen.

Potenzielle Verbreitungsmotive

Betrachtet man die Verwendung der Schweiz-Nachbezeichnungen in den einzelnen Disziplinen der Wissenschaften, so findet man unterschiedliche Anwendungen. Differenzen zeigen sich hauptsächlich in den sich neu herausbildenden Disziplinen. Zentral war, dass auch hier Landschaftseindrücke die Hauptrolle für die Namensbezeichnung spielten, die je nach Bedarf mit anderen Elementen verbunden wurden.

Der für das 18. Jahrhundert noch typisch fächerübergreifend tätige britische Historiker, Ethnologe und Geograph James Rennell (1742–1830) verband 1788 die Schweiz, deren Bergwelt und Unabhängigkeitsmythen mit Hindustan zum Begriff «Indische Schweiz», indem er einen ethnologischen Vergleich zwischen den Eigenständigkeiten der Völker Hindustans und der Schweiz zog.[321] Zentral bei seinem Vergleich ist die Kopplung der Bergwelt der Schweiz und Hindustans und deren angeblich eigenständigen Völkern. Daraus schloss Rennell auf einen ursächlichen Zusammenhang zwischen Bergen und unabhängigen Völker. Er verwendete gleichzeitig eine Schweiz-Metapher, welche grundsätzlich aus Bergen zu bestehen schien und als Synonym für den Begriff «Alpen» benutzt ist. Rennell basierte demgemäss seine These allein auf Landschaftsattributen der Schweizbezeichnung. Zudem zog er nach dem Vorbild Hallers und Rousseaus Parallelen zwischen den Mythen der unabhängigen Bergler. William Thorn folgte 1819 mit seiner Studie der Region ebenfalls dieser konstruierten Verbindung zwischen Bergen und Unabhängigkeit und schrieb sogar von «Gebirge und natürlicher Stärke».[322] Ob dieser frühe Vergleich auch einer eigentlichen Nachbenennung gleichkommt, ist nicht ganz klar. Doch der deutsche Ethnologe Hans Christoph Ernst Gagern (1766–1852), der sich

---

321 Rennell 1788, S. xlvii.
322 Thorn 1819, S. 293.

ebenfalls mit den Völkern Hindustans befasste, schrieb aufgrund dieser Aussage 1835 Rennell die erste Verwendung der Schweiz-Nachbenennung für Hindustan zu.[323] Es lässt sich somit feststellen, dass einige Ethnologen der Verwendung des Namens «Indische Schweiz» nicht abgeneigt waren. Sie prägten ihn vielmehr mit. Den Kern bildeten auch bei Thorn die Berglandschaft der Alpen.

Neben den Ethnologen griffen auch andere Wissenschaftler die bergigen Landschaftsattribute der Schweiz-Nachbezeichnung auf. Die «Enzyklopädie der Wissenschaften und Künste» betonte schon 1831, dass «Reize», «Klima», «Höhe» und «Vegetation» den Namen «Indische Schweiz» ausmachten.[324] Auch Christian Lassen (1800–1876), ein norwegischer Indologe, glaubte, in Kaschmir in den «Terrassenlandschaften» etwas Schweizerisches zu erkennen.[325] Eine in Berlin publizierte medizinische Studie aus dem Jahre 1845 hielt fest, dass die «Indische Schweiz» eine «Berginsel» mit gutem Klima sei.[326] Während die erwähnten Ethnologen eine Verbindung zu unabhängigen Völker betonten, versuchte die medizinische Studie das Bergklima in den Vordergrund zu rücken. So zeigt das Beispiel «Indische Schweiz», dass die damaligen Wissenschaftler die Schweiz-Nachbenennungen grundsätzlich akzeptierten und auch benutzten. Und es verdeutlicht, dass die Schweiz-Nachbezeichnung auch bei Wissenschaftlern eng an landschaftliche Attribute geknüpft war und den Vorstellungen des Landschaftsmodelles «Schweiz» entsprach. Der Fokus stand jeweils auf Verbindungen mit fächerspezifischen Bedürfnissen.

«Diese vielen Wasserfälle der vorderen Plateauterrassen ... geben diesem Gebirgslande der Festungsberge gewisse romantische Reize, welche ihm in neuerer Zeit grössere Aufmerksamkeit der Reisenden, und selbst den Namen der Indischen Schweiz zugezogen haben, so verschieden auch diese Bildung von der schweizerischen entfernt stehen mag, und eher dem zerrissenen Quadratsteinrevier des Weissner Plateaulandes an den beiden Elbseiten verglichen werden könnte, das auch den Namen der Sächsischen Schweiz so irrig erhalten hat.»[327]

---

323 Gagern 1835, S. 86–87.
324 Ersch/Gruber (Hg.) 1831, S. 456.
325 Lassen 1843, S. 18.
326 Schultz 1845, S. 658.
327 Ritter 1838, S. 838–839.

Diese Ausführungen aus dem Jahr 1838 über die «Indische Schweiz» stammen vom Geographen Carl Ritter (1779–1859) und lassen aufhorchen. Klar wird, dass auch er bergige Landschaftsattribute als Grundlage seiner Schweiz-Imagination und -Projektion verwendete. So folgt auch er einer Gleichsetzung von Berglandschaft und Schweiz. Der entscheidende Unterschied aber bestand darin, dass sich in der wissenschaftlichen Geographie zu diesem Zeitpunkt der Begriff «Alpen» als Synonym für Gebirge durchgesetzt hatte, was sich auch in Ritters Arbeiten zeigte. Dies könnte damit zusammenhängen, dass bereits in anderen wissenschaftlichen Bereichen die Schweiz-Nachbezeichnung, oft sekundär, mit anderen, nicht-landschaftlichen Elementen verbunden wurde, wie die erwähnten Beispiele aus der Medizin und der Ethnologie zeigen. Unter den zeitgenössischen Geographen ist eine ablehnende Haltung zur Ausbreitung der Schweiz-Nachbezeichnung erkennbar. Dabei stand für viele das Fehlen einer wissenschaftlichen Differenzierung im Vordergrund der Kritik. Gleichzeitig zeigte sich auch ab 1838 eine Abgrenzung der sich zur eigenständigen Disziplin formenden Geographie gegenüber anderen Wissenschaften.

Ritters Abgrenzung demonstrierte also eine wachsende Wissenschaftlichkeit und Sorgfalt im Umgang mit der Terminologie in der Geographie. Nun wurde der Begriff «Alpen» und nicht mehr der Begriff «Schweiz» als wissenschaftliches Modell für Gebirge verwendet, ein Wandel vom Eigennamen zu einem Gattungsbegriff. Für viele Geographen wurde damit die Unterscheidung einer Landschaft in «alpin» oder «nicht-alpin» leitend. Klar wird bei Ritter ausserdem, dass er die «Sächsische Schweiz» als zu wenig alpin beurteilte. Trotz der Ablehnung des romantischen Aspektes der Landschaft durch Ritter besteht trotzdem eine Verbindung, denn ein wichtiger Transfer der Schweiz-Nachbezeichnung geschah aus der Literatur der Romantik in den Tourismus. Ritters Aussage verdeutlicht ebenso, dass der Name «Indische Schweiz» primär von Reisenden geprägt und in Umlauf gebracht worden war. Obwohl diese Schweiz-Nachbezeichnung durchaus auch in wissenschaftlichen Kreisen verwendet wurde, beurteilte sie Ritter als unwissenschaftlich. Eine weitere Verbreitung der Schweiz-Nachbezeichnungen als Synonym für Hochgebirge wurde so in der wisssenschaftlichen Geographie beendet. Wissenschaftler haben bei der Verbreitung der Schweiz-Nachbezeichnung, im klaren Gegensatz zur Alpen-Nachbenennung, nicht die Hauptrolle gespielt. Es finden sich bei ihnen, neben offener Ablehnung der Bezeichnung, lediglich die Benutzung bereits existierender Namen.

Angesichts der zahlreichen Auswanderer im 19. Jahrhundert erstaunt es auf den ersten Blick, dass nicht sie für die vielen Schweiz-Nachbenennungen verantwortlich zeichneten. Auch die Benennung des Heimwehs als «Schweizer Krankheit» in der Literatur[328], scheint sich nicht besonders fördernd, höchstens indirekt, auf den Namenstransfer der Schweiz ausgewirkt zu haben.[329] Dafür gibt es verschiedene Gründe, wie Dufour 1925 dargestellt hat. Die nur wenigen Nachbenennungen durch Emigranten weisen darauf hin, dass der schweizerische Nationalstaat in der ersten Hälfte des 19. Jahrhunderts für sie keine primäre Identifikationsfunktion innehatte. Vielmehr zogen es emigrierte Schweizer vor, kleinere, mit ihrer Identität klarer verbundene Herkunftsorte für Nachbenennungen zu benutzen, wie beispielsweise die bekannten Ortschaften New Glarus, in Wisconsin, oder Lucerne Valley, in Kalifornien, zeigen. Ein frühes Beispiel für eine Schweiz-Nachbezeichnung ist zudem «Switzerland County» in Indiana, das bereits 1802 so benannt wurde.[330] Dieses «Switzerland County» illustriert aber auch, dass eine Nachbezeichnung für eine grössere, übergreifende, aber lose Einheit genutzt werden konnte. Die Benennung eines Bezirks, der mehrere Gemeinden umfasst, zeigt, dass Migranten die Nutzung in Bezug auf grössere Verwaltungseinheiten bevorzugten. Dies spiegelt das föderativ lose schweizerische Staatengeflecht des frühen 19. Jahrhunderts, welches bei Migranten kein tragender Identitätsfaktor war.

Als weiterer Faktor ist der Alpinismus zu untersuchen, der beim Transfer der Schweiz-Nachbezeichnung möglicherweise eine Rolle spielte. Tanja Wirz hielt fest, dass die Geschichte des Alpinismus in der Historiographie lange als «grosse Erzählung» vermittelt wurde. Für die Zeitspanne vom späten 18. Jahrhundert bis in die Mitte des 19. Jahrhunderts bedeutet dies, dass im Mittelpunkt die aus England stammenden Erstbesteiger stehen, welche durch die Werke von Wissenschaftlern auf die Alpen aufmerksam wurden.[331] Peter Hansen beschrieb 2013, dass die Geschichte des Alpinismus bereits 1871 vom Historiker und Alpinisten Leslie Stephen (1832–1904) im Werk «The Playground of Europe» als die des Triumphes des aufgeklärten Mannes über Naturgewalten und den Aberglauben vergangener Epochen

---

328 Gemäss Idiotikon, Bd. 15, Sp. 42 (Heimwe[sic]), ist dieser Begriff seit dem 17. Jahrhundert geläufig. Breiter bekannt wurde er sicherlich auch durch Johanna Spyris „Heidi", 1879 erstmals publiziert, und zwar interessanterweise im Perthes-Verlag.
329 Gröf 2000, S. 89–108.
330 Dufour 1925, S. 16.
331 Wirz 2007, S. 14; Amstädter 1996, S. 25.

beschrieben wurde. Dabei formte Stephens bereits die noch lange bestehende Sicht eines mit der Aufklärung zusammenhängenden Wandels von einem negativen zu einem positiven Alpenbild.[332] Auch William Augustus Breevot Coolidge fokussierte 1908 in seiner Liste von Erstbesteigungen auf die Leistung Einzelner.[333]

Nach Dagmar Günther wurde bis in die 1930er Jahre geradezu eine Flut an Publikationen zum Alpinismus veröffentlicht. Nach dieser Anhäufung erschien 1950 das Standardwerk von Claire Éliane Engel «A History of Moutaineering in the Alps». Nach einem vorübergehenden Rückgang der Alpinismusliteratur nahmen ab Mitte der 1980er Jahre die Veröffentlichungen wieder zu. Günther verwies auf die wichtigen Werke von Bernhard Tschofen (1992) zur Symbolgeschichte des Alpinismus und Studien von Beat Nobs (1987), Philippe Bourdeau (1988) und Roland Girtler (1991). Dazu kamen Studien zu den Alpenvereinen von Dominique Lejeune (1988), David Robbins (1987), Alfred Müller (1980) und Rainer Amstädter (1996). Ute Lindgren war 1987 Herausgeberin eines Sammelbandes, welches die Übergänge von Alpenreisen zu Alpinismus thematisierte. Zu den Zusammenhängen von Alpinismus und Tourismus veröffentlichten auch Paul Bernard (1978), Philippe Joutard (1986), Helmuth Zebhauser (Hg.) (1986) und Gabriela Seitz (1987) Studien.[334]

Als Eckpfeiler in der Geschichte des Alpinismus steht die Erstbesteigung des Mont Blanc im Jahr 1786, der als Beginn des Alpinismus verstanden wird.[335] Dazu kommt 1857 der Zusammenschluss englischer Alpinisten zum ersten Bergsteigerverein «Alpine Club».[336] Neuere Studien zeigen aber auch eine Abkehr von Narrativen zu heroischen Erfolgen einzelner Männer der Aufklärung. Hansen erläuterte, wie im 18. Jahrhundert Naturalisten, unter ihnen Albrecht von Haller, Charles Bonnet, Deluc und Horace Bénédict de Saussure (1740–1799), die wissenschaftliche Erforschung der Alpen und so den Alpinismus förderten. Das Bergsteigen kam somit nicht nach, sondern mit der Aufklärung. Bergsteigen und Modernität stehen in einer Wechselbeziehung und sollten nach Hansen nicht voneinander in heroische Narrativen von Entdeckung durch Einzelpersonen

---

332 Hansen 2013, S. 3–11; Stephen 1871.
333 Coolidge 1908.
334 Günther 1998, S. 14–16.
335 Brawand 1973, S. 13; Hoibian 2008.
336 Amstädter 1996, S. 41.

getrennt werden. Im 18. Jahrhundert bestand eine Verflechtung von Wissenschaft und Alpinismus.

Wirz beobachtete um die Mitte des 19. Jahrhunderts eine zunehmende Nationalisierung von Erstbesteigungen in den Alpen, die als «Eroberungen eines Niemandslandes» stilisiert wurden. Dies ging Hand in Hand mit einer Verknüpfung von Alpinismus und Kolonialismus.[337] Der Alpinismus selber entwickelte sich (wie der Tourismus) in Regionen, die durch die Eisenbahn erschlossen wurden. Nach Hansen war die Eröffnung des Bahnhofs in Basel 1854 ein wichtiger Faktor für den Zugang für Bergsteiger zu den Alpen.[338] Dennoch vermittelten die Alpen, wie Enzensberger bereits 1967 beobachtete, auch für den Tourismus das Ideal einer «unberührten Landschaft».[339]

Doch erst ab Mitte des 19. Jahrhunderts nahm der Alpinismus grössere Dimensionen an. Die Rolle des Alpinismus beschränkte sich also zumindest in seiner Frühphase auf die Kreation und Mitbildung vom Landschaftsmodell der Schweiz, die dann über andere Kanäle und Antriebe verbreitet wurde. Damit wurde der Kontrast zur zeitgenössischen europäischen Gesellschaft betont. Mitte des 19. Jahrhunderts trat er für die Schweiz-Nachbezeichnung nur indirekt in Erscheinung. Es waren nicht Alpinisten, die im frühen 19. Jahrhundert Ortschaften oder Gegenden nach der Schweiz benannten, sie formulierten höchstens Vergleiche mit der Schweiz. Dies hatte unterschiedliche Gründe. Zum einen konzentrierten sich Bergsteiger hauptsächlich auf die Alpen in schweizerischem Gebiet. Zum anderen hätten sie den Begriff «Alpen» der Schweiz-Nachbezeichnung vorgezogen. Dies zeigt sich am Beispiel der später behandelten Bezeichnung «Alpinismus» als Synonym für das Bergsteigen.[340]

Am Transfer der Schweizbezeichnung lassen sich bis zur Mitte des 19. Jahrhunderts auch noch keine kolonialen Interessen ablesen. Denn europäische Kolonialmächte hatten kein politisches Interesse, kolonialisierte Regionen mit der Schweiz-Nachbezeichnung irreführend nach einem fremden europäischen Staat zu benennen. Diese wissenschaftliche und politische Absenz in kolonialen Gebieten führte zum einen dazu, dass die Schweiz-Nachbenennungen noch nicht in der ersten Hälfte des 19. Jahrhunderts in den hier berücksichtigten Atlanten auftauchten. Zum anderen

---

337 Wirz 2007, S. 110–111.
338 Hansen 2013, S. 18.
339 Enzensberger 1967, S. 190–192.
340 Siehe Kapitel 5.

dürften vor allem die wissenschaftlichen Grundsätze des Perthes-Verlag für das Fehlen von Schweiz-Nachbezeichnungen in den Atlanten verantwortlich sein. Der Verlag glich, wie bereits erwähnt, einer «Gelehrtenrepublik», und legte grössten Wert auf eine «verlustfreie Transmission» aller Informationen über die abgebildeten Territorien von der Vermessung bis zum Druck.[341] In der engen Zusammenarbeit zwischen Perthes und Adolf Stieler, die in der ersten Hälfte des 19. Jahrhunderts die qualitative Führung bei der Edition der wissenschaftlichen Atlanten übernommen hatten, fanden Schweiz-Nachbezeichnungen noch keinen Platz. Faktoren wie Migration, Politik und Kolonialismus erwiesen sich in der ersten Hälfte des 19. Jahrhunderts überraschenderweise nicht als stützende Elemente für einen Namenstransfer.

Der ökonomische Aspekt

Im 17. Jahrhundert begann sich in Europa unter den Adligen eine Frühform des Tourismus zu entwickeln, der sich ab der Mitte des 18. Jahrhunderts auch auf das Bürgertum ausdehnte. Im 18. Jahrhundert hatten adelige Reisende angefangen, neben den aus der Antike bekannten Destinationen, wie beispielsweise Rom oder Pompeji, auch Städte und Landschaften Mitteleuropas in ihre Grand Tour einzubeziehen. Die Gebirgszüge der Alpen zwischen der Zentralschweiz und dem Genfer See wurden zu einer klassischen Destination. Hans Magnus Enzensberger hielt 1967 in seiner «Theorie des Tourismus» fest, dass sich zu dieser Zeit mit der Idee der «unberührte(n) Landschaft» im Alpinismus die Leitbilder für den sich im Aufbruch befindenden Tourismus herausbildeten.[342] Mit den ansteigenden Besuchen nahm auch die Reiseliteratur zu. Petra Raymond schrieb 1993 der angestiegenen Reiseliteratur der zweiten Hälfte des 18. Jahrhunderts zur Schweiz die Verantwortung für eine Klischeebildung der Landschaft zu.[343] Klischees förderten kulturelle Imaginationen von Reisedestinationen und dem unbekannten «anderen Ort». Diese Entwicklungen waren ungleichmässig und nur von wenigen Orten in den Alpen geprägt, was sich im Namentransfer spiegelte, der die Landschaftsattribute dieser Orte in Umlauf brachte. Quirinus Reichen beobachtete 1989, wie durch den

---

341 Siegel 2011, S. 9–11.
342 Enzensberger 1967, S. 190–192.
343 Raymond 1993, S. 82f.

Bau des Schienennetzes der aufkommende Tourismus gefördert wurde.[344] Der Tourismus war nicht zuletzt ein Resultat der zunehmenden Urbanisierung. Billigere Verkehrsmittel und verbreiteter Wohlstand förderten eine gewisse Freizeitmobilität. Wichtige Auslöser dieser Reisetätigkeit waren wegweisende Werke zur Erforschung der Natur und der Literatur der Aufklärung.[345] Dazu gesellten sich, dem Zeitgeist entsprechend, die Werke von Jean-Jacques Rousseau und von Albrecht von Haller, später von Byron, Shelley und Schiller. Doch der Weg in die Alpen war bereits von Wissenschaftlern vorgeebnet worden.[346]

Hans-Ulrich Mielsch hielt zudem fest, dass Genf seit Ende des 18. Jahrhunderts ein fixes Ziel auf der aristokratischen Grand Tour durch Europa gewesen war, gefördert von den bereits erwähnten europäischen Dichtern der Aufklärung. Dies führte unter anderem zu einer Anglomanie der Genfer und zu zahlreichen Touristen aus der englischen Upperclass.[347] Ein Tourismus, der von den schweizerischen Zeitgenossen auch mit einem ironisch-kritischen Unterton bewertet worden ist, wie die Einleitung in den Gedichtband «Gedichte über die Schweiz und die Schweizer» von Johannes Bürkli (1793) belegt. Denn eine Reise durch die Schweiz sei teuer, mühselig und zeitaufwendig. «Woher aber mag denn dieses seltsame Modefieber, die Schweiz zu bereisen, kommen?»[348] Seiner Meinung nach ist es keineswegs durch die schon immer vorhandenen Naturphänomene ausgelöst worden, sondern von «grossen oder doch berüchtigten[349] Männern» wie Albrecht von Haller, Jean-Jacques Rousseau, Johann Caspar Lavater oder «Klyjogg»[350], und zählte daneben noch zahlreiche, heute vergessene, Autoren auf. Diesen «Heisshunger auf die Schweiz», so seine Kehrtwendung in einen zustimmenden Ton, wolle er mit seinem Gedichtband noch mehr «würzen», dabei sei nicht die Qualität massgebend sondern das Thema «Schweiz».[351] Mit dieser Anthologie stellte er sich in eine Reihe mit Johann Kaspar Lavater

---

344 Reichen 1989, S. 115–122.
345 Zu Alpenüberquerungen in der Antike und der Renaissance, so von Petrarca oder da Vinci, sei auf die Arbeit von Seitz 1987, S. 9–24, 73, 101, verwiesen.
346 Mathieu 2011, S. 194, 162, 195.
347 Mielsch 1998, S. 144, 175, 45.
348 Bürkli 1793, S. 3–4.
349 Idiotikon, Bd. 6, S. 478.
350 Bürkli 1793, S. 5; Jakob Gujer (1716–1785), genannt Kleinjogg, Bauer und agrarischer Reformer, bewirtschaftete einen Bauernhof in Rümlang.
351 Bürkli 1793, S. 5.

(1741–1801), der bereits 1767 seine «Schweizerlieder», auf Wunsch der «Helvetischen Gesellschaft», herausgegeben hatte.[352] Als Hauptanziehungspunkte des Tourismus in diesem Zeitraum kristallisierten sich drei Regionen heraus, so der Gotthard, das Berner Oberland und die Region um das französische Chamonix mit dem Mont Blanc, dem höchsten Berg Europas (4810 m ü. M.).[353] Allerdings blieb der noch teure Tourismus in der Schweiz in dieser Frühphase eine Angelegenheit der oberen Gesellschaftsschichten.

Der Schriftsteller Heinrich Laube (1806–1884) vermerkte 1837 zur «Märkischen Schweiz»: «Die Schweiz ist in neuerer Zeit ein Luxusartikel geworden, der nachgemacht wird, genauso wie Brüsseler Spitzen und Eau de Cologne nachgemacht werden».[354] Laubes Kommentar verdeutlicht, dass der Begriff «Schweiz» und die damit verbundenen Imaginationen eine kaufkräftige höhere soziale Schicht ansprach. Auch die Reiseliteratur zu verschiedenen Orten mit einer Schweiz-Nachbenennung macht klar, dass es sich bei dieser Nachbenennung um eine von und für Touristen kreierte Bezeichnung handelte. Zur Nachbenennung der «Masurischen Schweiz» vermerkte Ludwig Volrath Jüngst, dass «wenn diese Bezeichnung auch nicht aus volksthümlicher Vorstellung hervorgegangen ist, vielmehr von den höheren Ständen nach dem Vorbilde der Sächsischen Schweiz gebildet wurde, so ist sie doch auch dem Volke vielleicht wohl bekannt».[355] Auch dieser Hinweis demonstriert den schichtenspezifisch wirtschaftlichen Nutzen der Bezeichnung und die Vorbildfunktion der «Sächsischen Schweiz», die offenbar aus ihrem neuen Namen Kapital hatte schlagen können.

Schichtenspezifische Bezeichnung brachten auch Kritiker hervor. So wurden zum Beispiel die Namensstifter der «Mährischen Schweiz» bereits 1834 des «Nachäffelns» bezichtigt.[356] Denn der Begriff «Schweiz» stand nicht etwa für demokratisch- oder republikanisch-politische Werte, sondern für eine Landschaft und deren Ästhetik, die einer exklusiven Klientel vorbehalten blieb. Die Beanspruchung der Schweiz durch die Oberklasse rief jedoch keine nachweisbaren Reaktionen aus der gesellschaftlichen Unterschicht hervor, die allenfalls eine «demokratische» Schweiz für sich beansprucht hätte. Die Kritik an den Schweiz-Nachbezeichnungen

---

352 Vgl. auch Hentschel 2002, S. 49, 62.
353 Hentschel 2002, S. 64–72.
354 Laube 1837, S. 6.
355 Jüngst 1848, S. 15–16.
356 Reichenbach 1834, S. 27.

fokussierte sich auf den Tourismus der Oberschicht und an den unpassenden landschaftlichen Aspekten von nachbenannten Gebieten.
Kritiker machten ab ca. 1840 ausdrücklich Touristen für den Namenszusatz «Schweiz» verantwortlich. Laut Reiseliteratur stammten beispielsweise die Bezeichnungen «Massurische Schweiz», «Spanische Schweiz» und «Schweiz des Orients» (Libanon) von den besuchenden Touristen.[357] Dem Beispiel Libanon wurde beigefügt, dass einige Reisende wohl den Namen Schweiz als angemessen betrachtet hätten, doch dass das Land diesem Anspruch landschaftlich nicht genüge.[358] Diesen Berichten ist zu entnehmen, dass Touristen in den benannten Regionen die Attribute des Landschaftsmodelles Schweiz zumindest wiederzuerkennen glaubten. In dieser Wiedererkennung spiegeln sich Vorstellungen und Popularität der Schweiz. Imaginierte Landschaftsbilder dienten als Referenz.

Die globale Tourismusindustrie förderte den Namenstransfer der Schweiz aus wirtschaftlicher Motivation, er sollte Touristen anziehen. Zentral dürfte die Absicht gewesen sein, potenziellen Touristen weiszumachen, dass am benannten Ort die landschaftlichen Elemente der Schweiz vorzufinden seien. Die Ausbreitung der Schweiz-Nachbenennung in zunächst deutschen Gebieten, wo sich die frühe Tourismusindustrie etablieren konnte, zeigt, dass der Tourismus den Hauptstrang des Namenstransfers formte. So vermerkte Johann Sporschil 1844, dass sich der Name der «Sächsischen Schweiz» bereits so verankert habe, dass das böhmische Nachbargebiet gerechtigkeitshalber auch so benannt werden musste.[359] Der daraus resultierende Zusammenschlussname «Sächsisch-Böhmische Schweiz» spiegelt den touristischen Wert der Bezeichnung. Doch es waren nicht nur die Wissenschaftler und Dichter, die den Tourismus gefördert hatten, es folgte ab 1825 auch eine technische Errungenschaft, die ganz neue Reise-Möglichkeiten erschloss, nämlich die Eisenbahn.

Am 10. Juni 1842, nach der 62. öffentlichen Sitzung der Verhandlungen der Zweiten Kammer der Landstande des Grossherzogtum Hessens, eröffnete der Abgeordnete und Rechtsanwalt Johann Friedrich Lotheissen in einer geheimen Sitzung seine Unterstützung für die Linienführung einer Eisenbahn durch die damalige Provinz Starkenburg. Lotheissen hielt in seinem langen Monolog fest:

---

357 Hood (Hg.), The New Monthly Magazine and Humorist, 1842, S. 91; Wood 1910, S. 26; Jüngst 1848, S. 15–16.
358 Hood (Hg.), The New Monthly Magazine and Humorist, 1842, S. 91.
359 Sporschil 1844, S. 141.

> «Wird aber dicht an der Bergstrasse hin eine Eisenbahn geführt, so wird diese Gegend, ohne der Dampfschifffahrt grossen Nachtheil zu erzeugen, wieder belebt werden, es wird der frühere Wohlstand wieder bei ihr einkehren, es wird dieses auf die Gegenden des hessischen Odenwaldes wohlthätig rückwirken; die seit sechs Jahren im Odenwalde angelegten Kunststrassen werden sich erst, wenn eine Eisenbahn in der Bergstrasse besteht, rentieren, es wird der Odenwald, ausgezeichnet durch Naturschönheiten, bekannt und nach Verdienst gewürdigt und besucht werden; er wird bald die Hessische Schweiz heissen, wie wir jetzt schon eine Sächsische Schweiz kennen.»[360]

Mit einer endonymen Nutzung des Namenszusatzes wurde offensichtlich eine Steigerung der Bekanntheit erwartet. Gleichzeitig festigte sich damit ein Markenname «Schweiz» als wirtschaftlich profitabel. Potenziellen Besuchern wurde durch den Namenszusatz Hessens metaphernartig landschaftliche Schönheit versprochen und Erwartungen geweckt beziehungsweise gefördert. Die Grundlagen dieser Erwartungen hatten bereits Reiseberichte und literarische Werke popularisiert und in Umlauf gebracht. Als Basis dienten Landschaftselemente, die für den Namen Schweiz standen. Dass, wie das Beispiel «Hessische Schweiz» zeigt, diese wirtschaftlich-touristische Markenbenennung auch in Zusammenhang zum zentralen Eisenbahnbau im 19. Jahrhundert stand, demonstriert die nicht zuletzt wirtschaftlich genutzte Stärke der Landschaftsbilder, die der Name «Schweiz» hervorbrachte; es standen also erneut die Landschaftselemente im Vordergrund.

Im Widerspruch zur Argumentation der Kritiker der Schweiz-Nachbezeichnung ist festzuhalten, dass die touristisch motivierten Nachbenennungen keineswegs nur exonym erfolgten, denn sie waren vielmehr zum grossen Teil eine endonyme Bildung. Damit ist festzuhalten, dass der Markennamen «Schweiz» nicht zuletzt im Ausland geprägt worden war. Gleichzeitig erkennt man in diesem Prozess auch eine Rückwirkung des Namenstransfers auf die Schweiz. In der frühen Vermarktung des Begriffes «Schweiz» spielte somit die politisch-kulturelle Identität keine tragende Rolle.

Das romantische Modell

Die Publikationen der Schweizer Naturforscher und Schriftsteller machten bereits im 18. Jahrhundert die Schweiz und die Alpen für Besucher

---

360 Landstande des Grossherzogthums Hessen (Hg.) 1842, S. 13.

populär. Es waren diese Besucher, welche die Verbreitung des Namenzusatzes «Schweiz» in einer ersten Phase in Umlauf brachten und sich dabei auf zum Teil bereits vereinfachte Landschaftselemente bezogen.[361] Wie an den Beispielen der «Fränkischen» und «Sächsischen Schweiz» sowie den «Englischen Schweizen» in Kapitel 2 dargestellt, übernahm der Kontext der Romantik in der Konstruktion des Landschaftsmodells «Schweiz» eine prägende Rolle. Es lohnt sich deshalb, einen kurzen Blick auf zwei Protagonisten der Stereotypisierung der Landschaft in der ersten Hälfte des 19. Jahrhunderts zu werfen, welche unterschiedliche Auffassungen zur Bergwelt vertraten, aber dennoch die gleichen Imaginationen der Schweiz förderten. Denn dieser Blick erlaubt Aufschlüsse über das Modell der Schweiz-Nachbezeichnung in der Zeit der ersten Verbreitung.

Assoziationen, die der Begriff «Schweiz» im 19. Jahrhundert, also in der frühen Ausbreitungsphase der Nachbezeichnung, hervorrufen konnte, lassen sich an publizierten Eindrücken von Besuchern der Schweiz ablesen. Im Sommer 1816 kam es beispielsweise zu einem Zusammentreffen der damals populärsten Schriftsteller Englands an den Ufern des Genfer Sees. Es handelte sich dabei um den Dichter George Gordon Byron (1788–1824; besser bekannt unter dem Namen Lord Byron) und das Schriftstellerpaar Percy B. Shelley (1792–1822) und Mary Shelley (1797–1851). Obwohl die Schweiz und die Alpen in der ersten Hälfte des 19. Jahrhunderts insgesamt von unzähligen Wissenschaftlern, Literaten und Künstlern aufgesucht wurden, spiegeln die genannten Dichter sowohl aufgrund ihrer Popularität in Europa als auch ihrer fundamentalen Gegensätzlichkeit ein breites Spektrum des Alpen- und Schweizverständnisses zu jener Zeit. Gemäss der Arbeit von Mielsch aus dem Jahr 1998 schrieb Byron generell gegen bürgerliche Sentimentalitäten der Zeit an, verhöhnte alles Empfindsame sowie deren Vertreter, die sogenannten «Lake Poets», eine Gruppe von Dichtern, die in Nordengland lebte.[362] Mielsch betonte, dass Shelley Vergleiche zwischen der Kraft der Natur und der Vorstellung des Menschen bevorzugte. Sein Ansatz glich jenem des Naturphilosophen Friedrich Wilhelm Joseph Schelling (1775–1854).[363] Genau diese Gegensätzlichkeit in den Auffassungen der beiden englischen Dichter ermöglicht das Erstellen eines breiten Abbildes stereotypisierter Landschaftseindrücke. Die Popularität und

---

361 Hood (Hg.), The New Monthly Magazine and Humorist, 1842, S. 91; Wood 1910, S. 26; Jüngst 1848, S. 15–16.
362 Siehe auch Kapitel 2.
363 Mielsch 1998, S. 158.

die damit verbreiteten Imaginationen verlangen eine vertiefte Auseinandersetzung mit diesen zwei Protagonisten.

Doch kann man aus den Schweizer Landschaftsmodellen von Byron und Shelley Gemeinsamkeiten ablesen und damit auch Rückschlüsse auf ein Modell der Schweiz-Nachbezeichnung ziehen. Denn beide bezogen sich bei ihren Äusserungen über die Schweiz auf landschaftliche Elemente der voralpinen Bergwelt. Gemäss der Arbeit von Mielsch offenbarte sich für Byron in den Alpen ein «Urvertrauen» in die Natur und deren Wildheit. Den Dent d'Argent apostrophierte er als «strahlend, wie die Wahrheit». Ebenso bezeichnete er die Schweiz in einem Brief an seine Halbschwester als «Paradies der Wildnis». Byrons Begriffsbildungen rund um die Schweizer Landschaft bestanden aus «monumentaler Grösse», «Wildnis», «erhabenen Bergspitzen», «Sturzbächen», «Weinbergen», «Gletschern» und einem «einmaligen Licht». Obwohl Shelley im Gegensatz zu Byrons Urvertrauen in die Natur die Gebirge immer noch als etwas Unwirkliches und Bedrohliches interpretierte, hinterliess er ein ähnliches und durchaus verwandtes Repertoire an Begriffen. Dafür ausschlaggebend waren gemäss Mielsch Shelleys Besuche im französischen Chamonix, das von den damaligen Touristen zur Schweiz gerechnet wurde, und ein Aufenthalt am Fuss des Mont Blanc. Shelley verarbeitete das Erlebte im Gedicht «Mont Blanc», in welchem er seine Eindrücke in einer Verbindung aus Dichtung und Philosophie wiedergab. Shelley hob die «feindlichen Gletscher», die «imposante Grösse» der Berge, und die «Wildheit» der Gegend hervor.[364] Beide Dichter betonten in ihrer Poesie über die Schweiz Landschaftsattribute der Alpen und Voralpen.

In der ersten Hälfte des 19. Jahrhunderts wurden nachbenannte Regionen ausdrücklich mit den Landschaftsimaginationen der Schweiz verglichen. Hier sei nun eine Kritik Heinrich Laubes an der «Schwedischen Schweiz» zitiert: «An den Ufern ist wiederum nichts Besonderes trotz aller Versicherungen der Schweden, und ich glaubte, hier über die Landschaftsschönheit Schwedens abschliessen zu können, obwohl Dahquist die nördlich und westlich an den See stossenden Provinzen als die Schwedische Schweiz bezeichnen zu dürfen glaubte».[365] In dieser Kritik der «Schwedischen Schweiz» aus dem Jahr 1845 bezog sich Heinrich Laube (1806–1884) auf deren Landschaftszüge und gab so einer Enttäuschung Ausdruck.

---

364 Mielsch 1998, S. 158, 171, 211, 207, 199, 122, 169–180.
365 Laube 1845, S. 19.

So betitelte auch der Geograph Ludwig Friedrich von Froriep (1779–1847) in einer posthum publizierten Arbeit die Nachbenennung «Hohburger Schweiz», mit Bezug auf die Landschaft, als einen «Scherz».[366] Ähnlich kritisierte Heinrich Laube bereits 1842 den Namen «Kurische Schweiz» als übertrieben und «schräg».[367] Das heisst, dass sich Landschaftselemente der Schweiz auch in der Kritik der Nachbenennungen mit ihrem Fehlen spiegeln können. Denn das «Spektakuläre» und «Schöne» wurde unter anderem zum Vergleich und Kritikpunkt zugleich. Laubes Kritik zeigt, dass er mit dem Namen «Schweiz» gewisse Erwartungen in Verbindung brachte, welchen seine Eindrücke in der «Schwedischen Schweiz» nicht gerecht worden waren. In dieser Reaktion zeigte sich die Komposition einer landschaftlichen Vorstellung der Schweiz, welche sich durch eine Stereotypisierung bereits festgesetzt hatte. Die Verwendung des Wortes «Landschaftsschönheit» mit Bezug auf die Schweiz musste für Laube mehr Elemente beinhalten, als er in Schweden vorgefunden hatte. Es dürften ihm das Gebirge, das Alpine, das Romantische und Malerische gefehlt haben. In Zusammenhang mit von Bergen und Seen geprägten Landschaften wurde das Wort «Schweiz» als Synonym für Schönheit im Sinne von romantisch, spektakulär, voralpin und malerisch verwendet.

Die von Byron und Shelley aufgegriffenen Landschaftsattribute lassen sich in der ersten Hälfte des 19. Jahrhunderts auch in der grossen Mehrzahl der Reiseberichte, die sich mit Regionen mit Schweiz-Nachbezeichnungen befassten, nachweisen. Aus der Fülle der Quellen sind Schlüsselbegriffe für die Schweiz-Nachbezeichnung identifizierbar. Dabei kristallisierten sich in den Berichten zu den deutschen Schweiz-Nachbezeichnungen besonders die Begriffe «romantisch», «malerisch», «Seen» und «Berge» heraus, die für die Beschreibung der ersten bekannten «Schweizen» – darunter die «Böhmische», «Sächsische», «Mährische», «Märkische», «Mecklenburgische» und «Pommersche Schweiz» – angewendet worden waren.[368] Romantische Landschaften waren auch bei ausserdeutschen Schweiz-Nachbezeichnungen eines der Hauptattribute. So wurde zum Beispiel 1834 im Dorpater Jahrbuch[369] schon vermerkt, dass sowohl die «Sibirische Schweiz»

---

366 Froriep 1848, S. 22.
367 Laube 1842, S. 9.
368 Schimmer 1838, S. 326; Jenny 1823, S. 141; Zimmermann 1843, S. 7; Bertuch (Hg.), Geographisches Institut Weimar, Bd. 28, 1829, S. 441; Neues Hannoverisches Magazin, Ausg. 18, 1809, S. 721.
369 Estland.

als auch die «Englische Schweiz» in Wales ihre Nachbenennungen den romantischen Landschaften mit Flüssen und Seen und ihrer Ähnlichkeit mit Schweizer Bergseen, verdankten.[370] In ähnlicher Weise wurde auf die Gründe der Nachbenennung der «Österreichischen», «Korsischen» und der «Polnischen Schweiz» verwiesen.[371]

Interpretationen der afrikanischen Schweiz-Nachbenennungen in Habesch, dem äthiopischen Hochland, betonten hingegen deren «Alpenwelten», was auch die Beschreibungen bergiger Landschaften in Berichten zur «Spanischen», «Portugiesischen» und «Peruanischen Schweiz» prägten.[372] Die der Bergwelt zugeschriebene «klare» und «saubere» Luft erbrachte wiederum einem Teil von South Carolina den Namen «Little Switzerland».[373] «Ewiger Schnee», «Bergwelt», «Höhen» und alpine Landschaftsattribute wiederum charakterisierten die «Indische Schweiz».[374] Auch auf St. Helena waren es «wilde» und «schöne» Berge, womit der Namenszusatz begründet wurde.[375]

Die zuvor genannten Schweiz-Nachbenennungen basieren alle auf landschaftlichen Attributen. Auf denselben, die man bei den Dichtern Percey Shelley und Lord Byron findet, und auf deren Spuren die späteren Besucher der Schweiz wandelten und sie weiter verbreiteten. Namensstifter nachbenannter Regionen konnten somit auf Landschaftsmetaphern der romantischen Literatur zurückgreifen, die auf einer Identifikation der Schweiz mit romantischen Landschaftselementen der Alpen und Voralpen beruhten. Parallel zur Nachbenennung «Schweiz» entwickelten sich auch Bezeichnungen, die nicht direkt mit den Landschaftsnachbenennungen zusammenhingen. Zum Beispiel umschreibt der «Duden» die Bezeichnung «Schweizerei» als eine «kleine, private Molkerei auf dem Land».[376] Laut «Landwirtschaftliches Jahrbuch Preussens» wurden mit «Schweizereien» Landwirtschaftsbetriebe nach dem «Muster der Schweiz» benannt. Im gleichen Text wird erklärt, dass ein Viehwärter nach holländischem

---

370 Blum (Hg.) 1834, S. 438; Wucherer (Hg.), Freimunds kirchlich-politisches Wochen-Blatt für Stadt und Land, No. 5, 1839, S. 403; Brun 1831, S. 742–743.
371 Gräffer 1836, S. 481; Lehmann (Hg.), Magazin für die Literatur des Auslandes, 15–16, 1839, S. 286; Pückler-Muskau 1839, S. 73.
372 Gatterer 1789, S. 642; Moll 1824, S. 362; Tschudi 1846, S. 65; Pilat 1839, S. 784; Cotta 1839, S. 1.
373 Mills 1826, S. 50.
374 Zschokke 1809, S. 173; Ersch/Gruber 1831, S. 456.
375 Kotzebue/Eschscholtz 1823, S. 317–318.
376 Duden, «Schweizerei», Stand Januar 2013.

Modell dann auch «Holländer» genannt wird.[377] Ludwig Wallrad Medicus verwendete die Bezeichnung «Schweizereien» bereits im 18. Jahrhundert.[378] Gemeint war aber auch hier ein in den Voralpen oder den Alpen der Schweiz gelegener Landwirtschaftsbetrieb.

4.2 Globalisierung der Alpen-Nachbezeichnung

Murielle Brunschwig hielt 2005 fest, dass der Begriff «Alpen» teilweise auch schon im 13. Jahrhundert übertragen wurde. Gemäss Brunschwig tauchte der unterschiedlich verwendete Begriff bereits bei den Römern bei Unterteilungen der Alpen in Namen wie «Alpes Penninae» und «Alpes Poeninae» auf. Der Gelehrte Barthélemy l'Anglais soll im 13. Jahrhundert die Alpenbezeichnung für «hohe Gebirge» genutzt haben. Dabei machten zum Beispiel der «ewige Schnee» sowie das Vorhandensein von Tierarten den Namen aus. Daraus ergab sich eine Synthese für einen auf andere Gebirge übertragbaren Alpenbegriff.[379] Der Alpenbegriff taucht vom Mittelalter bis in die frühe Neuzeit in verschiedenen Formen auf. Zum Beispiel benutzte der französische Geograph Edme Mentelle 1779 den Begriff «Alpen», um in seiner Weltkarte «Mappe-Monde physique» Gebirge zu benennen, die unter dem Wasserspiegel liegen. Darunter ordnete er im Südpazifik die «Alpes Méridionales», im Nordpazifik die «Alpes Septentrionales» und im Südatlantik die «Suite des Alpes» ein.[380] Wann der Namenstransfer der Alpen allerdings exakt begonnen hat, ist nicht eruierbar. Im Rahmen der wissenschaftlichen Handatlanten lassen sich jedoch für die Moderne Muster des Namenstransfers verfolgen. So finden sich in der ersten Hälfte des 19. Jahrhunderts bereits einige Alpen-Nachbenennungen in wissenschaftlichen Handatlanten. Damit stellt sich auch die Frage nach der Bedeutung der Nachbezeichnung «Alpen» sowie den Mustern ihrer Ausbreitung. Der erste Teil dieses Abschnitts befasst sich mit den Motiven, mit denen die Alpenbezeichnung verbreitet wurde. Der zweite Abschnitt stellt Fragen nach der Komposition eines Landschaftsmodells der

---

377 Theil (Hg.) 1889, S. 298.
378 Medicus 1795, S. 20.
379 Brunschwig 2005, S. 99–114.
380 Mentelle 1779.

Formulierung. Dazu wird das in der Literatur gut dokumentierte Alpenmodell wissenschaftlicher Disziplinen des 19. Jahrhunderts beleuchtet.

Die Rolle von Tourismus und Alpinismus

Nun gilt es, die eigentlichen Gründe des Begrifftransfers in der ersten Hälfte des 19. Jahrhunderts darzustellen. Kommt die Tourismusindustrie, wie bei der Schweiz-Nachbezeichnung, auch für die Alpen-Nachbezeichnung als Träger für den Namenstransfer in Frage? Die geographische Verteilung der in dieser Zeitspanne nachbenannten Gebirge spricht allerdings gegen eine touristisch-wirtschaftliche Ursache. Denn es befanden sich in der ersten Hälfte des 19. Jahrhunderts weder in den «Transylvanischen Alpen», den «Southern Alps» in Neuseeland, den «Australischen Alpen» noch in den amerikanischen «Seealpen» Touristendestinationen, die eine Nachbenennung hätten endonym gefördert haben können.

Bei den Alpen-Nachbenennungen handelte es sich in der ersten Hälfte des 19. Jahrhunderts noch um Gebirge in weitgehend unerforschten und erst kürzlich kolonialisierten Gebieten, was impliziert, dass noch keine alpinistischen Bergbesteigungen stattgefunden haben. Erste Gebirgsexpeditionen fanden hauptsächlich in den Alpen selber statt, die ihrerseits zu diesem Zeitpunkt noch keineswegs als erforscht bezeichnet werden können. Alpinismus in seiner touristischen Freizeitform blieb zu dieser Zeit, gemäss den Quellen, weitgehend auf die Alpen beschränkt. Zudem lassen sich kaum Reiseberichte touristischer Natur zu nachbenannten Gebirgen in dieser Zeitspanne finden. Die wissenschaftlichen Expeditionen hingegen können als Frühform des Alpinismus bezeichnet werden, müssen aber einem kolonialen oder wissenschaftlichen Bereich zugeordnet werden. Die frühen Alpen-Nachbenennungen finden sich dementsprechend vorwiegend in wissenschaftlichen Werken der Zeit. Wie im nächsten Abschnitt beschrieben wird, liessen sich jedoch auch einzelne Reisende auf eine Alpen-Nachbezeichnung ein.

> «Dusky and huge, enlarging on the sight, Nature's volcanic amphitheatre, Chimaera's alps extend from left to right (Ceraunian Mountains): Beneath, a living valley seems to stir; Flocks play, trees wave, streams flow, the mountain-fir, Nodding above; behold black Acheron!»[381]

---

381 Byron 1826, S. 18.

Dieses Gedicht verfasste Lord Byron anlässlich seines Besuches in Albanien und publizierte es unter dem Titel «Child Harold's pilgrimage». Nicht-wissenschaftliche Akteure können demnach auch in der ersten Hälfte des 19. Jahrhunderts als Transporteure des Begriffes «Alpen» nicht a priori ausgeschlossen werden. Der Dichter Byron hat 1813 möglicherweise als erster den Begriff «Alpen» für ein Gebirge in Albanien angewendet. Texte aus der ersten Hälfte des 19. Jahrhunderts weisen darauf hin, dass weitere Engländer als erste auch den Namen «Albanische Alpen» für das Prokletija Gebirge in Umlauf brachten.[382] Für eine Übernahme in die Atlanten reichte allerdings eine nicht eindeutige Benennung durch Dichter selbstverständlich nicht aus. Es liegt im Charakter einer dichterischen Metapher, dass sie neu und überraschend ist, für eine breite Verankerung muss dem Werk danach allerdings von den Zeitgenossen eine zentrale Funktion innerhalb einer Epoche zugeschrieben werden, wie das bei Hallers Dichtung «Die Alpen» geschehen ist. Bei Byrons Nachbenennung war dies nicht der Fall, auch dürfte der nicht-wissenschaftliche und nicht-wirtschaftlich-koloniale Hintergrund eine Rolle gespielt haben. Denn erst ab der zweiten Hälfte des 19. Jahrhunderts tauchte die Bezeichnung «Albanische» und «Nordalbanische Alpen» in Handatlanten auf. Es lässt sich aber doch sagen, dass parallel zu den dominanten Transfers auch in dieser Frühphase der Ausbreitung seltene, nicht mehr komplett rekonstruierbare Transfers existierten.

Die Verflechtung von Kolonialismus und Wissenschaft

Die Entwicklung der Kartographie im frühen 19. Jahrhundert und der Kolonialismus bilden den hauptsächlichen Rahmen um die globale Verbreitung der Alpen-Nachbezeichnungen. Andreas Christoph hält in seiner Arbeit von 2011 fest, dass sich mit der Neustrukturierung der Wissenschaft um 1800, neben der Klassifikation und der Systematik, die Bedeutung neuer Abbildungsnotationen steigerte.[383] Die Alpen-Nachbezeichnung kann wohl im Kontext dieser wissenschaftlichen Entwicklungen verstanden werden. Gemäss Polenz (2011) verstanden die Zeitgenossen Karten – besonders grosse Ausschnitte – als «Annäherungen» an «reale» Verhältnisse

---

382 Permanent Committee on Geographical Names for British Official Use (Hg.) 1946, S. 8; Aurousseau 1975, S. 30; Richardson 1837, S. 37; Grisebach 1841, S. 115.
383 Christoph 2011, S. 49.

oder Naturzustände.[384] Das Vorgehen der Verleger spiegelte somit eine sich systematisierende Geographie wider. Der Begriff «Alpen» kann, neben dem kolonialen Faktor und dem zeitgenössischen Machtverständnis, als Ausdruck dieser Unsicherheiten innerhalb des wissenschaftlichen Prozesses interpretiert werden. Im Stieler wurde auf der «Karte von dem Südöstlichen Theile australia's zur übersicht der Entdeckungen im Innern von Neu süd Wales bis zum Jahre 1832» vermerkt, dass die Gipfel der «Australischen Alpen» mit «ewigem Schnee» bedeckt seien.[385] Es waren visuelle Eindrücke, die den Namen «Australische Alpen» im Atlas zu rechtfertigen schienen. Dank dieser visuellen Eindrücke bei der Beschreibung von Gebirgen erfolgt eine Übertragung von definierten Informationen von den Wissenschaftlern bis hin zu den Druckern.

Wachsende hegemoniale Ansprüche europäischer Staaten intensivierten am Ende des 18. Jahrhunderts die Erwartungen an die Wissenschaft, Entdeckungen im Sinne einer kulturellen Besetzung zu publizieren. Ein Beispiel für eine kulturelle Besetzung durch eine Benennung liefert die Geschichte des Kilimandscharo. Der Kilimandscharo wurde 1889 vom Geographen Hans Meyer bestiegen. Der Gipfel des afrikanischen Berges trug fortan den Namen «Kaiser Wilhelm-Spitze». Was hatte die Bezeichnung in Afrika zu bedeuten? Christoph Hamann und Alexander Honold zeigten 2011, wie Landschaftsbeschreibungen ebenso wie Benennungen mit einer deskriptiv kulturschaffenden Wirkung letztlich zur Verschleierung eigentlicher Landnahmen dienen konnten. Sie illustrieren, dass besonders bei Gebirgen von einem symbolischen Doppeleffekt auszugehen ist. Oft wurden Gebirgsketten als trennendes Element zwischen zwei Punkten wahrgenommen. Dazu gehört auch die kolonialsymbolische Überlegenheit, die die Höhe eines Gebirges – eine weithin sichtbare Gegebenheit – symbolisierte. Diese «Landschaftsästhetik der Höhe» – nach Honold und Hamann – «spiegelte» somit subjektiv die neuzeitliche Machtausübung.[386] Die Instrumentalisierung und Umsetzung von Macht durch Deutung und Benennung wurde neben dem symbolischen Machtfaktor zu einem wichtigen Punkt. Eine Nachbenennung diente somit als Ergänzung nicht nur für die poetische Einbildungskraft sondern auch für die Besetzung von Gebieten. So am Beispiel der Beanspruchung des Kilimandscharos durch

---

384 Polenz 2011, S. 86.
385 Stieler 1834.
386 Hamann/Honold 2011, S. 52, 116–118, 8, 13, 14; Siehe zu Machtausübung und Alpinismus im Himalaya Siegrist 1996, S. 293–299.

Deutschland, wo die unerwartet alpine Anmutung des Berges einer eigentlichen Selbstbegegnung gleichkam. Der Name «Kaiser Wilhelmspitze» verlieh dem Kilimandscharo eine scheinbar deutsche Identität, der dann in Deutschland zur Vorstellung verleitete, ihn als deutschen Berg zu betrachten. Der koloniale Konkurrenzdruck unter den europäischen Grossmächten führte somit oft zu einer Überlagerung der wissenschaftlichen Ziele durch politische Motive – wissenschaftliche Expeditionen und ein damit verbundener Alpinismus folgten der geographischen bzw. kartographischen Inanspruchnahme. Mit der kulturellen Sinngebung durch Benennungen und Deutungen wurden Geographen und Kartographen unbewusst dazu verleitet oder sogar ausdrücklich aufgefordert, den Raum kartographisch und damit kulturell-politisch festzuhalten.[387]

Im kolonialen Machtgefüge übernahm die Karte somit eine zentrale Vorreiter-Rolle. Siegel zeichnete 2011 nach, wie sich die von Michel Foucault (1926–1984) entworfene Theorie von Machtdispositiven in der Geographie und Kartographie des 19. Jahrhunderts bestätigte. Diese Machdispositive zeigten sich sowohl im Verbergen als auch im Darstellen auf Landkarten. So war die Kartographie im kolonialen Kontext ein besonders wirkungsvolles Instrument, weil sich koloniale Ansprüche hinter der angeblichen Neutralität der Wissenschaften verstecken konnten. Landkarten vermittelten nicht nur die geostrategischen Aspekte und Planbarkeit von Machtausübung, sondern auch «zeitgenössische Lesbarkeiten».[388] Gemäss Alexander Schunka spiegeln die generierten textuellen Elemente der Karte zugleich politisch-soziale Ansprüche.[389] Olaf Breidbach argumentierte 2011 zudem, dass auf Landkarten dem Betrachter ein nach nationalen Interessen strukturiertes Weltbild vermittelt worden war. Durch die Etablierung von Identitätspunkten wurde der Raum für künftige Interessen verfüg- und verteilbar.[390] Kolonialismus und Wissenschaften – speziell die Geographie und Kartographie – waren somit eng verflochten und politisch instrumentalisiert.

Die Verflochtenheit von Wissenschaften und Kolonialismus erschwert bei der Beurteilung des Transfers der Alpen-Nachbezeichnung eine klare Differenzierung der Motive. Die Nachbenennung «Alpen» brachte dem Betrachter mit Hilfe einer Metapher ein unbekanntes Gebirge näher, und

---

387 Hamann/Honold 2011, S. 52, 116–118, 8, 13, 14.
388 Siegel 2011, S. 22, 23.
389 Schunka 2011, S. 154, 158.
390 Breidbach 2011, S. 270.

verlieh ihm eine Identität. Die Kraft der Metapher und die sprachliche Inbesitznahme sind als erster Schritt des kolonialen Machtanspruchs zu verstehen. Zudem wurde mit dieser Benennung einem «leeren», also einem nicht-europäischen, Gebiet eine europäische Identität erschlossen, unabhängig davon, ob es bereits bewohnt war oder schon einen Namen trug.[391]

Die Verflechtung von Kolonialismus und Wissenschaft zeigte sich auch im Vorhandensein von Varianten der Alpen-Nachbezeichnung, sie resultierten aus deren kolonial-okkupativen Funktionen. Diese Bezeichnungen, darunter «Alpenland» und «Alpenhorn», sind in den wissenschaftlichen Handatlanten fast ausschliesslich ein Phänomen der ersten Hälfte des 19. Jahrhunderts. Neben der begrenzbaren Zeitphase fällt an diesen unregelmässig auftauchenden Bezeichnungen auch deren geographisch definierbares Auftreten auf. Bei den ersten Bezeichnungen handelte es sich um noch weitgehend unbekannte Gebiete in Afrika. Darauf folgten in einer zweiten Phase Regionen und Gebirge in Zentralasien. Dieser Ablauf folgte der kolonialen Ausbreitung der Grossmächte und galt für weitgehend unbekannte, nicht-kartographierte Regionen. So erhielten unbekannte Räume durch eine verbreitete Metapher ohne Aufwand eine Identität auf Papier und dem westlichen Betrachter wurden gleichzeitig vage Vorstellungen präsentiert. Die praktische Öffnung und Okkupation eines Raumes wurde für die Grossmächte Europas somit auf einem Kartographen-Schreibtisch vorbereitet.

Für die Kartographen gab es mehrere Gründe, solche Alpenlandbezeichnungen in unbekannten Territorien anzubringen. Neben den erwähnten kolonialen Interessen der Grossmächte bestand auch auf den Wissenschaften Druck, Resultate zu präsentieren. Gemäss Alexander Schunke (2011) riefen graphische Darstellungen und einfache Signaturen nicht die gleichen Imaginationen hervor, wie dies eine sogar metaphorische Namensbezeichnung kann.[392] Jörg Dünne belegte, wie Redaktoren im «Stieler» bekannte und unbekannte Territorien in homogene Einheiten verwandelten, die hinsichtlich der Informationsdichte kaum unterschieden werden konnten. Bei Detailkarten wird allerdings klar, dass hauptsächlich unbekannte Regionen durch das Auflisten von Expeditionsrouten benannt wurden.[393] Das Anbringen von Signaturen, um daraus Gebirge dreidimensional zu lokalisieren, erfolgte jedoch bereits

---

391 Siehe dazu das Beispiel «Southern Alps» in Kapitel 2.
392 Schunka 2011, S. 148.
393 Dünne 2011, S. 196–197.

bei früheren Weltkarten. Gebirgszeichnungen für unbekannte Territorien gehörten neben Fabelwesen und Tieren zum eigentlichen Grundinventar von Kartographen.[394] Eine ähnliche Funktion übernahm auch die Alpenland-Nachbezeichnung. Ihre Verwendung zeugt ebenfalls von der Stärke der Ausstrahlung des Alpenmodells.

«Alpen» als Landschaftsmodell für «hohe Gebirge»

Wie sah nun das Landschaftsmodell zu Alpen-Nachbenennungen aus? Der Namenszusatz «Alpen» als Bezeichnung für Gebirge war, wie bereits erwähnt, in der wissenschaftlichen Literatur in der ersten Hälfte des 19. Jahrhunderts weit verbreitet. Dabei wurde der Name teilweise sogar inflationär verwendet, wobei das Modell der Alpen klarer Bezugspunkt war. Dies zeigte sich nicht nur in Benennungen, sondern auch in vielfältigen ausdrücklichen Vergleichen mit den Alpen. So griff beispielsweise der Geograph Carl Ritter in seinen Berichten oft auf eine Alpen-Nachbenennung zurück und benutzte das Alpenmodell mit den entsprechenden Attributen als Referenzpunkt (1834). Er betonte landschaftliche Attribute wie «Tiefe Täler», den «ewigen Schnee», die «Wildnis» und von «Zacken gezeichnete Berggipfel». Ebenso verwandte Alexander von Humboldt in seinem Werk «Central-Asien» (1844) die Nachbezeichnung «Alpen» für nicht weniger als fünfzehn Gebirgszüge in Asien.[395] Zu den sogenannten Gebirgsländern gehörten Gebiete, welche sich mit Begriffen wie «Alpenthäler», «Alpenstöcke», «Alpenterassen», «ewigen Schnee», «Schneealpen» und «Wild-Alpen» auszeichnen liessen.[396]

Ausgewählte Blicke in die Werke führender zeitgenössischer Wissenschaftler erlauben Aufschluss über das Begriffsfeld rund um die Alpen-Nachbezeichnung, auch wenn eine Auswahl nicht repräsentativ sein kann. Für diese Arbeit erscheint es jedoch legitim, nur Werke, die mit den

---

394 Mathieu 2011, S. 30–31.
395 Humboldt 1844, S. 175 (Terektinskischen Alpen zwischen Ursal und Uimon, Tigerätzkischen Alpen, Baschalatzkischen Alpen), 172 (Korgon Alpen, Alpen der Bjelucha), 186 (Kholsun Alpen, Alpen am Ufer des Kair), 167 (Kurtschumschen Alpen), 209 (Kurtschum Alpen), 219 (Sailughem-Alpen), 178 (Alpen von Ubinsk), 185 (Ulbinskischen Alpen), 174 (Tschuja-, Bjelucha-, Katunja-, Kholsun-Alpen), 217 (Tunkinischen Alpen).
396 Ritter 1834, S. 411, 492, 422, 765, 513, 56.

Verlagshäusern der Handatlanten-Editionen verbunden sind, zu berücksichtigen. Die visuellen Aspekte der Landschaft führten allerdings zu teils widersprüchlichen Aussagen. So beschrieb Humboldt in Asien ein Gebirge als «alpin», obwohl er den «ewigen Schnee» vermisste.[397] Auch Ritter bezog sich auf visuelle Kriterien, als er zum Himalaja vermerkte: «… [das] Südgehänge dieses Himalaya hat ein sehr verschiedenes Ansehen von dem der helvetischen Alpen …».[398] Dasselbe Schnee-Kriterium wird vom Naturforscher Gotthilf Heinrich von Schubert eindrücklich gezeigt, wenn er von «Schneehauben» der Anden schreibt, und deshalb die Bezeichnung «Südamerikanische Alpen» bildete. Allerdings vermisste er in den Anden die «Alpentypischen Spitzen» oder «Hörner».[399] Für Daniel Völter wiederum zeichnete sich das Alpine in Lawinen und Gletschern aus. Er fand daher den Begriff «Australische Alpen» unpassend.[400] Wie bereits in Kapitel 2 dargestellt, bevorzugte umgekehrt Malte-Brun für die niedrigen «Englischen Alpen» in Wales die Bezeichnung «Englische Schweiz».[401]

Auch der berühmte Kartograph Heinrich Berghaus benutzte 1843 die Nachbezeichnung «Alpen» für visuell wahrnehmbare Aspekte von Gebirgen. So vermisste er zwar «alpine Siedlungen» in den Bergen Abessiniens, befand aber wegen «nadelförmiger Gipfel» die vergleichende Bezeichnung «Alpen von Afrika» dennoch als gerechtfertigt. In Syrien konnte er hingegen nur ein «Juragebirge» ausmachen. Begeistert zeigte er sich jedoch von den «Alpengipfeln» des Hindukuschs. Lediglich bei den Anden bemängelte er, dass sie keine «Centralkette» seien, zudem beanstandete er, dass trotz der vorhandenen Höhe der «Alpencharakter» fehle.[402] Sein Schwerpunkt lag also auch auf den Eindrücken. Trotz gemessener Höhe fehlten ihm sichtbare und subjektive Aspekte, die er bei «typischen Hochgebirgen» erwartete. Das Alpenmodell diente somit in der Wissenschaft als Abbild der Charakteristika hochgelegener Gebirge. Die Nachbezeichnung «Alpen» wurde verwendet, wenn diese stereotypisierten Landschaften der «Hörner», «Gletscher», «Lawinen» und des «ewigen Schnees» dem Vorbild visuell nah kam. Dies zeigt sich insbesondere bei Ritter, der

---

397 Humbolt 1844, S. 298.
398 Ritter 1834, S. 55.
399 Schubert 1840, S. 110.
400 Völter 1848, S. 190, 191, 574.
401 Siehe Kapitel 2.
402 Berghaus 1843, S. 281, 302, 319, 330, 488, 355.

wiederholt die Bezeichnungen «Hochgebirge» und «alpine Region» miteinander austauschte und als Synonym gebrauchte.[403]

Die wissenschaftliche Verwendung der Alpen-Nachbezeichnung hinterliess auch in den zeitgenössischen Wörterbüchern und Enzyklopädien ihre Spuren und verdeutlichte die Bedeutung des Landschaftsmodelles der Alpen-Nachbenennung. 1793 erschien das «Grammatisch-kritische Wörterbuch der Hochdeutschen Mundart», worin die Alpen als die «höchsten Berge zwischen Deutschland und Italien» beschrieben wurden. Neben dem Gebrauch des Begriffes für «die mittlern, mit Gras bewachsenen Gegenden der hohen Berge in der Schweiz», vermerkt der Eintrag zur Herkunft und Verwendung des Alpennamens folgendes:

«Gemeiniglich glaubt man, daß es mit *albus,* weiß, Griechisch αλθος, von einerley Stamme herkomme, und daß mit dieser Benennung auf die weißen, mit ewigem Schnee bedeckten Gipfel solcher Berge gesehen werde. Es kann seyn; indessen bleibt die Ableitung doch nur eine Muthmaßung, die nichts als eine Ähnlichkeit in dem Schalle beyder Wörter vor sich hat. Bey Wörtern von einem so hohen Alter als das gegenwärtige ist, enthält man sich am sichersten aller weitern Ableitung. Notker[404] gebraucht dieses Wort nach als eine allgemeine Benennung für Berg: *Mus pergis in dien lochen dero alpon,* die Bergmaus in den Löchern der Berge, Ps. 103, 18. Und der Verfasser des Gedichtes von dem Kriege Carls des Großen wider die Saracenen, V. 1896. *Tho Kerte ther Helet iunge uf eine hohe ther alben.* S. du Fresne *Gloss. v. Alpes,* und Frisch *h. v.* In den mit dieser Benennung zusammen gesetzten Wörtern, ist theils der Singular, theils auch der Plural üblich. In diesem bedeutet das Wort oft ein jedes hohes Gebirge. Jene stammen zunächst aus Oberdeutschland her, wo der Singular von Alpen überall gebräuchlich ist.»[405]

Im ausgehenden 18. Jahrhundert war also bereits die zweifache Bedeutung des Begriffes «Alpen» – nomen proprium und nomen appellativum – geläufig. Interessant ist nicht nur der Verweis auf die Nutzung der Nachbezeichnung für alle hohen Gebirge, sondern auch der frühe Gebrauch des Verbs «nachbenennen».

Zum Vergleich sei hier noch der spätere Eintrag zum Begriff «Alpen» im «Damen Conversations Lexikon» von 1834 zitiert:

«Jetzt aber nennt man alle großen Berggruppen, sobald sie die Nähe der Schneeregion erreichen, Alpen, spricht von Alpenpflanzen, welche in Amerika und Asien

---

403 Ritter 1834, S. 55.
404 Notker III. geboren um 950 im Thurgau, lebte bis 1022 im Kloster St. Gallen.
405 Adelung, Grammatisch-kritisches Wörterbuch der Hochdeutschen Mundart, Bd.1, 1793, S. 223–224.

> wachsen, von Alpenthälern am Himalaja wie Kaschmir, und so ist denn das riesige Gebirge im nördlichen Indien, so ist denn die ganze, zweitausend Meilen lange, ununterbrochene Kette der Andes, von den Roki Mountains bis zu dem Feuerland, so gut Alpgebirge, wie die Schweiz. Die höchsten Gipfel sind überall, wenn sie nicht vulkanisch sind, aus Urgebirgsarten, aus festem Felsstein bestehend, meistens mit ewigem Schnee bedeckt, schroff, beinahe nicht zu erklimmen, weiter abwärts reihen sich Gebirge der zweiten Formation an sie, den Fuß dieser Felsen bedeckend. Gneis und Granit nehmen die Mitte des Zuges ein, Kalk- und Flötzgebirge schließen sich zu beiden Seiten an sie an. In den Alpgebirgen findet man die mehrsten Metalle, von dem gediegenen Platin und Gold im Ural, in den indischen und amerikanischen Gebirgen, bis zum Blei und Zinn, von dem reinsten Diamant bis zum Amethyst und Karneol etc. Das Pflanzengewächs ist wegen der Fülle von Wasser in der Regel höchst üppig, wegen der sehr verschiedenen Höhe mannichfaltig, und wegen der reinen gesunden Luft, kräftig und gediegen.»[406]

Neben dem Hinweis auf die Verwendung des Begriffes «Alpen» durch die Botanik zeigt der Eintrag, dass er sich durch «Schnee», «Täler», «schroffer Erscheinung» und «reiner Luft» definiert. Der Wandel im Gebrauch wird daran sichtbar, dass die Attribute nun, im Gegensatz zum Eintrag von 1793, aktiv auch für andere Gebirgszüge benutzt wurden. Bereits im frühen 19. Jahrhundert zeigte sich somit die Verwendung des Landschaftsmodells der Alpen-Nachbezeichnung für Gebirge auf mehreren Kontinenten, ein Prozess, der sich zu dieser Zeit nachweisbar auch in Enzyklopädien spiegelte. Innerhalb von knapp einem halben Jahrhundert wurde also neben dem zuvor meist als Eigenname benutzten Begriff «Alpen», dank einer romantischen Metaphorisierung, als Zweitbedeutung ein breit akzeptierter Gattungsbegriff geläufig.

Fazit

Bis in die erste Hälfte des 19. Jahrhunderts konnten sich die Schweiz-Nachbezeichnungen noch nicht auf der höchsten Ebene, derjenigen der Handatlanten, durchsetzen. Allerdings hatten sie sich, gemäss der von Weinacht aufgestellten Skala, mit ersten Grosschreibungen in Buchtiteln auf der sogenannten sechsten Ebene der Nachbenennungen etablieren können.[407] Die ersten Nachbenennungen wurden meistens von Touristen oder von wirtschaftlich interessierten Akteuren initiiert, inspiriert vom erfolgreichen Vorbild

---

406 Herlosssohn (Hg.) 1834, Stichwort «Alpen», S. 153–155.
407 Weinacht 1994, S. 91.

der «Sächsischen Schweiz». Bei der Benennung der «Sächsischen Schweiz» wurde ein exonymer Input sichtbar. Bald folgten dank touristisch-wirtschaftlichen Motiven endonyme Nachbenennungen. Drei Faktoren waren bei diesem Vorgang erkennbar. Erstens bezogen sich Schweiz-Nachbenennungen in der ersten Hälfte des 19. Jahrhunderts in fast allen Fällen auf vereinfachte Landschaftsattribute. Zweitens handelte es sich um ein Phänomen, das für eine kleine Oberschicht kreiert wurde, die sich das Reisen leisten konnte und Nachbenennungen exonym förderte, es sei dann, wirtschaftliche, von Einheimischen getragene Interessen, seien ausschlaggebend gewesen. Dies führte zu endonymen Nachbenennungen. Rückwirkend erhielt die Schweiz bereits im 19. Jahrhundert dank endonym nachbenannten «Schweizen» einen eigentlichen Markennamen. Hier ist also ein erster entgegengesetzter Transfer eines positiven Images für die Schweiz sichtbar. Drittens war die Schweiz-Nachbezeichnung eng mit Landschaftsattributen der Romantik verbunden, eine Verbindung, die die Popularität der Bezeichnung zusätzlich steigerte. Allerdings verhinderte die Opposition der Geographen gegenüber den Schweiz-Nachbezeichnungen, welche diese als zu unpräzis, romantisch und in Konkurrenz zur Alpen-Nachbezeichnung sahen, deren Gebrauch in Handatlanten.

Im Gegensatz dazu führte die Verflochtenheit von wissenschaftlichen und kolonialen Motiven zu einer baldigen Verbreitung der Alpen-Nachbezeichnung in Atlanten. Dazu gehörten auch die Erstbenennungen von Terrae Incognitae mit identitätsstiftenden Alpen-Nachbezeichnungen. Zudem liess sich bei Geographen ein Alpenmodell nachzeichnen, das, vereinfacht, als Landschaft mit «Hörnern», «Gletschern», «Lawinen» und «ewigem Schnee» beschrieben werden kann. Die Bezeichnungen «Hochgebirge» und «alpine Region» waren synonym gebraucht worden. Im frühen 19. Jahrhundert wurde somit die Alpen-Nachbezeichnung für Gebirgszüge in kolonialisierten Regionen der meisten Kontinente genutzt.

5. Globale Hochkonjunktur des Namenstransfers – 1850 bis 1930

5.1 Verselbständigung der Schweiz-Nachbezeichnung

In diesem Kapitel wird die zweite Ausbreitungsphase der Schweiz- und Alpen-Nachbezeichnungen dargestellt, und zwar diejenige von der Mitte des 19. Jahrhunderts bis in die Zwischenkriegszeit im 20. Jahrhundert, was sich im Zitieren in wissenschaftlichen Handatlanten manifestiert und hier begründet werden soll. Sie steht auch im Zusammenhang mit der Entwicklung der Landschaftsbilder und deren Ausprägung im Laufe dieses Jahrhunderts. Zudem werden Fragen zum Phänomen der Verselbständigung der Schweiz-Nachbezeichnung sowie zu deren Motiven und Antrieben gestellt. Reiseberichte zu «Schweizen», Postkarten und geografische Publikationen geben darüber genaueren Aufschluss. Im ersten Abschnitt werden zu diesem Zweck Transferantriebe betrachtet und in einem zweiten Teil zeitgenössische Landschaftsmodelle.

Die Rolle von Migration, Politik und Wissenschaft

In dieser Übersicht über Transferprozesse lohnt es sich, einen detaillierten Blick auf die «Livländische Schweiz» zu werfen. Der Historiker Friedrich Kruse (1790–1866) beschrieb in seiner Arbeit von 1846 noch ausdrücklich deren Hochplateau.[408] Aber schon im Jahr 1854 beschränkte sich Julius Altmann (1814–1873), Verfasser von geografischen Studien, auf die Erwähnung der Burgen, Berge und Täler des Ahthals.[409] Stereotypisierte Merkmale des Gebirges waren somit in den Beschreibungen der «Livländischen Schweiz» in den früheren Berichten präsent,[410] in den Berichten aus der zweiten Jahrhunderthälfte liegt der Fokus jedoch auf Schlössern,

---

408 Kruse 1846, S. 4.
409 Altmann 1854, S. 211.
410 Siehe auch Harnisch 1855, S. 355.

Ruinen, stattlichen Bauten und lieblichen Tälern, sie gleichen vielmehr bereits den Beschreibungen der topographischen Landschaftselemente der «Sächsischen Schweiz».[411] In der «Brockhaus Allgemeine deutsche Real-Encyklopädie» wurde 1853 auch vermerkt, dass die «Livländische Schweiz» von «den Deutschen im Lande» benannt wurde.[412] Als Vorbild dienten die deutschen «Schweizen», die als «schön» galten.

Die erwähnten Beispiele deuten auf die Möglichkeit eines Namenstransfers durch Migration, womit Tourismuserfahrung exportiert worden ist. Dieser Transfer kann bei Migranten aus Deutschland nicht nur bei der «Livländischen Schweiz» ausgemacht werden, sondern auch bei der «Keetmanshoper Schweiz»[413], wobei beide keine der Landschaftsmerkmale aufweisen, die den Transfer in der ersten Hälfte des 19. Jahrhunderts dominiert hatten. Dabei könnte es sich um eine Weiterentwicklung des Transfers aus dem Tourismus handeln, der auf bereits nachbenannte «Schweizen» zurückgeht. Bezeichnend für die «Livländische Schweiz» ist, dass die Region als allgemein schöne Landschaft mit Freizeitaktivitäten und Tourismuspotenzial empfunden wurde.

Die «Livländische Schweiz» dokumentiert, neben der deutschen Emigration, zusätzlich einen kolonialen Einzelfall: sie war die einzige in deutschen Handatlanten geführte «Schweiz», die ausserhalb des Deutschen Reiches lag. Gemäss den zahlreichen Historikern, die die Prozesse von nationaler Raum-Aneignung im 19. Jahrhundert analysiert hatten, darf der Name «Schweiz» in diesem Fall auch als deutscher Anspruch auf ein bestimmtes Gebiet verstanden werden. Eva Maurer beispielsweise schrieb 2010, neben der kulturell-emotionalen und der wissenschaftlichen Rolle, auch der nationalistischen Aneignung von Raum eine zentrale Stellung zu. Die Verknüpfung von kulturellen Mythen und kodierten Landschaften erzeugte ihrgemäss eine «Symbolkraft», um sich als Nation zu identifizieren und von anderen Nationen abzugrenzen. Die Bezeichnung von Landschaften wurde typisch für eine Nation.[414] «Schweiz» stand im Fall der «Livländischen Schweiz» allerdings für eine deutsche und nicht für eine schweizerische Landschaft – weil sich vermutlich die deutschen Siedler bei ihrer Benennung auf eine deutsche Schweiz-Nachbezeichnung

---

411 Siehe auch Gerhard 1881, S. 96; Meyer (Hg.), Neues Konverstaions-Lexikon, 1865, S. 910; Umlauft/Hassinger (Hg.) 1905, S. 259; Löwis of Menar 1919; Mettig 1901.
412 Brockhaus, Real-Encyklpädie, Bd. 9, 1853, S. 649.
413 Brockhaus, Conversations-Lexikon, Bd. 9, 1866, S. 514.
414 Maurer 2010, S. 37.

im Sinne einer «schönen Landschaft» bezogen haben. Dieser Vorgang kann auch bei der «Keetmanshoper Schweiz» beobachtet werden.

Dieser Prozess passt in das Schema der Verselbständigung der Schweiz-Nachbezeichnung. Der Forschungsreisende Hans Schinz dokumentierte beispielsweise 1891, dass die Benennung der «Keetmanshoper Schweiz» auf deutsche Missionare zurückging.[415] Dies ist von Bedeutung, weil es sich nicht um eine Berufung auf die «originale» Schweiz handeln musste, sondern genauso eine Schweiz-Nachbenennung sein konnte. Interessanterweise gehen die Schweiz-Nachbezeichnungen in der zweiten Hälfte des 19. Jahrhunderts, die auf Migration basierten, nicht primär auf Schweizer Migranten zurück. Denn diese griffen eher auf Ortsnamen der Schweiz zurück oder benutzten den Zusatz «Neu». Als bekanntes Beispiel diene hier die Kolonie «New Helvetia», die der Schweizer Migrant Johannes Sutter (1803–1880), auch unter dem Namen General Sutter bekannt, bei Sacramento in Kalifornien gegründet hatte.

Politisch motivierte Schweiz-Nachbenennungen tauchen vereinzelt in der allgemeinen Sachliteratur auf, meist als einmalige Benennungen, die nicht weiter verfolgt werden können. Zudem waren die meisten Orte bereits zuvor durch den Tourismus als «Schweiz» bekannt. Politische Motive ergaben sich ab 1848, als die Schweiz sich als politisch liberalen Staat präsentieren konnte. So liess «Schulthess' europäischer Geschichtskalender» 1869 verlauten: «Wir hoffen, bald von jenseits der Pyrenäen den tausendstimmigen Ruf zu vernehmen, der durch ganz Europa wiederhallen wird in allen Herzen, welche an die Menschheit glauben und nach der Freiheit streben: Es lebe die Spanische Schweiz! Es lebe die föderative Republik!».[416] Dies kommt keiner bleibenden Nachbenennung gleich, sondern verkörpert vielmehr eine einmalige politisch motivierte Forderung. Das gleiche Phänomen lässt sich auch bei der Zeitschrift «Unsere Zeit» nachlesen, die 1859 die Forderung für eine «Niederländische Schweiz mit freier Presse» proklamierte.[417] Eine «Holländische» oder «Niederländische Schweiz» geht allerdings auf den Tourismus zurück und findet sich bereits 1845.[418]

Bei der politischen Verwendung der Bezeichnung «Schweiz» findet sich oft eine Verbindung zu Mythen unabhängiger Völker und zu den Landschaftsattributen des Gebirges und erinnert damit auch an die

---

415 Schinz 1891, S. 37.
416 Schulthess, Schulthess' europäischer Geschichtskalender, 9. Jg., 1869, S. 177.
417 Brockhaus, Jahrbuch zum Conversations-Lexikon, Bd. 3, 1859, S. 643.
418 Lehmann (Hg.), Bd. 27–28, 1845, S. 269.

Argumentationen der Ethnologen im frühen 19. Jahrhundert. In seiner Arbeit zur Geologie Spaniens wagte William K. Sullivan 1863 einen Exkurs in die Vergangenheit und vermerkte: «The last retreat of the Celtiberians against the invasion of Roman power, the last and sole impenetrable bulwark of their descendants against the overwhelming power of the invading Moors, the province of the Asturias may be termed the Switzerland of Spain».[419] In der Beschreibung des Rückzugs der Iberer vor der römischen Invasion in ihre Bastion schuf er mit einer überraschenden Kehrtwendung eine neue Schweiz-Nachbenennung, wie sie aus den in der ersten Jahrhunderthälfte dominanten Vorstellungen des Tourismus bereits bekannt war.

Dieselbe Verknüpfung von Landschaftsmetaphern und politischen Motiven nahm auch 1897 eine Debatte im neuseeländischen Parlamente vor. Dabei ging es um die künftige politische Rolle der Inseln Hawaiis, die als «Schweiz des Pazifiks» beschrieben wurden.[420] Beide Beispiele beziehen sich auf die unter Ethnologen verbreiteten Vorstellungen von der Schweiz als neutralem, liberalem und widerstandsfähigem Staat, der vor allem in der ersten Jahrhunderthälfte oft als Gebirgsinsel Europas benannt worden war. Dabei verkörperte das Gebirge nicht nur einen zivilisatorischen Kontrastpunkt sondern auch politische Freiheiten. Die Gebirgsassoziationen aus dem Tourismus spielten demnach in politischen Anspielungen auf die Schweiz oft eine gewichtige Rolle. Politisch motivierte Schweiz-Nachbenennungen blieben auch in der zweiten Hälfte des 19. Jahrhunderts rar. Mit der untergeordneten Rolle von politischen Motiven wird im nächsten Abschnitt die Rolle der Wissenschaften im Transfer der Schweizbezeichnung beleuchtet.

«Als ob wir Deutschen bekunden wollten, dass wir mehr als Andere an der Scholle kleben und uns daheim bei unserer Scholle alles Mögliche zu denken vermögen, haben wir den Namen ‹Schweiz› auch in Deutschland eingeführt und ihn nicht bloss mit hügeligen Gegenden in Verbindung gebracht, sondern diesen Inbegriff majestätischer Naturschönheit herabsteigen lassen in verlorene Winkel trostloser Sandebenen, auf die eher der Name ‹Sahara› passen möchte. Es gibt nicht bloss eine Sächsische Schweiz, eine Böhmische, Fränkische, Nürnberger, Voigtländische, sondern sogar eine Märkische, eine Hohburger u.a. Aber irgend ein einziges Thal der Schweiz, wie das der Linth, der Reuss, der Aar u.s.w., in 100.00m Theile zerschnitten und über Deutschland vertheilt, würde in einem jeden dieser Stücke noch genügen, um irgendwo eine ganz

---

419 Sullivan 1863, S. 27.
420 Parliament of New Zealand (Hg.), Parliamentary Debates, Bd. 99, 1897, S. 110.

respektable Krähwinkler Schweiz zu bilden, nach der Tausende von Menschen jährlich zusammenströmten.»[421]

Diese wohl schärfste Kritik wurde vom führenden Geographen August Petermann (1822–1878) im Jahr 1864 in den «Mittheilungen aus Justus Perthes geographischer Anstalt» publiziert. Darin lässt sich nicht nur die Eigenständigkeit der Bezeichnung ablesen, sondern auch die Selbstverständlichkeit, mit der diese Nachbezeichnung in der Mitte des 19. Jahrhunderts angewandt wurde. Doch mit der nachfolgenden Abkehr von den Gebirgs-Attributen in der Tourismuswerbung verschwand das Thema grösstenteils aus dem Fokus der Geographen und Kartographen und ab der Mitte des 19. Jahrhunderts finden sich nur noch vereinzelte kritische Stimmen.

Petermanns Kritik kann als letztes Anrennen der Geographen gegen die Schweiz-Nachbezeichnung in der zweiten Hälfte des 19. Jahrhunderts gewertet werden. Es ist vielmehr ein Versuch, eine in Deutschland weitgehend verlorengegangene Beziehung zwischen dem Gebirge und dem Land Schweiz wieder herzustellen. Die Kritik dokumentiert, wie weit sich die Bezeichnung von den früheren Landschaftsmetaphern entfernt hatte. Petermann bezog sich im Hauptteil der Kritik auch auf die Absenz gebirgiger Landschaftseigenschaften in nachbenannten «Schweizen». Der Hinweis auf «Tausende» von Besuchern ist ausserdem auch eine generelle Kritik an dem in der zweiten Jahrhunderthälfte aufgekommenen Massentourismus beziehungsweise der Tourismusindustrie, welche die Nachbezeichnung in Deutschland zum Hauptwerbeträger für Reisen und Ferien erhoben hatte. Petermanns Kritik blieb allerdings in dieser Form allein. Denn die Nachbezeichnung «Schweiz» war bereits zu eigenständig, als dass sie noch mit der realen physischen Erscheinung der schweizerischen Landschaften verglichen worden wäre. Die meisten Geographen akzeptierten die Schweiz-Nachbezeichnung zusehends als eigenständiges und definierbares philologisches Phänomen, was sich wiederum in Handatlanten bemerkbar machte.

Diese Vielfalt der Landschaften mit der Nachbezeichnung «Schweiz» kann auch in Reiseberichten über nicht-deutsche «Schweizen» beobachtet werden. Trotzdem verstummte die Kritik weitgehend und tauchte auch global nur noch sporadisch auf. Parallelen zur Gestalt der Landschaft sowie Vergleiche mit der Vorstellung von einer Schweiz mit Hochgebirgen wurden seltener vollzogen. Zu den wenigen gehören Paul Biolley und

---

421 Petermann (Hg.), «Mittheilungen», Bd. 10, 1864, S. 365–366.

H. Polakowsky, die 1890 in einem Reisebericht zu Costa Rica noch von der «Schweiz Zentralamerikas» geschrieben hatten. Sie bezogen sich bei ihrer Bewertung noch auf die hauptsächlich in der ersten Jahrhunderthälfte wichtigen Vorstellungen von der Schweiz und vermerkten: «Man hat Costa-Rica zuweilen die ‹Schweiz Zentral-Amerikas› genannt wegen des malerischen Anblickes, den die Berge darbieten, welche sein Plateau umgeben, besonders die der vulkanischen Kette. Es ist die Schweiz, wenn man will, aber die des Jura».[422] Diese Kritik vollzog eine weitere Entwicklung, indem sie den Jura zum neuen Bezugspunkt macht. Anstelle einer Gesamtkritik – wie noch bei Petermann – ergänzten Biolley und Polakowsky das Bild von der Schweiz mit einer weiteren Landschaft.

Die treibende Kraft der Tourismusindustrie

In der zweiten Hälfte des 19. Jahrhunderts entstand in Deutschland ein Tourismus für breitere Gesellschaftsschichten. Wie in der Einleitung erwähnt, stellte Rüdiger Hachtmann eine Vernachlässigung der modernen Tourismusgeschichte in der Forschung fest.[423] Bendedikt Bock befasste sich mit den Anfängen des Massentourismus. Er verwies auf einen sozialen Strukturwandel für ansteigende Tourismuszahlen. Entsprechend wuchs auch das Angebot. 1873 wurden für Beamte und 1895 für Angestellte Urlaubsansprüche im Reichsbeamtengesetz und in Tarifverträgen festgehalten. Die Tarifverträge mit entsprechenden Vereinbarungen für Arbeiter folgten 1919. Nicht nur verbilligte sich das Reisen, sondern eine «Ausweitung der Reiseklientel» erfolgte. Vergnügen und Erholung standen zunehmend im Mittelpunkt. Dennoch blieb in Deutschland der Tourismus in fernliegende Destinationen ein Privileg der Wohlhabenden.[424]

Besser als die Tourismusgeschichte Deutschlands ist die der Schweiz dokumentiert. Dieter Kramer sah 1982 im Alpentourismus des letzten Drittels des 19. Jahrhunderts die «Leitform des Tourismus im 19. Jahrhundert».[425] Diese Entwicklungen gingen Hand in Hand mit der fortgeschrittenen Infrastruktur und den Reisemöglichkeiten. Yves Ballu verwies 1987 auch auf ein Zusammenspiel von Tourismus und Werbung in der

---

422 Biolley/Polakowsky 1890, S. 11.
423 Hachtmann 2007, S. 19.
424 Bock 2010, S. 263–265.
425 Kramer 1982, S. 5

aufkommenden Bildwerbung in Form von Postkarten und Plakaten.[426] Ende des 19. Jahrhunderts wurde der Tourismus nach Matthias Stremlow auch zum wirtschaftlichen Faktor in einigen schweizerischen Gebirgsorten. Der Alpentourismus wurde für wohlhabende Schichten zur «Sommerbeschäftigung».[427]

«Den Spreewald – die mährische Schweiz – die sächsische Schweiz – die vogtländische Schweiz – (mit einem tiefen Seufzer) bloss die wirkliche Schweiz, – dazu hat's noch nicht gelangt!»[428] Diese Zeilen samt Regieanweisung stammen von den Berliner Theaterautoren Oscar Blumenthal (1852–1917) und Gustav Kadelburg (1851–1925) aus dem 1896 erschienen Singspiel «Im Weissen Rössel». Die vielsagenden Zeilen veranschaulichen das Umfeld der Nachbezeichnung in der zweiten Hälfte des 19. Jahrhunderts. Blumenthal und Kadelburg spiegelten mit ihrer Auflistung von «Schweizen» deren Bekanntheitsgrad und nennen Tourismusorte, deren Namen sich im Laufe des Jahrhunderts als feste, identifizierbare Destinationen etablierten. Mit dem tiefen Seufzer, den der Schauspieler mit dem Verweis auf die «originale» Schweiz auszustossen hat, sowie der Anmerkung, dass Reisen aus wirtschaftlichen Gründen nicht möglich sind, wird die reale Schweiz von den nachbenannten «Schweizen» sozial getrennt. Die Schweiz blieb demgemäss als Tourismusdestination bis zum Ende des 19. Jahrhunderts nach wie vor den Aristokraten und dem Grossbürgertum vorbehalten.[429] Das Beispiel weist umgekehrt darauf hin, dass unterdessen in Deutschland mit den nachbenannten «Schweizen» ein alternatives touristisches Erfolgsmodell entwickelt worden war, das scheinbar auch breiteren Gesellschaftsschichten einen Schweiz-Aufenthalt erlaubte, und enthält damit, neben dem psychologischen, auch einen deutlich sozio-ökonomischen Aspekt. Denn diese Frühform des Massentourismus orientierte sich am Vorbild der aristokratisch-grossbürgerlichen Oberschicht und die Verwendung des Namenszusatzes «Schweiz» lässt mit einer angeblichen Schweiz-Reise vordergründig am Rénommé der obersten Gesellschaftsschicht partizipieren. Sie profitierten zudem von Hinweisen, dass Kaiser Wilhelm die «Märkische» und «Sächsische Schweiz» besucht haben soll.[430] Doch hier sei die Überlegung erlaubt, dass mit der Nachbenennung letztlich lediglich ein den

---

426 Ballu 1987, S. 11.
427 Stremlow 1998, S. 32.
428 Blumenthal/Kadelburg 1898, S. 84.
429 Bock 2010, S. 263–265.
430 Müller 1888, S. 8.

155

Zeitgenossen verständliches Synonym für kostengünstige Feriendestinationen – eine ökonomisch nutzbare Metapher – geschaffen worden ist. Insgesamt darf hier von einer Frühform des Massentourismus des 20. Jahrhunderts ausgegangen werden.

Im Laufe des 19. Jahrhunderts kann in Quellen mit touristischem Hintergrund eine Abnahme eines Zusammenhanges zwischen bergigen Landschaften und dem Namenzusatz «Schweiz» beobachtet werden. Dies heisst aber nicht, dass dieses Muster aus der ersten Hälfte des 19. Jahrhunderts verschwand. Das trifft auch auf die Beobachtung in der «Festschrift zur 50 jährigen Jubelfeier des Provinzial- Landwirtschaft- Vereins zu Bremervörde» von 1885 zu: «Die Thalgründe bei Scharmbock werden von den höflichen Besuchern aus Bremen wohl die Bremer Schweiz genannt».[431] Hier werden die Gestalt einer Bergwelt und ihr touristischer Wert unterstrichen. Der Naturwissenschaftliche Verein zu Bremen erwähnte noch 1887 «Berge», welche die «Oldenburger Schweiz» auszeichneten.[432] So wies auch der Verleger Eduard Heinrich Mayer noch 1893 darauf hin, dass die «Mährische Schweiz» aufgrund ihrer Berge und Hügel von Besuchern aus Brünn seit gut einem Jahrhundert so benannt wurde, und dass das Volk diesen Namen übernahm.[433] Diese Aussage – mit der Betonung von «Höhenwelt» und «Besucher» – könnte auch aus der ersten Hälfte des Jahrhunderts stammen. Der Historische Verein Niedersachsen seinerseits erwähnte noch 1926 die charakteristischen Moränenzüge der «Garbsener Schweiz».[434] Während diese Eigenschaften den Namenstransfer in der ersten Jahrhunderthälfte bestimmten, beinhalteten sie in der zweiten Hälfte nur noch touristische Aspekte.

Die sich wandelnden Bedeutungen des Namenszusatzes «Schweiz» spiegelten sich in Landschaftsbildern. Entwicklungen in der Tourismusindustrie wirkten auf imaginäre Bilder. Dabei ist nicht von einem Wandel im Sinne eines Prozesses von der einen Vorstellung zur einer anderen auszugehen, sondern es lässt sich eine eigentliche Multiplizierung der Landschaftsbilder ausmachen. So sind – obwohl bei weitem nicht mehr so zahlreich – Prozesse aus der ersten Jahrhunderthälfte mit Bezug zu Gebirgen und voralpinen Landschaftsattributen noch vorhanden.

---

431 Pockwitz 1885, S. 89.
432 Buchenau 1889, S. 569.
433 Mayer (Hg.), Gaea, Bd. 29, 1893, S. 263–264.
434 Kunze (Hg.), Bd. 29–30, 1926, S. 146.

Die Bedeutung des Namenszusatzes wandelte sich, als breitere Gesellschaftsschichten die ökonomischen Möglichkeiten erlangten, innerhalb Deutschlands zu reisen. Folgerichtig verband die Tourismusindustrie die Nachbezeichnung mit den an Ort vorhandenen Angeboten. Und so wurde der Begriff «Schweiz» immer öfter mit Freizeitaktivitäten in Verbindung gebracht. Bei diesem Prozess können zwei tragende Elemente ausgemacht werden: Das erste Element kann einem neuem Verständnis für Freizeit zugeschrieben werden. Joseph Partsch, Professor für Geographie, schrieb deshalb 1896 in seiner Landeskunde, dass die Bürger in der «Löwenberger Schweiz» primär Erholung suchten.[435] Auch der Verein für Socialpolitik hielt 1899 in seinem Organ «Hausindustrie und Heimarbeit in Deutschland und Österreich» fest, dass Kreuznacher Bürger sowie Kurgäste den Sonntagnachmittag in der «Brockenauer Schweiz» verbringen.[436] Bei beiden Beispielen wird auf Freizeit und die damit verbundene Möglichkeit des Reisens verwiesen. Ein «Freizeittourismus» oder «Wochenendtourismus» ist zu beobachten, der in einer direkten Verbindung mit dem Namen «Schweiz» steht. Dieser hat indessen mit der eigentlichen Schweiz bereits nicht mehr viel gemein. Als zweites tragendes Element sind die Gesundheit und die damit verbundenen Angebote zu bewerten. Wie im Beispiel der «Brockenauer Schweiz» bereits angedeutet, handelte es sich bei deren Besuchern auch um Kurgäste. Der Mediziner G. Frank Lydston vermerkte 1903 im «Philadelphia Medical Journal», dass Neuseeland «Switzerland of the Pacific» genannt wurde, weil Touristen und Reisende auf der Suche nach Gesundheit dort «Health Resorts» finden.[437] Dies illustriert, dass die Bezeichnung «Schweiz» nicht weiter primär als Landschaftswerbung genutzt wurde, sondern neu auch mit den Angeboten und Möglichkeiten der Gegend in Verbindung gebracht werden konnte. Bei der Entstehung von Kurorten in Neuseeland zeigt sich somit eine Neuinterpretation des Begriffes «Schweiz».

Die zwei Elemente Freizeittourismus und Gesundheit deuten also darauf hin, dass die Schweizbezeichnung nicht mehr primär für Landschaftselemente stehen musste. Im Laufe des Jahrhunderts folgte eine eigentliche Verselbständigung der Nachbezeichnung. Der Namenstransfer lief nicht weiter über schweizerfahrene Touristen, die auf ihren Reisen

---

435 Partsch 1896, S. 118.
436 Verein für Socialpolitik (Hg.), Bd. 84, 1899, S. 31.
437 Lydston 1903, S. 66.

Landschaften nachbenannten, sondern über eine Eigendynamik. Besonders in deutschsprachigen Gebieten bezog sich der Transfer auf bereits früher stattgefundene Transfers. Dieser Prozess der Verselbständigung kann auch am Beispiel der «Löwenberger Schweiz» beobachtet werden. Ein staatlicher Bericht zur Wasserlage in Preussen aus dem Jahre 1896 betont, dass die «Löwenberger Schweiz» ihren Namen dem an den Sandstein der «Sächsischen Schweiz» erinnernden Gestein verdanke.[438] Auch bei Partsch finden sich solche Hinweise, denn dieser verwandte in seiner Landeskunde primär den Begriff «Sächsische Schweiz», und nicht die originale, als Referenzwert für die «Löwenberger Schweiz».[439] Waren in der ersten Jahrhunderthälfte noch stereotypisierte Landschaftselemente richtungsweisend, fand in der zweiten Jahrhunderthälfte eine Distanzierung zur eigentlichen Schweiz statt. Dies würde bedeuten, dass die Schweiz weiterhin als Synonym für eine Luxusmarke für einen den meisten Gesellschaftsschichten unerreichbaren Tourismus stand und beim Namenstransfer nur noch eine Nebenrolle spielte.

Das Modell der Schweiz-Nachbezeichnung war also eng mit Angeboten im Tourismus verknüpft. Wie aber sah dieses neue Landschaftsmodell aus? Neben den beschriebenen Modellen kann anhand einer Analyse des Bestandes des Postkartenarchivs der Wassermühle Ziddorf, Mecklenburg, ein Landschaftsmodell zur Schweiz-Nachbezeichnung und Angeboten im Tourismus erfasst werden. Postkarten sind ein Novum des letzten Drittels des 19. Jahrhunderts und dürften somit als bezahlten Werbeträger beim Empfänger viel Beachtung erfahren haben. 32 der insgesamt 55 analysierten Postkarten aus dem späten 19. Jahrhundert zeigten alle eine schriftliche Ortsbezeichnung als Aufdruck auf dem Kartenbild. Üblich war der Schriftzug «Gruss aus der Mecklenburger Schweiz».[440] Von diesen Postkarten rückten elf stattliche Gebäude, ein Schloss oder eine Burg ins Zentrum des Bildes. Die Mehrheit, sechzehn, kombinierten diese Gebäude mit Landschaftselementen wie Gewässer und Wälder. Dann fanden sich noch zwei Postkarten von Gasthäusern, zwei von Bahnhöfen und eine von einer Schmiede. Dabei können die Bahnhöfe und Gasthäuser als Symbole des Reisens interpretiert werden und stehen für eine Identifikation mit dem

---

438 Bureau des Ausschusses zur Untersuchung der Wasserverhältnisse in den der Ueberschwemmungsgefahr besonders Ausgesetzten Flussgebieten, Preussen (Hg.) 1896, S. 145.
439 Partsch 1896, S. 118.
440 Siehe dazu Abb. 3 im Anhang.

Tourismus. Die Landschaften und Landschaftsbilder waren allerdings nichtalpin. Diese Postkarten aus der «Mecklenburger Schweiz» dürften somit bildlich veranschaulichen, wie ein touristisches Landschaftsmodell mit einer Schweiz-Nachbezeichnung zu diesem Zeitpunkt aussieht. Die meisten der hier analysierten Postkarten zeigen attraktive Aktivitäten, welche in der Touristendestination ausgeübt werden können. Dazu gehörten die Besichtigung von Burgen, Schlössern, Aussichtstürmen sowie der Aufenthalt auf dem Wasser. Im Hintergrund waren oft romantisch anmutenden Sitze, Gewässer und Wälder.[441]

Indem die Tourismus-Industrie Ortschaften mit beliebiger Topographie mit dem Namenszusatz «Schweiz» verband, können diese Schriftzüge auf den Postkarten einen weiteren zur Ablösung von früheren Vorstellungen über die Schweiz markieren. Zudem waren Postkarten, die nicht mit der ausdrücklichen Nachbenennung «Mecklenburger Schweiz» Werbung machten, mit 23 Exemplaren in der Minderheit. Sie alle waren jedoch meistens mit dem Aufdruck «Mecklenburg» ausgestattet. An die Stelle eines Grusses wurde meist nur der Name des Dorfes gesetzt. Insgesamt bildeten beide Kartengruppen dieselben Motive ab. Interessant an diesen Postkarten ist aber auch das, was sie nicht zeigen. Denn keine der Postkarten bildet eine bergige oder an ein Gebirge erinnernde Landschaft ab. Das Beispiel der «Mecklenburger Schweiz» bildet somit die allgemeine Verlagerung der Bedeutung des Namenszusatzes «Schweiz» ab – Abkehr vom Gebirge und Hinwendung zu Tourismusdestinationen. Die Verbindung von Schriftzug und Abbildung auf Postkarten dürfte diesen Prozess erleichtert und gefördert haben. Auch ausserhalb Deutschlands erfolgte eine Abkehr von der Form der Landschaft in der Schweiz-Nachbezeichnung. So trägt die «Schwedische Schweiz» gemäss der «Allgemeinen deutsche Real-Encyklopädie für die gebildeten Stände» ihren Namen wegen des starken Tourismus.[442] Wie bereits erwähnt, standen auch bei der «Neuseeländischen Schweiz» nach Aussage von Medizinern, Wellness und Touristenattraktionen für deren Namen.[443]

Auch an den den Schweiz-Nachbezeichnungen zugrundeliegenden Landschaftsmodellen kann eine Eigendynamik beobachtet werden. Schöne Landschaften, Attraktionen, Burgen und Tourismusregionen wurden mit dem Namenszusatz eingedeckt. Beispiele finden sich in den Quellen

---

441 Wassermühle Ziddorf (Hg.), Stand Dezember 2012.
442 Brockhaus, Conservations-Lexikon, Bd. 12 und 15, 1855, S. 171.
443 Lydston 1903, S. 66.

in Fülle. So erklärte die «Allgemeine land- und forstwirtschaftliche Zeitung schon im Jahre 1866, dass die «Kroppacher Schweiz» ihren Namen nicht ohne Grund erhalten habe.[444] Die Zeitschrift «Vom Fels zum Meer» vermerkte 1885 in einem Reisebericht, dass es sich bei einem Besuch der «Fränkischen Schweiz» lohne, «in weniger stark besuchte Ausläufer der fränkischen Schweiz abschweifen, womit wir uns schon der sogenannten Nürnberger oder Hersburger Schweiz zuwenden».[445] Der Kommentar veranschaulicht, wie sich nachbenannte «Schweizen» um eine berühmte Schweiz sammelten und dabei eigene Bedeutungen und Landschaftsmodelle entwickelten, die nicht dem Vorbild Schweiz aus der ersten Jahrhunderthälfte folgten. Ähnlich vermerkte beispielsweise der Verein für Sachsen-Meiningische Geschichte und Landeskunde 1900 im Vereinsblatt, dass die «Fehrenbacher Schweiz» ihren Namen «zu Recht» trage.[446] Auf die entsprechenden Kriterien für den Namen einzugehen, wurde dabei offenbar nicht als notwendig erachtet. Der Namen war längst selbsterklärend und selbstverständlich geworden.

Das Modell der «schönen Landschaft»

In der Wissenschaft verlagerte sich im Laufe des 19. Jahrhunderts die Sicht auf Landschaften, die allgemein als schön empfunden wurden und den Namen «Schweiz» trugen. Diese Verselbständigung des Begriffs, weg von der Schweiz als Vorbild, begünstigte den Prozess, bei welchem eine als schweizerisch empfundene Schönheit nicht mehr mit den bergigen und voralpin Landschaftsattributen in Einklang stand. Hermann Adalbert Daniel (1812–1871), unter anderem Autor von geographischen Lehrbüchern, betonte 1863 die «anmuthige Landschaft der Westphälischen Schweiz», die er als Ursache für deren Nachbenennung ausmachte.[447] So veranschaulicht auch die Zeitschrift «Archiv für Anthropologie» diesen Wandel, als sie 1921 in der Beschreibung der «Elbinger Schweiz» den Schwerpunkt auf die «unvergessliche» Landschaft legte.[448] Auch ausserhalb Deutschlands

---

444 Hitchmann (Hg.), Allgemeine land- und forstwirtschaftliche Zeitung Bd. 1, 1866, S. 109.
445 Spemann (Hg.), Vom Fels zum Meer, 1885, S. 457.
446 Human (Hg.) 1900, S. 211.
447 Daniel 1863, S. 1253.
448 Archiv für Anthropologie (Hg.), Bd. 18, 1921, S. 152.

sind ähnliche Aussagen von Wissenschaftlern belegbar. John W. Sproull hielt 1889 fest, dass «Switzerland of the East» (Pakistan) seinen Namen der Liebe für alles Schöne verdanke.[449] Noch deutlicher ist der österreichische Neuseeland-Forscher und Geologe Ferdinand von Hochstetter (1829–1884) im Jahr 1864, als er für die Benennung der «Neuseeländischen Schweiz» Ansiedler verantwortlich machte, angeblich basierend auf Abwechslung und Überraschungen in der Landschaft.[450] Hochstetter bemerkte wohl Felspartien und tiefe Schluchten, doch ebenso bemerkenswert war für ihn, dass die Vermischung von Landschaften und Schönheit die tragende Rolle spielten.

Beim Landschaftsmodell hinter der Schweiz-Nachbezeichnung wurde also oft mit dem ästhetischen, und damit subjektiven, Begriff «Schönheit» argumentiert – und damit entsprechend unterschiedlich interpretiert. So beschrieben 1858 Robert Florey und Johann Friedrich Ahfeld die Insel Hawaii als die «Schweiz der Südsee», Hauptkriterien waren dabei der Ressourcenreichtum und die Schönheit; also erneut ein Vergleich einer Insel mit dem Binnenland Schweiz. Vielleicht zu begründen mit politisch motivierten Schriften, in denen die Schweiz oft als «Berginsel Europas» gepriesen worden war.[451] Agrikultur und Fruchtbarkeit waren die Merkmale, die 1870 der Küste Kaliforniens den Namen «Schweiz der Pazifikküste» einbrachten.[452] Eine Momentaufnahme in der Entwicklung der Schweiz-Nachbezeichnung spiegelt Wohlstand. Zentral ist dabei allerdings der potenzielle Ertrag der Landwirtschaft. Schönheit einer Landschaft wird hier aus einer agro-ökonomischen Perspektive gedeutet, anders als in den bisherigen Beschreibungen und Ableitungen aus der Gestalt einer Landschaft. Die Schweiz-Nachbezeichnung wird im Transfer nun in Verbindung mit beliebigen, schönen Elementen verwendet. In diesem Sinne schrieb auch Richard Ford 1855 in seinem Reiseführer für Spanien, dass sich die «Spanische Schweiz» durch eine unbegrenzte Anzahl an Vieh auszeichnete.[453]

Während viele Wissenschaftler den Namenszusatz «Schweiz» hauptsächlich mit der konkreten Gestalt einer Landschaft assoziierten, zeichnete sich in einigen Fachrichtungen eine neue Namensdefinition ab, die nur

---

449 Sproull 1889, S. 295.
450 Hochstetter 1864, S. 47.
451 Florey/Ahfeld 1858, S. 90.
452 The Stockton & Copperopolis Railroad Company (Hg.) 1870, S. 11.
453 Ford 1855, S. 588.

noch indirekt von physischen Landschaftsmetaphern abgeleitet werden kann. So schrieben einige Zoologen im Jahr 1886, dass sich Neuseeland den Namen «Switzerland of the Pacific» wegen seiner Tier- und Pflanzenvielfalt verdient habe.[454] Sie gingen davon aus, dass ein schweizerisches Landschaftsbild über einen Umweltrahmen verfüge, der Pflanzen- und Tiervielfalt ermögliche. Vor allem dürfte dies eine wilde, von zivilisatorischen Einflüssen weitgehend verschonte Umgebung gewesen sein. Wichtig ist dabei die Absenz der visuellen Beschaffenheit der Landschaft. In diesen Arbeiten stand das Landschaftsmodell für einen Umweltrahmen, bei dem physisch wahrgenommene Landschaften nur noch indirekt eine Rolle spielten. Beispiele für diese indirekte Ableitung von Landschaftsmetaphern für die Schweizbezeichnung sind ebenfalls die in der zweiten Hälfte des 19. Jahrhunderts entstandenen Naturpärke. Die «Oeynhauser Schweiz» wurde 1854 von Joseph Lenné gestaltet und zeichnet sich durch Wasserspiele, den Baumbestand sowie ein Damhirsch-Gehege aus.[455] Ein Vorbild für die «Oeynhauser Schweiz» kann ebenso gut in der «Sächsischen Schweiz» gesucht werden.

Eine Abkehr von der Schweiz-Nachbezeichnung im Sinne eines Synonyms von konkreten Landschaftsattributen ist in mehreren wissenschaftlichen Fachrichtungen zu beobachten. So bemerkte beispielsweise der Gynäkologe und Anthropologe Carl Heinrich Stratz (1858–1924) in Teilen Japans die entblössten Oberkörper von arbeitenden Frauen und glaubte, die unzivilisierte Wildheit einer «Japanischen Schweiz» zu sehen. Stratz griff dabei nicht auf landschaftliche Metaphern zurück,[456] der Bezugspunkt war hier vielmehr ein Umweltmodell. Ähnlich beschrieb der Ökonom Thomas P. Kettel in seiner Geschichte zum Amerikanischen Bürgerkrieg den Osten Tennessees als «Amerikanische Schweiz». Ausschlaggebend waren dabei das Vorkommen von Kohle, ein Überfluss an Lebensmitteln sowie eine natürliche Festung.[457] Überraschend zurückhaltend verhielten sich die Botaniker bei der Verwendung der Schweiz-Nachbezeichnung. Sehr verbreitet war bei ihnen hingegen das Heranziehen des Adjektives «alpin», das sich bleibend in der botanischen Terminologie etablierte. Bei

---

454 Good Words, Bd. 27, 1886, S. 332.
455 Voigt/Hilbich 2002, S. 106.
456 Stratz 1904, S. 99.
457 Kettel 1865, S. 813.

der Schweiz-Nachbezeichnung war allerdings die Verwendung bereits bekannter «Schweizen» in der Botanik schon verbreitet.[458]

Bei der Schweiz-Nachbenennung handelte es sich um ein globales Phänomen. Bei den Verselbständigungen und den entsprechenden Landschaftsmodellen stellt sich die Frage, ob sich diese Entwicklung vorwiegend in Deutschland oder aber auch in anderen Staaten durchsetzen konnte. Eine Beantwortung bedingt einen Überblick über die Schweiz-Nachbenennungen und deren Wahrnehmungen in den einzelnen Staaten.

Frankreich

Ähnlich wie in Deutschland entwickelte sich die Schweiz-Nachbezeichnung in Frankreich, allerdings in viel kleinerem Umfang. Auffallend ist dabei, dass Schriften aus der zweiten Hälfte des 19. Jahrhunderts die «Normanische Schweiz» vorwiegend als «pittoresque» beschreiben.[459] Es fehlte dabei die in der ersten Jahrhunderthälfte so typische Verwendung der Merkmale des Gebirges. Vielmehr wurde «la Suisse» mit einer «schönen Empfindung» verbunden. Ob französische Migranten diese Bezeichnung, ähnlich wie deutsche Migranten, weiterentwickelten und verbreiteten kann hier nicht dokumentiert werden. Die Abwesenheit der Charakteristika des Gebirges im Landschaftsbild der französischen «Schweizen» deutet jedoch auch in Frankreich auf eine Verselbständigung der Bezeichnung hin.

Vereinigte Staaten

Eine Verselbständigung des Begriffes weisen auch die nachbenannten «Schweizen» in den Vereinigten Staaten auf. Eine Vermischung von Tourismus und Gebirge findet sich ausserdem in der «Chamber's Encyclopaedia», die 1864 «Switzerland of America» in New Hampshire lokalisierte. Zu deren Kriterien gehörten der Touristenandrang, Berge und eine Seelandschaft.[460] Im Gegensatz zu Deutschland waren dort allerdings Landschaftsmetaphern für Gebirge oft noch vorhanden. So wurde beispielsweise im «Congressional Serial Set» von 1904 argumentiert, dass es sich bei der in Deutschland gelegenen «Bergischen Schweiz» um ein hochgelegenes und hügeliges Gebiet handle, wie der «Name selbst erkläre».[461]

---

458 Rosenthal 1896, S. 624.
459 Deslys 1865, S. 60; Priem 1893, S. 534.
460 Chamber's Encyclopaedia, Bd. 6, 1864, S. 734.
461 US Congressional Serial Set, Aus. 4836, 1904, S. 224.

Doch auch im Tourismusbereich zeigte sich eine Distanzierung gegenüber den früheren Vorstellungen von einem Gebirge. Das grosse Wortfeld rund um die Schweiz-Nachbenennungen in den Vereinigten Staaten kann am Beispiel «Schweiz von Pennsylvania» abgelesen werden. John Hill Martin vermerkte 1873, dass der Name «Switzerland of Pennsylvania» bedeute, dass sich ein Besuch dort lohne.[462] Als «glücklich» benannte die Zeitschrift «Manufacturing and Mercantile Resources of Lehigh Valley» die Bezeichnung 1881, ohne dabei jedoch dabei auf den bergigen Charakter einzugehen, denn im Zentrum stand ein Lob der einmaligen Landschaft mit weiteren, nicht genau identifizierbaren Eigenschaften.[463] Die Zeitschrift «The Cambrien» bezog sich auf die gebirgig anmutende Erscheinung der Landschaft und bewertete daher «Switzerland of Pennsylvania» ebenfalls als eine «glückliche» Benennung.[464] Die Zeitschrift «The Westminster» empfahl 1905 für die Region frühe Besuche im Jahr mit einer vorgängigen Reservation der Unterkunft.[465] In den Berichten zu «Switzerland of Pennsylvania» führte bezeichnenderweise nur ein Beitrag die bergige Landschaft als Merkmal und Kriterium für den Namen «Switzerland of Pennsylvania». Die Gestalt der Landschaft wird gelobt, doch der Fokus ist auf die Region als Feriendestination gerichtet. Die Schweiz-Nachbezeichnung hatte sich also auch in den Vereinigten Staaten vervielfältigt.

5.2 Vervielfachung der Alpen-Nachbezeichnung

In der zweiten Hälfte des 19. Jahrhunderts zeugt die Zunahme von Alpen-Nachbenennungen in Handatlanten von der Festigung zumindest einzelner Alpenbezeichnungen innerhalb der Geographie und Kartographie. Allerdings bleiben sie im Vergleich mit der Verwendung der zahlreichen Alpen-Nachbezeichnung in der Fachliteratur immer noch bescheiden. Die Verwendung in den Handatlanten macht jedoch deutlich, welche Bezeichnungen sich bei den Geographen und Kartographen tatsächlich durchsetzen konnten. Aus den Alpen-Nachbenennungen ab der Mitte des

---

462 Martin 1873, S. 150.
463 Industrial Pub. Co. (Hg.) 1881, S. 168, 179.
464 The Cambrien, Bd. 23, 1903, S. 323.
465 Holmes (Hg.), The Westminster, Bd. 30, 1905, S. 40.

19. Jahrhunderts lassen sich die Muster ablesen, die sich aufgrund unterschiedlicher Motive verbreitet haben. Im Gegensatz zur ersten Hälfte des 19. Jahrhunderts lässt sich hier eine Multiplizierung von alpinen Landschaftsmodellen belegen. Als Grundlage für den Namenstransfer diente der ab dem späten 18. Jahrhundert zu beobachtende wissenschaftlich-koloniale Transfer; hier sei aber nur die weitere Entwicklung und Vervielfältigung der Nachbezeichnung dargestellt, und zwar die Bildung von Modellen und deren Verbreitung in drei Feldern, den alpinistischen, den wissenschaftlichen sowie den von kolonialen Interessen angetriebenen Transfer. Erst wird nach den Motiven und Art der Etablierung von vorübergehenden und resistenten Verbreitungen der Bezeichnungen gefragt, dann nach der Wandlung der Landschaftsvorstellungen von den Alpen. Wie wirkten sich Entwicklungen im Alpinismus, in der Kolonialisierung, in den Wissenschaften und im Freizeitverhalten auf die Alpen-Nachbezeichnung und auf die davon abhängigen Landschaftsmodelle aus?

Verbreitung im Bergsport

Damit Alpinisten beim Namenstransfer der Alpen überhaupt eine Rolle spielen konnten, mussten sie zuerst global tätig werden, wie in der von Eva Maurer 2010 verfassten Arbeit über den Alpinismus detailliert nachgezeichnet worden ist. Darin beschrieb sie, wie am Ende des 19. Jahrhunderts der Zustrom von Touristen bei erprobten Bergsteigern der Oberschichten auf Ablehnung stiess, die eine «Vulgarisierung» und «Cockneyfizierung» der Alpen befürchteten. Auch deswegen ersetzten sie ihre Selbstbezeichnung «Tourist» in den 1870er Jahren durch «Alpinist». Dieses Phänomen war international; auch in Russland diente die Bezeichnung «turist» als Sammelbegriff für alle Besucher, während die Bezeichnung «al'pinist» nur für Bergsteiger im Hochgebirgstouren-Bereich verwendet wurde. Die Bergsteiger, die sich fortan als «Alpinisten» bezeichneten, wandten ihre Fertigkeiten gegen Ende des Jahrhunderts zunehmend auch in ausser-alpinen Gebirgen an. Maurer hielt dazu fest, dass Raumbilder insbesondere diejenigen gebirgiger Gegenden Russlands, von Alpinisten geformt worden waren.[466] Das bedeutet, dass Ende des 19. Jahrhunderts neben Kartographen und Forschern auch die sogenannten Alpinisten massgebende

---

466 Maurer 2010, S. 47, 65, 21, 53, 61, 62.

Vorstellungen von Gebirgen vermittelten, die insbesondere bei der Bildung einer russischen Identität eine führende Rolle übernahmen.

Als im 19. Jahrhundert russische Touristen in den Alpen auftauchten und sich dort auch kaum noch Erstbesteigungen anboten, rückte umgekehrt auch für westeuropäische Bergsteiger der Kaukasus ins Zentrum des Interesses. Maurer belegte, dass die Alpen bei der Interpretation des Kaukasus als Modell und Standard für Landschaft, Ästhetik und Bewertung dienten. Denn bereits Puschkin hatte den Elbrus mit dem Mont Blanc verglichen, als er von den «russischen Alpen» schrieb. Diese blieben danach als Vergleichswert massgebend – sowohl negativ, als auch positiv. Auch für die Beschreibung des Pamirs dienten die Alpen als Standard. Ebenfalls orientierten sich russische Bergvereine bei der Erstellung von Karten, Schutzhütten und Wanderwegen am Vorbild der Alpen, wie Maurer schrieb.[467] Otto Kronsteiner seinerseits zeigte auf, dass Nachbenennungen in Gebirgen seit Beginn des modernen Alpinismus stark zugenommen hatten.[468] Obwohl Maurer und Kronsteiner nicht konkret Nachbenennungen mit dem Begriff «Alpen» untersuchten, darf aus ihren Hinweisen geschlossen werden, dass die «originalen» Alpen bei Alpinisten nach wie vor eine Vorbildfunktion hatten und damit auch beim Namenstransfer als Akteure in Frage kommen. Im nächsten Abschnitt wird deshalb anhand von Beispielen aus Japan und Australien detaillierter auf die spezifischen Eigenschaften der Nachbenennungen bei alpinistisch bedingten Transfers eingegangen.

Der aufkommende Alpinismus übernahm auch für den Namen «Australische Alpen» eine festigende Funktion. Wie im 3. Kapitel beschrieben, führten die Redaktoren des «Sohr-Berghaus» die «Australischen Alpen» bereits seit 1841 auf.[469] Der Name ist aus einer kolonial-wissenschaftlichen Mischung entstanden, er vermittelte wissenschaftliche Imaginationen und Anhaltspunkte und signalisierte westeuropäische Präsenz respektive Machtanspruch. Die Austauschbarkeit mit dem Namen «Victorian Alps»[470] unterstrich den politischen Machtanspruch Grossbritannines. Der Begriff «Australische Alpen» tauchte ab 1850 im «Stieler», ab 1853 im «Weimar», ab 1868 im «Meyer» und ab 1896 im «Andree» auf. Dabei handelte sich insgesamt um eine der meistaufgeführten Alpen-Nachbezeichnung überhaupt.

---

467 Ebd., S. 47, 65, 21, 53, 61, 62.
468 Kronsteiner 2002, S. 65.
469 Fleming (Hg.) 1849.
470 Gardener 1992.

Sicherlich hatte auch der australische Alpinismus, insbesondere das Skilaufen, dazu beigetragen, dass der Name sich im Verlaufe des 19. Jahrhunderts so weit verbreitet hatte. Denn bereits 1861 hatten norwegische Goldmineure den Skisport in den «Australischen Alpen» eingeführt und gleichzeitig den «Kiandra Snow Shoe Club» gegründet.[471] Der Alpinismus als Sport dürfte somit den Umlauf des Namens «Australischen Alpen» mitbestimmt und alpine Aktivitäten die Namensbezeichnung gefestigt haben. Diese Entwicklung steht in Kontrast zu den «Southern Alps» in Neuseeland, wo, wie im 2. Kapitel bereits beschrieben, nur Wissenschaftler an der Festigung des Namens beteiligt gewesen waren. Die Bezeichnung «Australische Alpen» stand somit für Sportarten, die dort ausgeübt wurden.

Der aufkommende Alpinismus trug nicht nur in Australien zur Festigung von bereits bestehenden Alpen-Nachbenennungen bei, dafür sind auch die «St. Elias Alpen» ein imposantes Beispiel.[472] Diese waren schon 1880 vom amerikanischen Geographen Ivan Petroff (*1842) auf der Census-Karte für Alaska aus identitätsstiftenden Gründen mit dem Namenzusatz «Alpen» versehen worden. Ein grosses öffentliches Interesse an Bergexpeditionen und der «Eroberung» Alaskas bewog die «New York Times» 1886 zum Sponsoring einer Expedition auf den Mount St. Elias. Obwohl die Besteigung misslang – der Berg wurde erst 1897 bestiegen –, verstand es die Redaktion, die Geschehnisse während der Expedition den Lesern spannend zu vermitteln. Die Alpen-Nachbezeichnung für das Gebirge wurde in der ausführlichen Reportage mehrfach benutzt. Zudem bildete die Zeitung in ihrem Bericht eine Karte von Alaska ab, die mit dem neuen Begriff in der Petroff-Karte übereinstimmte. Die Reportage ging ausserdem auf den alpinen Charakter und Möglichkeiten für sportliche Aktivitäten in dieser Region ein. Nicht nur wurde ein Gletscher nach dem Physiker und Alpinisten John Tyndall[473] (1820–1893) benannt, es wurden auch Vergleiche zu den europäischen Alpen gezogen. Eis und Schnee standen im Zentrum der Beschreibung und die Alpen dienten als Referenz. Im Mittelpunkt der Reportage stand jedoch der Alpinismus, Bergsteigen in den Alpen wurde – besonders mit der Benennung eines Gletschers nach Tyndall – als Vorbild herangezogen. Bezeichnenderweise wurde in der Reportage erwähnt, dass der Expeditionsleiter Seton Karr alpenerfahren sei.

---

471 Sidney Morning Herald 5. April 2010. Siehe auch Clarke 1870.
472 Alaska war 1867 von den USA von Russland zum Preis von gut 7 Millionen Dollar gekauft worden.
473 Erstbesteiger des 4505 Meter hohen Walliser Weisshorns (1861).

Der Artikel hielt einen neuen «Alpine record» für erklommene Höhe fest, den die Expedition mit dem Aufstieg erreicht hatte.[474] Langfristig festigte der Alpinismus den von Petroff geprägten Namen «St. Elias Alps», der im «Andree» von 1906 bis 1924 ebenfalls verwendet wurde. Die Reportage spiegelt indessen die Popularität und Medienwirksamkeit des Alpinismus in der Öffentlichkeit. Breite Gesellschaftsschichten konnten mit dem Thema angesprochen werden.

Ein nachweisbar von Alpinisten benanntes Gebirge befindet sich in Japan. Dabei handelt es sich gleich um drei Gebirgsketten: die «Northern Alps» («Hida Sanmyaku»), die «Southern Alps» («Akaishi Sanmyaku») und die «Central Alps» («Kiso Sanmyaku»). Zusammen bilden sie die «Japanese Alps». Der Name geht auf die Freizeitaktivitäten des englischen Mineningenieurs William Gowland (1842–1922) zurück, der in Japan tätig und dem Alpinismus zugetan war. Er fügte dem Reisebuch «Handbook for Travellers in Central and Northern Japan» aus dem Jahr 1881 wichtige Informationen hinzu.[475] Der darin aufgeführte Namen «Japanese Alps» dürfte er als erster gebraucht haben.[476] Der britische Alpinist Walter Weston verbreitete den Namen weiter, als er 1896 ein Buch unter dem Titel «Mountaineering and Exploration in the Japanese Alps» veröffentlichte.[477]

Die Japanologin Kären Wigen zeigte 2005 auf, wie es in Japan zu einer Debatte um die Namensbezeichnung gekommen war. Der Historiker Takato Shoku sprach 1906 den «Kiso Sanmyaku» den Namenszusatz «Alpen» ab. Darauf reagierten der Lyriker Sangaku und der Bergsteiger Kojima Usui mit dem Argument, dass die von Shoku verwendeten Kriterien – wie Schneehöhe, fehlende Gletscher und Geologie – auch den «Hida Sanmyaku» und «Akaishi Sanmyaku» als nachbenannte «Alpen» disqualifizieren würden. Usui und Sangaku setzten sich durch. Wigen betonte zudem die wirtschaftlichen und symbolischen Interessen an den «Japanese Alps».[478] Der Begriff erwies sich als derart verankert, dass er noch heute verwendet wird.[479] Es handelt sich also um eine exonyme Benennung, die

---

474 The New York Times 20. September 1886.
475 Gowland 1881.
476 Manzenreiter 2000, S. 57. Siehe auch Schweizerische Gesellschaft für Asienkunde (Hg.), Zeitschrift der Schweizerischen Gesellschaft für Asienkunde, Bd. 57, Aus. 3–4., 2004, S. 602, 612.
477 Weston 1896.
478 Wigen 2005, S. 1–26.
479 The Japan Times 21. April 2002.

endonym debattiert und evaluiert wurde und letztlich vor Ort als gefestigt akzeptiert worden ist. Einzigartig ist, dass die «Japanischen Alpen» im Rahmen einer sportlichen Aktivität benannt wurden. Diese Sonderform des Transfers belegt eine weitere Abkehr von Landschaftsmetaphern.

«Alpen» als Gattungsbegriff in der Wissenschaft

Ein weiterer Transfer, neben dem Alpinismus, kann bei den Wissenschaften nachgewiesen werden, obwohl weniger medienwirksam. Denn dort kam es im Laufe des 19. Jahrhunderts zu einer Vervielfachung der Alpen-Nachbezeichnungen. Christoph Hamann und Alexander Honold schrieben 2011, dass ein Forschungsreisender um 1800 noch die Kompetenz eines universalistisch gebildeten Gelehrten aufweisen musste.[480] Im 19. Jahrhundert hingegen fand mit der Vertiefung der einzelnen Fächer auch eine Spezialisierung statt. So kam dem Begriff «Alpen» bzw. «alpin» in der Botanik und der Geographie eine besondere Bedeutung zuteil, vor allem in ersterer mit ihren intensiven Bemühungen um eine Klassifizierung.[481] Die Kartographie-Historiker Bruno Schelhaas und Ute Wardenga wiesen ausserdem auf eine neue wissenschaftliche Arbeitsform hin, denn mit der Gründung geografischer Landesanstalten wurde die Kartierung zunehmend von einem wissenschaftlich ausgebildeten Beamtenapparat getragen, bei dem die Einzelleistung keinen besonderen Einfluss auf das Ergebnis hatte.[482] Wie sahen nun diese Transferprozesse in einem sich wandelnden Umfeld aus?

Bereits Thomas Pennant schrieb 1792 von den Anden als von «chain of the alps in America».[483] Gotthilf Heinrich von Schubert (1780–1860), Arzt und Naturforscher mit einer Professur in München, widmete sich hingegen 1840 vertieft den Anden und hielt fest:

> «Der Unterschied der südamerikanischen und der europäischen Alpengebirge in Hinsicht auf die Gestalt wird darin gefunden, dass diese in ihren höchsten Punkten aus Granit, jene aus Urporphyr bestehen. Nicht jene ungeheuren, hochemporstehenden

---

480 Hamann/Honold 2011, S. 40.
481 Eine erste moderne Klassifizierung in der Botanik wurde von Augustin-Pyrame De Candolle 1819 erarbeitet, wichtig war auch die Arbeit von Richard Wettstein (Handbuch der Systematischen Botanik 1901–08).
482 Schelhaas/Wardenga 2011, S. 88.
483 Pennant 1792, S. ccxxvi.

Klippen, welche in der deutschen Schweiz den einzelnen Bergen den Beinamen Horn erworben haben, sondern ein runder Umriss selbst der höchsten Gebirgshäupter zeichnet die höchsten amerikanischen Alpen im Ganzen vor denen der Schweiz aus.»[484]

Bei Schubert wird somit bereits 1840 eine Erweiterung des wissenschaftlichen Argumentariums sichtbar, besonders deutlich an den mineralogischen Unterschieden. Er verliess damit zumindest teilweise die rein deskriptive Ebene von Höhe, Schnee und Gletschervorkommen und suchte, als Geognostiker und Mineraloge, auch qualitativ-analytische Argumente.

Anwendung und Verbreitung der Alpen-Nachbezeichnung in wissenschaftlichem Rahmen kann also am Beispiel der Anden detailliert nachvollzogen werden. Bei Schubert lässt sich nämlich eine Abkehr von der Alpendefinition aufgrund von groben visuellen und klimatischen Aspekten erkennen. Zwei Punkte treten bei ihm hervor. Erstens findet sich in Schuberts Aussage neben dem Hinweis auf die unterschiedliche äussere Form der Berge ein mineralogisches Argument. Der zweite auffallende Punkt in seinen Ausführungen ist die weitere, unreflektierte Verwendung der Alpen-Nachbezeichnung in Bezug auf die höchsten Gebirgsgebiete der Anden. Dies führte dazu, dass sich sogenannte «Alpen» immer noch in Gebirgen befinden konnten, die den Alpen gar nicht ähnlich sahen. Dabei handelt es sich nicht um ein Einzelphänomen, dies findet man auch bei Karl Neumann, dem Herausgeber der «Zeitschrift für allgemeine Erdkunde», wo er in ähnlicher Weise im Jahr 1856 von «Alpen in den Bergen» geschrieben hatte.[485] Solche Beobachtungen wurden allerdings in der zweiten Hälfte des 19. Jahrhunderts selten. Bleibend war hingegen die Ableitung materieller Beschaffenheit aus mehreren physischen Attributen und nicht mehr alleine aus der Höhe.

Eine auffallende Häufung von Alpen-Nachbezeichnungen findet sich in der botanischen Literatur des 19. Jahrhunderts, doch nur die wenigsten dieser Begriffe fanden Eingang in die von Geographen verfassten Handatlanten. Die Abhängigkeit der Pflanzen von den klimatischen Bedingungen schuf in der Botanik den Bedarf an einer Benennung der jeweiligen Höhenstufe, wofür sich im höchsten Bereich der bereits etablierte Begriff «Alpen» anbot. Wie weiter unten aufgezeigt, diente die gemessene Höhe um 8000 Fuss für Botaniker als allgemeiner Richtwert für eine «alpine Zone». Dabei dürfte die Ausbreitung der Flora bestimmend gewesen sein.

---

484 Schubert 1840, S. 108.
485 Neumann (Hg.) 1856, S. 155.

Anhand einiger Beispiele kann die Verwendung des Begriffes umschrieben werden, auch wenn der grosse Bestand an Werken der Botanik in der zweiten Hälfte des 19. Jahrhundert nicht systematisch durchsucht worden ist. Humboldts wegweisende Arbeiten prägten die Pflanzengeographie in der ersten Hälfte des 19. Jahrhunderts. In der zweiten Hälfte revolutionierte der Botaniker Oscar Drude (1852–1933) die botanische Kartographie und trug zu einer neuen Dynamik und Qualität in der Pflanzengeographie bei, wie Nils Robert Güttler kürzlich festhielt.[486] Weitere Beispiele von Anwendungen beziehungsweise Neubildungen von Alpen-Nachbezeichnungen finden sich auch bei Albert Courtin, Karl Müller und Theodor Kotschky. Courtin schrieb beispielsweise 1885 – ohne genauer darauf einzugehen – von den «Alpen Alaskas», den «Alpen bei Nepal» oder den «Alpen von Bootan».[487] Wagner erwähnte 1846 seinerseits die «Sajanskischen Alpen», die «Baikal Alpen», die «Mongolischen Alpen», die «Abbyssinischen Alpen», die «Altaischen Alpen», die «Kaukasischen Alpen» und die «Kashmir Alpen».[488] Karl Müller (1818–1899) hielt 1849 in der «Botanischen Zeitung» zur Bedeutung der klimatischen Höhenstufen in der Botanik Folgendes fest:

«Auffallend ist ebenso die Verbreitung der Mielichhoferien, welche auf den Alpen Europa's, Amerika's und Abyssiniens bisher gefunden sind. Namentlich ist es merkwürdig, wie gleiche alpine Höhen in verwandten Himmelsstrichen so sehr ähnliche verwandte Arten hervorbringen, wie z. B. die alpinen Gebirge Abyssiniens so sehr an die vom tropischen Amerika, von Mexico, Peru und Chile erinnern. In jenem genannten Aufsatze über die Linden'schen Moose habe ich noch mehre dergleichen characteristische Beispiele aufgeführt, welche ich von dort hierher bringe, da sie das Ganze zu einem Bilde zu vervollständigen haben. So sind die Angströmien mit einem caulis julaceus äusserlich ungemein ähnlich, und doch innerlich wieder so sehr verschieden, wie es die Entfernung ihrer Wohnörter ist. Die Angströmia longipes wächst auf den Alpen Norwegens und Canada's, die A. andícola auf den Anden, die A. Gagana auf den Cordilleren, die .1. vulcanice auf den gegen 8000 Fuss hohen Vulkanen Bourbons.»[489]

Eine genauere Definition von Höhenzonen liefert Theodor Kotschky (1813–1866), der als Adjunkt am botanischen Hof-Kabinet in Wien amtete. Er hielt 1856 zum Taurus-Gebirge fest:

---

486 Güttler 2011, S. 163–164.
487 Courtin 1858, S. 128, 129.
488 Wagner 1846, S. 37, 50.
489 Müller 1849, S. 254.

«Der Charakter dieses obern Alpen-theiles besitzt grosse Aehnlichkeit mit jenem unserer noch nicht die Gletscherregion erreichenden, aber bis in den Hochsommer mit Schnee-feldern bedeckten Alpen. Nur in dem untern Theile bis zur Höhe von 8000 Fuss[490] ist diese so üppige Flora zu finden; weiter hinauf zeigen sich nur hie und da zwischen Steingerölle sich durchwindende sehr gebrechliche Stengel von Lactuca glareosa, Viola crassifolia, Lamium eriocephalum, Isatis suffrutescens.»[491]

Kotschky schrieb von sogenannten «Alpenteilen», also einer weiteren Unterteilung der «Alpenzone». Gesamthaft gesehen blieben seine Aussagen ziemlich vage, weil auch er keine eindeutigen Höhenangaben machen konnte. Ähnlich wie bei Müller, findet sich auch bei ihm den Verweis auf 8000 Fuss, der für Botaniker zu jener einen allgemeinen Richtwert darstellte. Ausschlaggebend dürfte aber die Verbreitung der Flora gewesen sein, die wiederum eine gewisse Unsicherheit bezüglich der Höhenzonen beinhaltet.

Wissenschaft und Kolonialismus

Auch in führenden Lexika und Enzyklopädien des 19. Jahrhunderts ist diese Fokussierung auf die Gestalt eines Gebirges bei der Namensgebung zu finden. Das vom Meyer-Verlag herausgegebene «Neues Konservations-Lexikon» beispielsweise verzichtete auf Änderungen des Eintrags zu «Alpen» zwischen den Ausgaben von 1867 und 1905, was für eine breite Akzeptanz und einen Konsens unter den Wissenschaftlern spricht. Seine Definition lautet:

«Alpen, orographische Bezeichnung solcher Hochgebirge, welche, unähnlich gewöhnlichen Gebirgsketten, aus einzelnen Gebirgsstöcken (Gruppen) zusammengesetzt sind und nicht allein nach ihrer Länge, sondern auch nach ihrer Breite grossen Raum einnehmen. Die einzelnen Berge sind durch sattelförmige Erhebungen (Cols) u. schmale Rippen (Joche), oft auf langen Distanzen, zusammengeknüpft. Von bedeutender absoluter Höhe, steigen sie öfters über die Schneelinie empor und haben gemeiniglich eine breite Basis. Ihre Gehänge sind tief gefurcht, zerrissen, gezackt, mit schroffen, oft lothrecht abstürzenden, häufig sehr tiefen Schluchten, die ursprünglich nichts gewesen sind, als Spalten, entstanden beim Zusammenziehen der gerinnenden Urgesteine, der Granite und Porphyre, aus welchen ihr Gerüste besteht. A. bestehen daher nicht, wie die gewöhnlichen Gebirgzüge, aus einfachen Reihen oder

---

490 8000 Fuss entsprechen heute ungefähr 2'400 m ü. M.
491 Kotschky 1856, S. 127.

langen Rücken, aus denen Kuppen emporragen, sondern aus einer Menge kleinerer Gebirge, wovon jedes wieder aus einer unbestimmten Anzahl einzelner Berge zusammengesetzt ist. Sie werden gewöhnlich nach dem Lande oder der Provinz benannt, in welcher sie liegen; Z. B. die Schweizer A. (berner, graubündtner, walliser A.), die italienischen, savoyischen, piemonteser A. die tyroler, salzburger, kärnthner und steierischen A., die siebenbürgischen, die skandinavischen A. in Europa, d. abessinischen A. in Afrika, die nordwestlichen A. in Amerika, die indischen A., die sibirischen A. in Asien.»[492]

Dieser Eintrag verdeutlicht die immer noch starke Gewichtung der Form eines Gebirges für seine Benennung und Einordnung. Im Zentrum stehen «Cols», «Joche», der «ewige Schnee» und «abstürzende Schluchten», die sich aus verschiedenen kleineren Gebirgen zusammensetzten. Die Redaktoren stellten den als «Alpen» nachbezeichneten Gebirgen «gewöhnliche Gebirgszüge» entgegen, die aus «einfachen Reihen» oder «langen Rücken» bestanden. Im Gegensatz dazu brauchten sie die Alpenbezeichnung für das spektakulär extreme, von «überhängenden Zacken» und «Kanten» dominierte Gebirge. Interessanterweise wurden in diesem Eintrag mehr oder weniger bekannte «Alpen» undifferenziert aufgelistet, obwohl sich diese zum Teil in den Handatlanten der Geographen nicht etablieren konnten.

Im Bemühen um eine gültige Beschreibung eines alpinen Gebirgstypus', hielten viele Geographen und Geologen lange an der gestaltsabhängigen Definition fest. Im Eintrag «Alpen» verwiesen die Redaktoren im «Meyer» ebenfalls konkret auf das «Zusammenziehen der gerinnenden Urgesteine, der Granite und Porophyre», denen sie die Verantwortung für die Form der Alpengebirge zuschrieben. Der Eintrag geht weiter auf diese wissenschaftliche Ableitung von Gesteinsorte zu Form ein, indem festgehalten wurde, dass nachbenannte Alpen «daher» nicht wie andere Gebirge aussehen würden. Einen weiteren Hinweis zu dieser Methode der Alpen-Nachbenennung finden wir im «Meyer» beim Eintrag zu den Apenninen:

«Das Auftreten von Centralmassen aus Granit und krystallinischen Schiefern ist unterscheidendes Merkmal der Alpen und A., und wie aus diesem Grunde das ligurische Gebirg im Westen von Genua noch zu den Alpen gezogen werden muss, so gehören die Gebirge südlich vom Trati und von Tartaro zu einem eigenen System, denn von dort an ist Granit, begleitet von krystalinischem Schiefergebirge (Gneis, Klimmerschiefer, Thonschiefer mit Grünsteingängen, Serpentin und Gabro), durch das ganze gebirgige Kalabrien das vorherrschende Gestein.»[493]

---

492 Meyer (Hg.), Neues Konservations-Lexikon, Bd. 1, 1867, S. 553, 534.
493 Ebd., (Hg.), Bd. 1, 1867, S. 887.

Hier zeigen die Redaktoren, wie Geographen Gesteinssorte und Gebirgszugehörigkeit verknüpften und so eine Alpenbezeichnung begründeten. Geologen und Geographen waren grundsätzlich bemüht, die Alpen-Nachbenennung einem wissenschaftlich begründeten Gebirgstypus zuzuweisen. Der japanische Historiker Shoku sprach deshalb Bergen in Japan 1906 den Alpenstatus ab und versuchte, geologische Kriterien dafür verantwortlich zu machen.[494]

Für Botaniker stand die vorhandene Flora in Höhenzonen im Mittelpunkt eines Modells der Alpen-Nachbenennung. Wie aufgezeigt, führten die Kategorisierung und Verteilung von Pflanzen zur Verbreitung des Alpennamens. Das Landschaftsmodell stand in Verbindung mit der vorhandenen Flora und der Höhenlage. Dies führte, wie am Beispiel von Kotschky beschrieben, zu weiteren Unterteilungen in «Alpenteile». Obwohl auch er keine eindeutigen Höhenangaben machen konnte, kann der Verweis «auf 8000 Fuss» für Botaniker als allgemeiner Richtwert verstanden werden. Für die Botanik bildete die ausschlaggebende Verbreitung der Flora in Kombination mit der Höhenangabe den Rahmen für ein Landschaftsmodell der Alpen-Nachbenennung.

Eine Alpenbezeichnung für die koloniale Erschliessung unbekannter Gebiete lohnte sich für die Kolonialmächte in der ersten Hälfte des 19. Jahrhunderts (vgl. Kapitel 4). Der Name vermittelte nicht nur Vorstellungen, sondern erhob auch sprachlich Anspruch auf ein Gebiet. Am Beispiel Afrika lässt sich verfolgen, wie sich der Bedarf an solchen Bezeichnungen zusammen mit den kolonialen Entwicklungen änderte. Waren die angesprochenen Gebiete zunächst noch unbekannte Territorien, setzten sich Kolonialmächte in der zweiten Jahrhunderthälfte in fast ganz Afrika fest. Ab 1850 verschwinden dementsprechend auch die afrikanischen Alpen-Nachbezeichnungen aus den Handatlanten, obwohl sie in der Literatur teilweise noch gebraucht wurden.

Das Verschwinden der Alpenlandbezeichnungen in Afrika ist für diese Studie interessant. Mit der fortgeschrittenen Kolonialisierung in Afrika änderten Kolonialmächte die Namensgebung. Hamann und Honold (2011) identifizierten dafür vier Arten. Erstens: Man benannte die höchste Bergspitze nach dem kolonisierenden Staat oder nach einem prominenten

---

494 Wigen 2005, S. 1–26.

Vertreter der Kolonialmacht. Zweitens: Ein Berg erhielt den Namen des kolonialen Entdeckers. Drittens: Die Benennung erfolgte nach der Form des Berges. Viertens: Der Name war eine Vermischung eines kolonialen mit einem einheimischen Namen.[495]

Die aufgezeigte Praxis macht klar, dass mit der Verstaatlichung und Einverleibung von Kolonien andere Begriffe als die Alpen-Nachbezeichnung gefragt waren. Häufig drängten die Kolonialmächte ihren Kolonien Namen mit einer starken Bindung zum «Mutterstaat» auf. Die Alpen-Nachbezeichnung dürfte dabei zu generell, vage und gesamteuropäisch gewesen sein. So erfüllte sie ihre Funktion nur in einer ersten Phase der Erkundung und der sprachlichen Aneignung. Bei der staatlichen Annektion waren spezifischere Namen gesucht. Bezeichnenderweise verschwanden in der zweiten Hälfte des 19. Jahrhunderts praktisch alle Alpenlandbezeichnungen Afrikas aus den hier untersuchten Handatlanten.

Fazit

Während in der ersten Hälfte des 19. Jahrhunderts die Schweiz-Nachbezeichnung fast ausschliesslich mit der physischer Beschaffenheit der Landschaft verknüpft wurde, insbesondere in Verbindung mit romantischen, voralpinen Landschaftselementen, wird mit der Entwicklung der Tourismusindustrie eine Verselbständigung der Schweiz-Nachbezeichnung im Laufe des 19. Jahrhunderts deutlich. Vorbild für «Schweizen» konnte auch eine bereits nachbenannte «Schweiz» sein. Zunehmend traten im Landschaftsbild zur Schweiz-Nachbezeichnung neue Assoziationen mit Freizeitaktivitäten hervor. Mit der Verselbständigung akzeptierten auch Wissenschaftler die Schweiz-Nachbezeichnung zunehmend und diese fanden in der Folge Eingang in die Handatlanten.

Auch bei der Alpen-Nachbezeichnung findet eine Verselbständigung statt. Als Akteur bei der Verbreitung traten zunehmend der Alpinismus und seine Aktivitäten in den Vordergrund des damit assoziierten Landschaftsbildes. In den Wissenschaften wurden zur selben Zeit bei der Verwendung der Alpenbezeichnung verschiedene Begründungen herangezogen. Dabei unterschied sich die Vorgehensweise der Geographen, Geologen und Botaniker. Das alpine Landschaftsmodell vieler Geographen und Geologen

---

495 Hamann/Honold 2011, S. 52, 116–118, 8, 13, 14; Siehe auch Siegrist 1996, S. 293–299.

wurde in der zweiten Jahrhunderthälfte von Vorstellungen der Alpen geprägt, das heisst, dass aus der Gestalt der Berge Rückschlüsse auf die materielle Beschaffenheit des Gesteins gezogen wurden. Während in der Botanik mit der eindeutig zu definierenden Höhenstufe der Gebirge gearbeitet wurde. Der Begriff «Alpen» wurde für die vereinfachenden Metaphern von den «spitzen Gipfel» und «Kanten» benutzt. Durch eine wissenschaftliche Ableitung konnten die Geographen die Alpen-Nachbezeichnung einem Gebirgstypus zufügen, womit der Eigenname zu einem Gattungsbegriff wurde. Ganz neues Gewicht erhielten die Alpen-Nachbezeichnungen in der Botanik mit dem Kriterium der Höhenstufe. Für Botaniker stand die Flora in Höhenzonen in Verbindung zur Alpen-Nachbenennung. Dies führte zu einer ausgeprägten Verteilung von Alpen-Nachbenennungen in der botanischen Fachliteratur, aber auch zu weiteren Unterteilungen von Gebirgen in «Alpenteile». Dabei blieben eindeutige Höhenangaben selten und unklar. Der Verweis auf «8000 Fuss» kann für Botaniker als allgemeiner Richtwert angenommen werden. Die Verbreitung der Flora in Verbindung mit Höhenzonen sorgte für ein Landschaftsmodell der Alpen-Nachbenennung in der Botanik. Weiterhin fand die Alpenbezeichnung – wie auch die Schweizbezeichnung – als identitätsstiftende Bezeichnung in einem kolonialen Kontext Anwendung.

6. Höhepunkt und Rückgang der Nachbezeichnungen – 1930 bis 1992

In diesem Kapitel wird untersucht, wie sich die Nachbezeichnungen «Schweiz» und «Alpen» von den Dreissigerjahren des 20. Jahrhunderts bis 1992 wandelten. Ein erster Teil fokussiert auf den Anstieg der Schweiz-Nachbezeichnungen in den Dreissigerjahren, in einem zweiten wird deren Rückgang nach dem Zweiten Weltkrieg und abschliessend die Wandlung der Alpen-Nachbezeichnung im 20. Jahrhundert nachgezeichnet, indem zuerst Verbreitungsmotive, anschliessend die Landschaftsmodelle und in einem letzten Teil die Entwicklungen in der Nachkriegszeit beleuchtet werden. Die übergeordneten Fragen des Kapitels betreffen die Gründe des allgemeinen Anstiegs in den Dreissigerjahren und den Rückgang der Nachbezeichnungen nach dem Zweiten Weltkrieg.

6.1 Faschistische Landschaft: Entwicklungen der Schweiz-Nachbezeichnung

Verbreitung im Dritten Reich

Einzelne Geographen in den Redaktionen von Handatlanten exponierten sich im Dritten Reich als Protagonisten der Schweiz-Nachbezeichnungen. Dieser Wandel von einer zurückhaltenden zu einer fördernden Haltung lässt sich am Beispiel des «Meyer-Handatlas» nachvollziehen. Während der touristischen Hochkonjunktur der nachbenannten «Schweizen» hatten die Redaktoren 1877 lediglich die «Sächsische» und «Fränkische Schweiz» berücksichtigt und in «Meyers Physikalischem Handatlas» fanden diese Bezeichnungen auch 1916 noch keine Erwähnung. Dies änderte sich erst in der Ausgabe von 1934, denn nun führten die Redaktoren auch die «Holsteinische», «Mecklenburgische» und «Pommersche Schweiz» auf. Die Meyerschen Atlanten waren jedoch nicht die einzigen;

alle grossen, hier untersuchten deutschen Handatlanten zeigten dieselbe Entwicklung. So führte «Debes» in der Ausgabe von 1936 die «Livländische Schweiz», auch «Andree» lokalisierte 1937 nicht weniger als sechs «Schweizen».[496] Dieser Zuwachs kann mit der Verselbständigung der Schweiz-Nachbezeichnung im vorangegangenen Jahrhundert im Sinne einer «schönen Landschaft» erklärt werden.

Die beschriebenen Entwicklungen finden wir auch in der «Debes»-Ausgabe von 1936. Dort wurde zum ersten und letzten Mal die «Livländische Schweiz» erwähnt. Eine kolonialistische Erklärung zu den Absichten hinter der Anwendung der Schweiz-Nachbezeichnung findet sich in der gleichen Ausgabe in der Karte «Der deutsche Volks– und Kulturboden in Mittel– und Osteuropa». Dort bezeichneten die Redaktoren Lettland und Estland als Teil des deutschen Kulturbodens.[497] Die Schweiz-Nachbezeichnung wurde somit zur Verdeutschung Lettlands in kolonialer Absicht benutzt, eine sprachliche Okkupation. Dies bemerkte man auch ausserhalb Deutschlands. Der französische «Atlas de Géographie Moderne», unter der Leitung von «Schrader», hatte noch in der Ausgabe von 1904 die «Livländische Schweiz» geführt.[498] Mit der veränderten politischen Lage entfernten die französischen Redaktoren allerdings die Bezeichnung wieder.

Doch Kartentitel, welche deutsche Ambitionen im Osten darlegten, finden sich auch in anderen grossen deutschen Atlantenwerken der Zeit; so betitelte der «Andree» bereits im Jahr 1937 Karten mit unverhüllt drohenden Titeln «Rassische und andere menschliche Bedingungen politischer Gestalt» und «Von der ostdeutschen Landerschliessung».[499] Die Bündelung der Deutungshoheit unter den Nationalsozialisten führte bald zu einem neuen Landschaftsbild der Schweiz-Nachbezeichnung. «Schweiz» stand nicht weiter nur für als schön empfundene Landschaften, die Attribute wurden vielmehr von der deutschen Identität und den ihr angeblich zuzuschreibenden Tugenden überlagert. Die Nationalsozialisten eigneten sich somit die Schweiz-Nachbezeichnung als Mittel, kolonialistische Ansprüche zu signalisieren, an. Das Beispiel aus dem französischen Atlas von «Schrader» zeigt, dass die politischen Veränderungen in Deutschland in Frankreich aufmerksam verfolgt worden sind.

---

496 Siehe dazu Kapitel 3 und Abb. 6 im Anhang.
497 Fischer (Hg.), Debes, 1936.
498 Schrader 1899–1904.
499 Frenzel (Hg.), Andree, 1937.

In der deutsch kolonial-imperialen Anwendung der Schweiz-Nachbezeichnung störte der schweizerische Staat nicht. Er rangierte in deutschen Handatlanten sogar unter der Kategorie «deutscher Volksboden».[500] Karten zeigen, dass das dahinterstehende Staatsgebilde Schweiz von zuständigen Geographen als deutsches Gebiet verstanden wurde. Genauer erkennbar im «Meyer», der die Schweizer als «Deutsche mit politischer Eigenentwicklung: z. B. Deutschschweizer» kategorisiert.[501] Auch die Redaktoren des «Debes» markierten die Schweiz 1936 in der Karte «Der deutsche Volks- und Kulturboden in Mittel- und Osteuropa» als «deutschen Volksboden». Dies entsprach einer noch höheren Kategorie als die für Estland und Lettland benutzte, welche als «deutscher Kulturboden» gewertet worden waren.[502] Nach der deutschen Niederlage verschwanden derartige Einstufungen samt den Schweiz-Nachbezeichnungen wieder aus den Handatlanten.

Die sprunghafte Verbreitung von nachbenannten «Schweizen» in nationalsozialistisch orientierten Handatlanten wurzelte in den Entwicklungen des 19. Jahrhunderts, weil die Verbreitung und Verselbständigung der Schweiz-Nachbezeichnung im Sog der Tourismusindustrie eine schwammige Deutung dieses Begriffes als schöne deutsche Landschaft zugelassen hatte. Abgesehen davon stand das staatliche Gebilde Schweiz bereits im Visier der nationalsozialistischen Kartographen. Denn die Förderer der Nachbezeichnungen in der Osterweiterung sahen auch in der Schweiz bereits deutsches Gebiet. Die Schweiz-Nachbezeichnungen standen insgesamt im propagandistischen Dienst für die Erweiterung des Dritten Reiches.

Streit um die Schweiz-Nachbezeichnung

Weinacht ging in seinen Ausführungen zur «Fränkischen Schweiz» davon aus, dass die Schweiz-Nachbenennungen im Dritten Reich unterdrückt worden waren; eine Aussage, die er auf eine Arbeit von Michel Hoffmann aus dem Jahr 1953 gründete.[503] Zwar ist es möglich, dass im NS-Gau «Bayrische Ostmark» gegen die Bezeichnung «Fränkische Schweiz» opponiert worden war, denn auch unter den Nationalsozialisten wurde die

---

500 Fischer (Hg.), Debes, 1936.
501 Meyer 1934.
502 Fischer (Hg.), Debes, 1936.
503 Hoffmann 1953, S. 25–27. Auch zitiert in Weinacht 1994, S. 100–101.

Schweiz-Nachbezeichnung diskutiert. Tatsächlich kam es am 19. Oktober 1938 zu deren Verbot und die «Sächsische Schweiz» wurde in «Kreis Pirna» umbenannt.[504] Eine Umbenennung, die sich allerdings nicht durchsetzen konnte. Dies zeigte sich auch im Rahmen der Judenverfolgung, wo zur selben Zeit ein Gesetz erlassen worden war, das Juden das Betreten der «Sächsischen Schweiz» untersagte.[505] In den weitgehend kontrollierten Medien wurden zwei Richtungen des Diskurses sichtbar. Die eine umschrieb die Bezeichnung «Schweiz» als problematisch, weil nicht volkstümlich genug. Die andere sah in den nachbenannten «Schweizen» «deutsche Landschaften der Tugend». Die Protagonisten der letzteren Sichtweise betrachteten die Schweiz dabei als deutsches Volksgebiet, das sich staatlich unabhängig und somit fehlentwickelt hatte. Diese beiden Richtungen sind in den Dreissiger- und Vierziger-Jahren ebenso ein Resultat der Verselbständigung und Vervielfältigung der Schweiz-Nachbezeichnungen im 19. Jahrhundert. Im nächsten Abschnitt sind diese Richtungen detaillierter darzustellen.

Der im Nationalsozialismus zelebrierten Naturauffassung kann man sich in einem vom nationalsozialistisch verstrickten Philosophen Martin Heidegger (1889–1976) im Jahr 1934 publizierten Artikel annähern. Er differenzierte darin zwischen einer reinen, ländlichen Bergbevölkerung und einer dekadenten Stadtbevölkerung. Der aus Schwaben stammende Heidegger warnte, dass der Stadtmensch in eine falsche Konzeption von Volkcharakter und Blut und Erde zu schlittern drohe, und dieser den Land- und Bergmenschen lieber sich selber überlassen solle. Für die vorliegende Studie ist an Heideggers Argumentation bemerkenswert, dass die Landschaft für Land- und Bergmenschen Tugenden darstelle. Diese Tugenden der Landschaft mündeten für ihn in «Arbeit und Aufopferung». Heidegger verdrängte also eine ästhetisch wahrnehmbare Landschaft und ordnete diese Auffassung den dekadenten Stadtmenschen zu. Neben dieser Aussage finden auch die von Heidegger empfundene Verwurzelung in schwäbischem Boden sowie die verstärkte Gegenüberstellung einer reinen Land- zu einer dekadenten Stadtgesellschaft Eingang in die Naturbezogenheit des Nationalsozialismus.[506]

In diesem Zusammenhang sei an das in Kapitel 2 kurz erwähnte Beispiel Chile erinnert. Zu Chile hielt der Verband Deutscher Vereine im Ausland 1936 fest, dass deutsche Siedler die Stadt Valdivia mit ihrer

---

504 Statistisches Reichsamt (Hg.) 1939, S. 272.
505 Jersch-Wenzel/Rürup 1999, S. 278.
506 Heidegger 1934, S. 1.

«Handwerkskunst», «deutscher Tatkraft» und «deutschem Arbeitswillen» in die «Chilenische Schweiz» umgewandelt hätten. Wie am Beispiel «Chilenische Schweiz» ersichtlich, wurde in diesem nationalsozialistischen Rahmen eine Schweiz-Nachbezeichnung willkürlich zu deutschen Tugenden und faschistischen Idealen umgeformt, wobei landschaftliche Attribute ganz verschwanden.[507] Hier ist dieselbe Umdeutung der Landschaft wie bei Heidegger erkennbar. Nicht das ästhetisch Wahrnehmbare wurde betont, sondern die Landschaft als Tugend. Deutsche Siedler verkörperten in der rauen Landschaft Chiles diese Ideale, die der dekadenten Stadtgesellschaft gegenüber gestellt wurden, und so eine Schweiz der nationalsozialistischen Idylle ausmachten. Das Beispiel deutet damit die koloniale Funktion der Schweiz-Nachbezeichnung unter den Nationalsozialisten an. Die Bezeichnung «Schweiz» wurde im Dritten Reich zur deutschen Identität und Charakteristik der Werte hochstilisiert.

«Die Bernkasteler Schweiz heisst in Wirklichkeit Tiefenbachtal, ein Name der sicher schöner ist. Die Maringer Schweiz im Liesertal heisst bescheidener, treffender und doch echter und für die Landschaft kennzeichnender Maringer Lay». Diese ablehnenden Zeilen verfasste der Flurnamenforscher Wilhelm Will 1939. Die Gegner der Schweiz-Nachbezeichnung im Dritten Reich müssen genauer betrachtet werden. Wie Heidegger trennte auch Will den angeblich tugendhaften deutschen Bauern vom modischen Stadtmenschen. Dabei verurteilte er die Schweiz-Nachbezeichnung als Modeerscheinung mit der Argumentation, dass sich Landschaften im 19. Jahrhundert ständig einem Vergleich mit der Schweiz unterzogen hätten. Er gab der Tourismusindustrie die Hauptschuld und identifizierte die «Sächsische», «Fränkische» und «Holsteiner Schweiz» als Ausgangspunkte. Die «Bieberehrener Schweiz» verurteilte er als Resultat dieser Ausbreitung und hielt fest, dass sie erst seit der Erschliessung durch die Bahn so heisse. Als lächerlich beurteilte Will im Weiteren die Landschaften der «Bremmer», «Echtenacher», «Unkeler», «Kroppacher», «Bergische», «Hinsbecker» und der «Holländischen Schweiz». Ablehnend zeigte sich Will ausserdem, dass eine Trierer Zeitung 1939 von einer «Pallierer Schweiz» geschrieben hatte.

Obwohl Will die Schweiz-Nachbezeichnung als Vergleichswerbung verurteilte, richtete sich seine Ablehnung nicht auf Assoziationen mit dem schweizerischen Staat. Indirekt anerkannte er, dass sich der Begriff im 19. Jahrhundert längst verselbständigt hatte. Dennoch bezichtigte er

---

507 Stollberg (Hg.), Wir Deutsche in der Welt, 1936, S. 56.

Friedrich Karl Roedemeyer, der 1934 von einer «Schönheitsbezeichnung» geschrieben hatte, der Hohlheit. Als Alternative schlug Will deshalb Flurnamen vor, die sich auf die Form der Landschaft beziehen sollten. Eine solche Benennungsmethode wertete Will als «…geeignet, Zeugnis abzulegen von der sprachlichen Schöpferkraft des Bauern, von seiner Bildhaftigkeit und Anschaulichkeit, seinem Humor und seiner reifen, reichen Lebenserfahrung, die ihm ermöglicht, durch die Aussenseite der Erscheinungen vorzudringen zu ihrem Wesenskern und ihrem Sinn, den er schlagkräftig und genau mit seinen Bezeichnungen zu treffen vermag». Will schloss: «Damit unterscheiden sich die bäuerlichen Flurnamen unverkennbar von dem fremdartigen Getue der Modenamen, wie sie die Fremdenwerbung einer vergangenen Zeit in schablonenhafter Gleichförmigkeit erfunden hat».[508]

An der oben dokumentierten Ausbreitung der Schweiz-Nachbezeichnung im Dritten Reich lässt sich erkennen, dass, trotz Verbot, die Kombination der Bezeichnung mit faschistischen Idealen obsiegte. Belegt auch dadurch, dass sich Will auch nach dem nationalsozialistischen Verbot dem Thema gewidmet hatte und durch die Verwendung des Begriffes auf Postkarten im Jahr 1940. Zudem lässt sich in naturwissenschaftlichen Arbeiten mit häufigen Erwähnungen des Begriffes «Schweiz» in den Dreissigerjahren des 20. Jahrhunderts keine negative Umdeutung der Schweiz-Nachbezeichnung erkennen. So lobte noch Alfred Stolle 1934 in einem Bericht zum Verkehrswesen im Ennepe Ruhrkreis die nach seiner Aussage auf den Volksmund zurückzuführende Bezeichnung «Westfälische Schweiz».[509] Und die Senckenbergische Naturforschende Gesellschaft erzählte 1937 in ihrem Publikationsorgan von einem Durchstreifen der Wälder der «Schönecker Schweiz».[510] Dieses Beispiel zeigt auch, wie die Schweiz-Nachbezeichnung für als deutsch empfunden Wälder stehen konnte. Es handelt sich sogar um eine Kontinuität in der Auffassung des Begriffes, welche im Dritten Reich die Nachbenennungen in Handatlanten stark ansteigen liess. Der Umgang der Geographen mit der Schweiz-Nachbezeichnung in den Dreissigerjahren muss also in engem Zusammenhang mit dem Nationalsozialismus gesehen werden.

---

508 Will 1939, S. 276–290.
509 Stolle 1934, S. 10.
510 Richter (Hg.), Natur und Museum, Bd. 67, 1937, S. 163.

6.2 Rückgang und Umdeutung der Schweiz-Nachbezeichnung in der Nachkriegszeit

Auf die Hochkonjunktur der Schweiz-Nachbezeichnung in deutschen Handatlanten der Dreissiger- und Vierzigerjahre folgte eine abrupte Baisse in der Nachkriegszeit. «Debes» verzichtete nach dem Krieg auf die Lokalisierung der «Livländischen Schweiz», «Meyer» beschränkte sich auf die «Fränkische Schweiz» und die Meyer-Redaktoren verzeichneten erst 1979 wieder mehrere Schweiz-Nachbenennungen. Viele Geographen dürften die Bezeichnung nach dem verlorenen Krieg aufgrund der Popularität im Nationalsozialismus mit der negativen, kolonialistischen Namensgebung assoziiert und gefürchtet haben.

Nachbenannte «Schweizen» tauchten auch in der Nachkriegszeit sporadisch in der Fachliteratur auf. Eine Studie zur deutschen Landschaft aus dem Jahr 1959 verwies auf die Erosion durch «stauende Kiese und Sande» in der «Hausberger Schweiz».[511] Ähnlich vermerkte eine Studie über die Region Clenze dreissig Jahre später, dass die Bezeichnung «Clenzer Schweiz» auf das Relief mit seinen Serpentinen zurückgehe.[512] Solche naturbezogenen und vergleichenden Vorgehensweisen finden sich im 20. Jahrhundert auch ausserhalb Deutschlands. Neben den im 2. Kapitel erwähnten «Schweizen» in Argentinien und Chile gibt es auch Beschriebe zur «Philippinischen Schweiz», von der Paul Schebesta 1947 primär von bergigen Landschaften, zerklüfteten Tälern und mächtigen Bergen schrieb.[513] Die «Philippinische Schweiz» wurde nicht nur aus politischen Gründen so genannt, sondern in den Nachkriegsjahren wegen ihrer Landschaft. Im Zentrum der Umdeutung stand somit auch hier die Rückbesinnung auf landschaftliche Attribute. Diese gleichen den Nachbenennungen um 1800 und beziehen sich direkt auf die Schweiz. Der Bezug zur Bergnatur sowie ein direkter Vergleich zur Schweiz bildeten das Fundament für diese naturbezogenen Umdeutungen.

In den Handatlanten der Nachkriegszeit konnte sich allerdings einzig die «Fränkische Schweiz» halten. Verwunderlich ist das aufgrund des Alters und Popularität der Bezeichnung nicht. Hingegen ist die plötzliche

---

511 Deutsche Landschaft, Bd. 6, 1959, S. 29.
512 Irmischer 1989, S. 75.
513 Schebesta 1947, S. 165.

Absenz anderer «Schweizen» auffallend. Eine der ersten und wohl bekanntesten aller «Schweizen», die «Sächsische Schweiz», fehlte. Prominente Nachbenennungen im Osten fehlten auch 1979, als der in Mannheim domizilierte Verlag «Meyer» wieder einige «Schweizen» in den Kanon aufgenommen hatte. So verzichteten die Redaktoren beispielsweise auf die «Mecklenburger» und die «Pommersche Schweiz». Stattdessen bezeichneten die Redaktoren diese Gebiete mit «Mecklenburgische Seenplatte» und «Pommerscher Höhenrücken». Schweiz-Nachbezeichnungen in der DDR passten hingegen nicht ins Konzept der Redaktionen.[514]

Diese Entwicklungen treffen nicht nur auf deutsche Redaktionen zu. Während französische Atlanten auf die Schweiz-Nachbezeichnung ganz verzichteten, passten auch britische Atlanten die Lokalisierung von «Schweizen» an. Bartholomew ging im «The Times Atlas of the World» dazu über, die «Fränkische» statt der «Sächsischen Schweiz» zu berücksichtigen. Nachdem 1922 nur die «Sächsische Schweiz» lokalisiert wurde, finden sich in den Ausgaben von 1955 bis 1985 nur die «Fränkische Schweiz». Die Berücksichtigung der westlichen «Fränkischen Schweiz» und der Verzicht auf die östliche «Sächsische Schweiz» weist auf die politischen Implikationen und Deutungen des Begriffes hin. Die Redaktoren liessen sich offensichtlich von politischen Kriterien leiten. Die Schweiz hingegen stand nach dem Zweiten Weltkrieg in der neuen staatlichen Machtkonstellation und dem sich abzeichnenden Kalten Krieg weitgehend unbeschadet als westlicher neutraler Staat da. Einer neuen, politischen Deutung der Nachbezeichnung stand somit nichts im Wege.

Der Neutralität kam in den Nachkriegsjahren mit der Besinnung auf die Schweiz als Staat eine besondere Bedeutung zu. Bereits 1938 wurde im Zusammenhang mit der zukünftigen politischen Rolle der Philippinen eine «Philippinische Schweiz» vorgeschlagen. Dabei wurde diese Bezeichnung für eine zur Debatte stehende politische «Neutralisierung» der Philippinen benutzt.[515] Nach dem Zweiten Weltkrieg wurde eine mit der Schweiz vergleichbare neutrale Rolle noch einem weiteren Staat nahe gelegt. Der amerikanische General McArthur verlangte 1949 die Umwandlung des unterlegenen Japans in eine «Schweiz des Pazifiks».[516] Auch hier stand die Bezeichnung «Schweiz» für Neutralität. Ironisch mutet an, dass die Japaner vor dem Krieg die Absicht gehegt hatten, aus Hawaii ein neutrales «Switzerland

---

514 Hanle (Hg.) 1979. Siehe dazu auch Kapitel 3.
515 Weber (Hg.), No. 4869–4881, 1938, S. 212.
516 Lacey 1991, S. 472.

of the pacific» zu machen.⁵¹⁷ Ein rascher Übergang vom Zweiten Weltkrieg in den Kalten Krieg schuf ein mehrheitlich positives Bild des schweizerischen Staates und seiner Neutralität und damit auch der Nachbezeichnung. Zu berücksichtigen bleibt allerdings, dass jeweils die Neutralisierung für einen offensichtlich als Gefahr eingestuften Staat vorgeschlagen wurde. Diese Beispiele zeigen die instabile Grundlage der Schweiz-Nachbezeichnung im Kalten Krieg.

6.3 Wandlungen der Alpen-Nachbezeichnung im 20. Jahrhundert

In den Handatlanten des 20. Jahrhunderts ging die Anzahl der Nachbenennungen mit dem Begriff «Alpen» für die Bezeichnung von Gebirgen zurück. Ein Rückgang, den es nun hier zu analysieren gilt. Die Ausläufer der im 19. Jahrhundert dominanten Motive werden in den Bereichen Tourismus, Alpinismus, Wissenschaft und Kolonialismus sowie in den Landschaftsmodellen untersucht. In einem ersten Abschnitt wird auf den Rückgang der Verbreitung eingegangen. In einem zweiten Abschnitt wird der Wandel in der Deutung der erhalten gebliebenen Nachbezeichnungen beleuchtet. Dabei wird auch der Wandel vom Gattungsbegriff zum Eigennamen in den Wissenschaften aufgezeigt.

Ende der Verbreitung in Kolonialismus und Nationalsozialismus

In diesem Abschnitt werden die späten Folgen des Kolonialismus beim Transfer der Alpen-Nachbezeichnung im 20. Jahrhundert dargestellt. Zentrale Themen sind dabei der Nationalsozialismus in Deutschland, koloniale Erhaltungsversuche Frankreichs und Grossbritanniens in der Nachkriegszeit sowie die Rolle des Kalten Krieges und der Dekolonialisierung. Die Alpen-Nachbezeichnung war kolonialistisch in Zusammenhang mit identitätsstiftenden Absichten schon vor der Verstaatlichung einer Kolonie aufgetreten. Es stellt sich die Frage, ob die Entwicklungen während des Zweiten

---

517 Stephan 2002, S. 161.

Weltkrieges und im postkolonialen Zeitalter Einfluss auf den Rückgang von Benennungen hatten und welche Landschaftsbilder mit ihnen verloren gingen. Deshalb wird im nächsten Abschnitt das Zusammenspiel von Nationalsozialismus, Kolonialismus und Alpinismus untersucht.

Eine erste Frage, die sich im Zusammenhang mit dem Kolonialismus und der Alpenbezeichnung im 20. Jahrhundert stellte, betrifft mögliche Transfers im Einflussbereich der Nationalsozialisten. Im Rahmen des «Drangs nach Osten» bediente sich die deutsche Besatzungsmacht wiederholt kolonialer Praktiken. Wurde darin die Alpen-Nachbezeichnung angewendet? Ihr starker Bezug zum Gebirge und zum Bergsteigen als heroischer Sport lässt dies zumindest vermuten[518], weshalb die Beziehung zwischen Bergsteigen und Nationalsozialismus dargestellt wird.

Ein Blick in die Handatlanten des Dritten Reiches ergibt, dass die Verlags-Redaktoren die im 19. Jahrhundert etablierten Alpen-Nachbezeichnungen berücksichtigten. Beachtenswert ist, dass mit der Osterweiterung des Dritten Reiches kaum neue Nachbezeichnungen dazukamen. Lediglich bei «Meyer» werden in der Ausgabe von 1934 die «Nordalbanischen Alpen» und die «Südkarpaten» zugefügt, verzichtet wurde aber auf die «Transylvanischen Alpen».[519] Wobei die deutsche Bezeichnung «Nordalbanische Alpen» im Rückblick auf deren baldige Einverleibung ins Dritte Reich fragen lässt, ob dies ein Zufall war oder auf Vorkenntnissen der Redaktion beruhte. Hingegen verlangt die Neuverwendung des Namens «Südkarpaten» für die «Transylvanischen Alpen» eine Interpretation. Mit Blick auf vorgängige koloniale Verwendungen der Alpenbezeichnung kann eine Parallelisierung versucht werden. Denn wie bei den «Alpenländer» Afrikas, den «Sea-Alps» und den «St. Elias Alpen» kann eine Alpen-Nachbezeichnung bei fortgeschrittener staatlicher Einverleibung ihren anfänglichen identitätsstiftenden Wert verlieren und wird deshalb durch einen sprachlich gemischten Namen ersetzt. Selbstverständlich hatte sich das Deutsche Reich 1934 noch nicht der Karpaten bemächtigt, doch die Redaktoren des «Meyers» okkupierten diese Gebiete auf dem Papier bereits als deutsche Volks- und Kulturgebiete. Der militärische Einmarsch und die Übernahme dürfte für sie – schon zu diesem Zeitpunkt – nur noch eine Frage der Zeit gewesen sein.

Alpine Errungenschaften wurden auch im Dritten Reich von den Machthabern für das politische System beansprucht. Tanja Wirz zeigte

---

518 Vgl. dazu auch die zahlreichen nationalsozialistischen Bergfilme, beispielsweise mit Luis Trenker, oder auch diejenigen von Leni Riefenstahl.
519 Meyer 1916; Meyer 1934.

bereits am Beispiel Grossbritanniens, wie die Besteigungen für das Image des Empires genutzt wurden.[520] Erfolge in Sport und Alpinismus wurden auch im Dritten Reich als Staatserfolge gefeiert. Peter Grupp thematisierte die Verflechtungen von Alpinismus und Nationalsozialismus. Der Deutsche und der Österreichische Alpenverein wurden eng mit dem Staat «verzahnt». Obwohl die Bergsteiger selber, so zum Beispiel die Besteiger der Eiger Nordwand, vom NS-Staat nur wenig Unterstützung erhielten, wurden ihre Erfolge (wie in der Sowjetunion) nationalistisch propagiert.[521] Peter Hansen deutete die Verknüpfung von Alpinismus und Nationalsozialismus als eine «syntesis of romanticism and technology» und «worship of nature».[522] Hansen spricht eine ideologische Verflechtung von faschistischer Ideologie der Naturbezogenheit und Alpinismus an.

Neben kolonialistischen Absichten sind auch Entwicklungen im Bergsport sichtbar, die einen Einfluss auf die nationalsozialistischen Termini hatten. Damals war das Wort «Alpinismus» in Deutschland für Bergsportarten verbreitet. Diese – vor allem für die Propaganda wichtigen – Tätigkeiten fanden jedoch zunehmend in Gebieten abseits der Alpen statt. Wie Grupp festhielt, spielte beispielsweise die Expedition zum Nanga Parbat eine bedeutende Rolle.[523] Expeditionen zum Elbrus, aber auch die Filmindustrie leisteten einen wichtigen Beitrag für die Propaganda. Expeditionen wirkten für die Empfänger von Propaganda noch extraordinärer und spektakulärer, wenn sie von den – besonders im Nationalsozialismus – vertrauten Alpen entkoppelt wurden. Damit stärkten die Nationalsozialisten den Wirkungseffekt. Sie präsentierten Hochleistungen für das Vaterland abseits der Zivilisation.[524] Zudem spiegelten diese die Ausweitung des Dritten Reiches in «exotische Länder». Viel weist darauf hin, dass die Alpen-Nachbezeichnung im nationalsozialistischen Kolonialismus aufgrund der fortgeschrittenen Machtausweitung und der propagandistischen Ausschlachtung des Regimes scheiterte. In der vorliegenden Studie kann lediglich eine Stagnation in der Entwicklung des Alpen-Nachbenennens dokumentiert werden.

In England wurde ab der Mitte des 19. Jahrhunderts für Bergsteigen vermehrt das Wort «Mountaineering» anstelle von Alpinismus verwendet.

---

520 Wirz 2007, S. 110–111.
521 Grupp 2008, S. 293–300.
522 Hansen 2013, S. 242.
523 Grupp 2008, S. 293.
524 Ein Thema, das auch heute noch aktuell ist, vgl. beispielsweise dazu auch den Film «Seven years in Tibet» aus dem Jahr 1997.

Eine erste Abwendung von der Alpinismusbezeichnung fand mit der Ausweitung von Bergexpeditionen in Bergregionen ausserhalb der Alpen statt. Mit der Verlagerung von kolonialen Expeditionsprojekten in den Himalaya passte sich auch das Vokabular der Bergsteiger an. Dies wirkte sich auch auf die Begriffe in den britischen Handatlanten aus. In sämtlichen der für diese Studie analysierten britischen Handatlanten stagnierte die Alpen-Nachbezeichnung ab den Zwischenkriegsjahren, um dann nach dem Zweiten Weltkrieg sogar deutlich zurückzugehen. An ihre Stelle rückten Beschreibungen von Expeditionen rund um den Mount Everest. Diese Verwendung zeigt eine Weiterentwicklung, die über die Alpen-Nachbezeichnung hinausgeht, und welche die Superlative anstrebte. Die Redaktoren des «Times Atlas» nutzten Bezeichnungen wie «Roof of the World».[525] Die Leistungen in den Alpen wurden in den Hintergrund gestellt. Alpen-Nachbezeichnungen im Zusammenhang mit kolonialen Motiven des Bergsteigens fielen somit im 20. Jahrhundert weg.

In britischen Handatlanten ist in der Nachkriegszeit ein Rückgang bei den Alpen-Nachbezeichnungen zu belegen. Denn die Redaktoren des «The Times Atlas» hatten vor dem Krieg die etablierten Alpenbezeichnungen «Dinaric», «Transylvanian», «Northalbanian», «Australian» und «Southern Alps» Neuseelands verzeichnet.[526] In der Ausgabe von 1958 hingegen fanden sich nur noch die «Australian» und die «Southern Alps» Neuseelands.[527] Im Zuge der Entkolonialisierung im 20. Jahrhundert kam es zu zahlreichen Umbenennungen von kolonialen Bezeichnungen. Beispiele sind der Name «Cascade Mountains» für die einstigen «Sea-Alps» oder «St. Elias Range» für «St. Elias Alps». Diese Entwicklung spiegelte eine Rückbesinnung auf das eigene Kolonialreich und die «eigenen Alpen». Anders als beim Kolonialreich Frankreichs entstanden rund um das britische Kolonialreich weniger gewaltsame Konflikte. Die meisten ehemaligen Kolonien fanden im Commonwealth einen gemeinsamen Nenner. Wie man am Beispiel der «Südalpen» im 2. Kapitel sieht, hängt die Namenserhaltung der «Südalpen» und auch der «Australischen Alpen» damit zusammen, dass diese zwei Länder hauptsächlich von Nachfahren britischer Siedler bevölkert werden. So gab es wegen einer Rückbesinnung auf Kulturen mit älteren verdrängten Namen für Gebirgszüge auch weniger Konflikte. Exonyme Benennungen wurden in diesen Fällen endonym akzeptiert und weiterverwendet.

---

525 Bartholomew 1959.
526 Ebd. 1922.
527 Ebd. 1958.

Umdeutung und Erhaltung der Alpen-Nachbezeichnung

Mit dem vorläufigen Ende eines kolonialen und eines wissenschaftlichen Motivs für die Alpenbezeichnung ab Mitte des 20. Jahrhunderts stellt sich die Frage nach verbleibenden Motiven. In diesem Abschnitt wird deshalb dargestellt, welche Bereiche in welcher Form eine für die Alpen-Nachbezeichnung tragende Rolle übernehmen konnten. Es wird erörtert, wie der Alpinismus und Tourismus, aber auch ein Umweltmodell, in den Vordergrund rückten. Im Laufe des 20. Jahrhunderts wurde die Bedeutung des Begriffes Alpinismus um die heute bekannten alpinen Sportdisziplinen, vor allem das Skifahren, erweitert. Im Gegensatz dazu wird der Skilanglauf – mit Hinweis auf den skandinavischen Herkunftsort – zu den nordischen Disziplinen gerechnet. Wie die Beispiele «Japanische Alpen» und «Australische Alpen» zeigen, wurde die Alpen-Nachbezeichnung durch den Alpinismus am Leben gehalten. Natürlich gab es auch bei den «Japanischen Alpen» eine Opposition und es wurden japanisch anmutende Alternativen vorgeschlagen. Da es sich jedoch nicht um eine koloniale Bezeichnung handelt, konnte sich der Name halten. Naoji Kimura zeigt die Integration der Alpenbezeichnung in das japanische Vokabular mit dem Vermerk:

«Die so genannten Japanischen Alpen, für die sehr hohe Bergkette mitten auf der Hauptinsel, sind im japanischen Wortschatz kein Fremdwort mehr. Wie das Wort ‹Sport› ist die Bezeichnung ‹Alpen› für schneebedecktes Hochgebirge längst in Japan heimisch geworden, wenngleich die meisten Japaner nur eine klischeehafte Vorstellung von den Schweizer beziehungsweise französischen Alpen haben.»[528]

Obwohl fremd, wurde die exonyme Bezeichnung aus dem Alpinismus endonym verhandelt und heimisch. Für den Skisport standen in den schweizerischen Alpen ab dem frühen 20. Jahrhundert mit Resorts wie St. Moritz, Zermatt, Crans-Montana, Verbier und Gstaad neue Alpen-Assoziation im Vordergrund. Aus dieser Sport-Konstellation ergab sich dann auch die Weiterentwicklung der Alpen-Nachbezeichnung zu einem mit Schneesport verknüpften Markennamen im 21. Jahrhundert.

Die Definition des auch in der Wissenschaft diffus benutzten Begriffes «Alpen», also die Differenzierung zwischen Nomen proprium und Nomen appellativum, beziehungsweise der Unterscheidung von Eigennamen und Gattungsbegriff, hängt nicht zuletzt auch mit der Entwicklung

---

528 Kimura 2002, S. 48.

und Durchsetzung der Plattentektonik-Theorie zusammen. Einer der Begründer dieser Theorie, Alfred Wegener (1880–1930), konnte 1915 das Auseinanderbrechen eines frühen Kontinentes nachweisen, jedoch dessen Ursache noch nicht begründen. Der Wissenschaftler Arthur Holmes (1890–1965) argumentierte 1928, dass eine Kontinentaldrift durch Wärmeströmungen habe bewirkt werden können. Es dauerte nochmals 30 Jahre bis sich die Theorie aufgrund Messungen von Ozeanboden und dem Beweis des «Sea-Floor-Spreading» etablieren konnte und Anerkennung fand. Für die Alpen als Gebirgstypus bedeutete dies, dass sie – wie der Himalaya – nun ihrem Entstehungstypus als Kollisionstyp der Gebirgsbildung zugeordnet wurden. Der Alpennamen als Gattungsbegriff für einen Gebirgstypus hatte somit in der Wissenschaft ausgedient. Auch die Redaktoren des «The Times Concise Atlas of the World» reagierten in der Ausgabe von 1973 auf diese neue Erkenntnis und unterrichteten ihre Leser über die Theorie der Plattentektonik.[529]

Im Gegensatz zum 19. zeigt sich im 20. Jahrhundert, dass in Enzyklopädien unter dem Eintrag «Alpen» nur noch vom europäischen Gebirgskamm die Rede ist. Eine allgemeine Beschreibung dieses Gebirgszuges von Slowenien, über Österreich bis nach Südfrankreich steht im Mittelpunkt. In diesen Einträgen kommt den Alpen als Namensgeber lediglich ein Denkmal für die «alpidische Krustenbewegung» zu, denn diese wurde zuerst in den Alpen erforscht. Schwerpunkt der Artikel bilden die Entstehungsgeschichte, das Klima, die Vegetation sowie wirtschaftsgeographische Verhältnisse. Die generalisierte Verwendung des Begriffes Alpen bleibt im 20. Jahrhundert lediglich in der Botanik bestehen. So findet sich in «Meyers Enzyklopädie» zum Beispiel unter dem Eintrag «alpine Stufe» noch der wissenschaftlich eindeutige Vermerk, dass es sich um eine Vegetationsstufe der «höheren Gebirge von der Baumgrenze bis zur klimat. Schneegrenze» handelt.[530] Die Alpen fallen somit in wissenschaftlicher Hinsicht nur noch in der Botanik und der Geologie als ehemalige Namensgeber auf. In der Geologie ist die endgültige Abkehr vom Gattungsnamen für einen Gebirgstypus auffallend, geblieben ist nur die Funktion des Eigennamens. Dennoch blieben die Alpen in den Wissenschaften (möglicherweise aufgrund der starken Verbreitung der Namensbezeichnung im

---

529 Bartholomew and Son 1973.
530 Meyers Enzyklopädisches Lexikon, Bd. 1, 1971. S. 778–785, 797.

19. Jahrhundert) auch im 20. Jahrhundert in der Botanik als «alpine Stufe» und in der Geologie als «alpidische Krustenbewegung» in Form von Fachbegriffen präsent.

Fazit

In den Handatlanten der Nachkriegszeit konnten sich einige «Alpen» und einzig die «Fränkische Schweiz» halten. Dies ist wegen des Alters und der Popularität der Bezeichnung nicht verwunderlich. Auffallend ist hingegen die plötzliche Absenz anderer Schweiz-Nachbenennungen. Die nachweisbar erste und wohl bekannteste Schweiz-Nachbenennung, die «Sächsische Schweiz», fehlte. Die Alpen-Nachbezeichnung büsste ihre starke Präsenz in Handatlanten mit dem Rückgang kolonialer Interessen ein. Dennoch konnte der Alpinismus die Alpennamen von kolonial benannten Gebirgen erhalten. Somit konnten sich im 20. Jahrhundert kolonial-alpinistisch benannte Gebirge in den Handatlanten halten. Bei den Schweiz-Nachbezeichnungen waren es alte Tourismusdestinationen, die noch in Handatlanten auftauchten. Bei beiden Bezeichnungen hatte die Anzahl von Repräsentanten in Handatlanten abgenommen.

Bei Nachbezeichnungen konnte bezüglich der Landschaftsmodelle eine gewisse Instabilität beobachtet werden. Bei der Schweiz-Nachbezeichnung kommt das Image des Staates Schweiz zum Tragen. Die Beispiele der «Japanischen», «Philippinischen» und der «Hawaiianischen Schweiz» zeigen, dass vor allem die politische Neutralität im Kalten Krieg die Benennung «Schweiz» auslöste.[531] Die dominante Rolle eines politisch geprägten «Schweiz-Modells» ist nach dem Zweiten Weltkrieg neu. Die kolonialistische Verbreitung der Schweiz-Nachbezeichnung konnte im Nationalsozialismus noch auf die Eigendynamik des 19. Jahrhunderts bauen. Mit einem direkten Bezug zur Schweiz ging diese Stabilität verloren. Eine Instabilität des Landschaftsmodells der Alpenbezeichnung kann teilweise mit dem Verlust der ehemaligen Dominanz in den Wissenschaften ausgemacht werden. Rückgriffe auf ein Alpenmodell finden wir lediglich bei Botanikern, die den Alpennamen nach wie vor für Höhenzonen benutzen. Die

---

531 Weber 1938, S. 212; Lacey 1991, S. 472; Stephan 2002, S. 161.

metapherartige Verwendung von Alpen-Nachbezeichnungen entwickelte sich innerhalb von mehr als 200 Jahren von Vergleichen mit auffallenden Merkmalen über die Bedürfnisse von Kartographie, Geographie, Botanik, Kolonialisierung, Politik und Frühtourismus bis hin zum Schneesport und hinterliess Spuren, die mit der vorliegenden Untersuchung geklärt werden konnten.

7. Gesamteinordnung

Die Schweiz- und Alpen-Nachbezeichnungen hinterliessen aufgrund ihrer dominanten Stellungen vom 18. bis ins 20. Jahrhundert auch im neuen Jahrtausend ihre Spuren. Um diesen Nachhall bis in die Gegenwart zu analysieren, wird in diesem Kapitel auf noch benutzte Bezeichnungen eingegangen. Um die Stellung dieser Nachbezeichnungen in einen weiteren Rahmen von Nachbenennungen einzuordnen, wird mit dem Beispiel Paris eine zusätzliche Nachbenennung zum Vergleich beigezogen. Im letzten Abschnitt wird mit einem Fazit zu Zusammenspiel, Deutung und Rolle der Schweiz- und Alpenbezeichnung im Kontext von Nachbenennungen geschlossen.

7.1 Rezente Umdeutung und Begriffskonjunkturen

Die Schweiz als erneuter Bezugspunkt

In rezenten Texten kann man beobachten, dass Schweiz-Nachbezeichnungen nicht willkürlich in Schemen eingeordnet werden können. Autoren – nicht vertraut mit der Verselbständigung der «Schweizen» im 19. Jahrhundert – können verständlicherweise ohne landschaftliche Attribute keine Bezüge zu einer Nachbezeichnung herstellen. So fragte Roger Bernheim 2008 in der «Neuen Zürcher Zeitung» ratlos nach dem Grund der Bezeichnung «Usedomer Schweiz». Als Auskunft wurde ihm lediglich die Präsenz von Seen und Hügel genannt.[532] Mit der impliziten Vorstellung von einer ähnlichen Landschaft erklärte Rudolf Maria Bergmann in der gleichen Zeitung die Grundlage für die Bezeichnung mit der touristischen Nachahmung der Schweiz. Bei weiteren «Schweizen» fragte aber auch Bergmann: «Dem Patenland am nächsten liegt die ‹Neuffener Schweiz› auf der Schwäbischen Alb. ‹Fränkische Schweiz› und ‹Sächsische Schweiz›

---

532 Bernheim in NZZ 14. Februar 2008.

lassen mit felsengesäumten Flusstälern immerhin Erinnerungen an den Jura zu. Aber was soll man sich unter der ‹Nippeser Schweiz› im Stadtgebiet von Köln vorstellen, unter einer Schweiz im Ruhrgebiet, unter der ‹Horster Schweiz› in Ostfriesland, die es auf eine mittlere Höhe von drei Metern über Meeresspiegel bringt?» Bergmann beantwortete diese Frage teilweise richtig mit der Begeisterung für die Schweiz und dem Philhelvetismus der Romantik.[533] Daraus ist zu schliessen, dass das Wissen um die Verselbständigung der Nachbezeichnung «Schweiz» im 20. Jahrhundert verschwunden ist und stattdessen erneut nach landschaftlichen Ähnlichkeiten gesucht wird.

In einem 2010 in «Die Zeit» veröffentlichen Artikel von Sascha Chaimowicz erschien der Begriff in einem weiteren Umfeld:

> «Es heisst ja, dass sich Paare in der Krise an ihre glücklichen Zeiten erinnern sollten – wenn sie wenigstens das noch gerne täten, sei vielleicht nicht alles verloren. Deutschland und die Schweiz, gerade in einer akuten Beziehungskrise (es geht um das liebe Thema Geld), sollten sich also an die Romantik erinnern, auch wenn diese Epoche schon mehr als hundertfünfzig Jahre vorüber ist: Damals verehrte Deutschland die Schweiz so sehr, dass es hügelige Landschaften im eigenen Land nach ihr benannte.»[534]

Die Schweiz-Nachbezeichnung wurde somit auf interstaatliche Beziehungen übertragen. Die Bedeutung des Begriffes vom 19. Jahrhundert bis zum Zweiten Weltkrieg scheint auch hier verloren – der schweizerische Staat sowie mit Hügeln bestückte landschaftliche Attribute rücken an deren Stelle. Damit vergleichbar argumentierte auch Dagmar Roscher 2010, dass die «Bezeichnung ‹Vogtländische Schweiz› einen Vergleich mit dem Nachbarland» darstelle. Dieser Vergleich soll belegen, dass die Gegend mit «bergiger Landschaft» und «klaren Seen» konkurrieren kann.[535] Als neuer Referenzwert wird auch bei Roscher nicht eine nachbenannte deutsche Landschaft sondern Imaginationen über die Schweiz und ihre Natur herangezogen.

Auch bei einer Interpretation der «Perchauer Schweiz» wurde erwähnt, dass die Bezeichnung aus der Zeit um 1880 stamme, als sich Neumarkt als Kurort etablieren wollte.[536] Ähnlich wies auch Rolf Wilhelm

---

533 Bergmann in NZZ 14. Februar 2008; – Vgl. zum Thema Philhelvetismus auch die Arbeit von Hentschel 2002.
534 Chaimowicz in Zeit Online Magazin, Ausg. 17, 22. April 2010, Stand Januar 2013.
535 Roscher 2010, S. 42.
536 Siedentop 1977, S. 40.

Brednich 2001 im Zusammenhang mit der «Stormaner Schweiz» auf das Bestehen eines Naherholungsgebietes mit Seen hin.[537] Doch der Tourismus spielt für die Schweiz-Nachbezeichnung in der Nachkriegszeit in Deutschland keine dominante Rolle. Verhältnisse rund um den Tourismus des 19. Jahrhunderts sind nur noch an wenigen Orten bekannt.

In der heutigen Tourismusindustrie laufen bei der Arbeit mit Markennamen teilweise ähnliche Prozesse wie in den letzten zwei Jahrhunderten ab. Deren Deutung darf deshalb auch in die Gesamtentwicklung eingegliedert werden. Art und Weise der Benennungsprozesse haben sich allerdings weiter entwickelt und angepasst. Umgekehrt können Neubildungen von Schweiz- und Alpen-Nachbezeichnungen aus touristischen Motiven im 21. Jahrhundert kaum mehr beobachtet werden. Eine Ausnahme zeigt das Beispiel der «Bathgate Alps» in Schottland, dass ein derartiger Vorgang auch noch im 21. Jahrhundert vorkommen kann.[538] Im Gegensatz zu Nachbenennungen im 19. Jahrhundert handelt es sich heute nicht mehr um offizielle Namensbezeichnungen, die in Atlanten oder Landkarten eingetragen werden. Obwohl die Anzahl solcher Anwendungen gesamthaft gesehen abgenommen hat, haben Nachbenennungen Spuren hinterlassen, die nicht sofort erkannt werden. Willkürlich werden Gebirge in touristisch orientierten Artikeln «Alpen» genannt. Neubildungen von Namen wie «Norwegische Alpen», «Sunnmöre Alpen» oder «Apuanische Alpen» zeigen die heutige Verflochtenheit der Bezeichnungen mit touristischen Elementen.[539]

Es ist noch heute ein aus touristischen Nachbenennungen des 19. Jahrhunderts gewachsener Umgang mit der Schweiz- und Alpen-Nachbezeichnung zu belegen. Das Resultat besteht darin, dass Bezeichnungen untereinander austauschbar geworden sind und in touristischen Broschüren, Reiseberichten und Reiseführer als Vorstellungsbilder und Vermittler verwendet werden. In humoristischem Sinne benutzt auch der «Tourismusverband Mecklenburgische Schweiz» auf seiner Homepage den Begriff: «… eigentlich wollten Sie ja gar nicht in die Berge, jetzt sind Sie sogar in der Schweiz* – *aber in der Mecklenburgischen». Die Schweiz-Nachbezeichnung wird hier in Verbindung mit ihrer Bergwelt verstanden. Eine eigenständige Deutung kann nicht erkannt werden. Gleichzeitig besagt ein Werbespruch 2013 «Willkommen im Land der

---

537 Brednich/Schneider/Werner (Hg.) 2001, S. 322.
538 Visit Eastlothian (Hg.), Bathgate Alps, Stand Dezember 2012.
539 NZZ 20. April 2012; NZZ 26. Juni 2011.

Schlösser & Herrenhäuser».[540] Eine historische Erklärung findet sich dabei nicht. Das Resultat ist eine Mischung aus historischer Vererbung sowie Vorstellungen zur Bergwelt und zur Schweiz.

Spuren der Rolle, welche die Tourismusbranche innerhalb der Verbreitung der Nachbezeichnung spielt, tauchen auch in unerwarteten Formen auf. Denn beispielsweise nachdem in der Nachkriegszeit «Schweizen» in Deutschland mehrheitlich verschwunden waren, erscheinen sie im 21. Jahrhundert in der Form einer nostalgischen Erinnerung wieder auf. Beobachtbar bei der Wiederverwendung des touristischen Namens «Mecklenburger Schweiz» anstelle von «Mecklenburger Seeplatten».[541] Neben dem Tourismusverband von Mecklenburg nutzen auch die Tourismusverbände «Sächsische Schweiz» und «Fränkische Schweiz» die Schweiz-Nachbezeichnung in ihren Namen, wobei der Namensbezeichnung eindeutig ein nostalgischer Wert zukommt.[542] Ein Bezug zur Schweiz oder anderen Schweiz-Nachbenennungen wird nicht angestrebt, es haften vielmehr Erinnerungen an vergangene Zeiten daran.

Die Schweiz-Nachbezeichnung bleibt auch im 21. Jahrhundert an der direkten Bindung zum heutigen Staat Schweiz haften, welche sich in der Nachkriegszeit gebildet hatte. Die – von politischen Entwicklungen abhängige und deshalb instabile Bezeichnung – ist gegenwärtig eine der häufigsten und setzt sich aus verschiedenen Komponenten zusammen. Dazu gehören das politische System der Schweiz, das Erfolgsmodell von Finanz und Wirtschaft sowie eine Vermischung diverser Faktoren, etwa Grösse des Landes, Landschaft und zugeschriebene Nationalcharaktere.

Diese ökonomisch-politischen Vergleiche werden mit verschiedenen Nationen gezogen. Im 21. Jahrhundert wird ein politischer Vergleich gerne mit dem erfolgreichen Finanzsektor der Schweiz ergänzt. Die Anwendung des Begriffes «Schweiz» auf Singapur ist ein Beispiel für diese Finanz-Wirtschaft-Verbindung. Nicht nur nennt Michael Morley 2009 Singapur im «The Global Corporate Brand Book» «Switzerland of the Pacific Rim», auch die Video-Dokumentation von «NZZ-Format» trägt den Titel «Singapur – Die Schweiz Asiens».[543] Der Grossteil des Werbetextes zur Dokumentation spielt denn auch auf wirtschaftliche und finanzielle

---

540 Tourismusverband Mecklenburgische Schweiz (Hg.), Stand Januar 2013.
541 Klocksin 1998.
542 Tourismusverband Sächsische Schweiz (Hg.); Tourismusverband Fränkische Schweiz (Hg.); Tourismusverband Mecklenburgische Schweiz (Hg.), Stand Januar 2013.
543 Morley 2009, S. 82; NZZ Format 2011, Stand Januar 2013.

Faktoren an: «Singapur wird zunehmend attraktiv: Nicht nur als Finanzplatz, sondern auch für die Forschung und als Firmen-Hauptquartier für die rasch wachsenden Märkte Asiens».[544]

Nebst dieser Mischung ist auch das politische System der Schweiz eine wichtige Komponente für einen Vergleich mit der Schweiz. Zwar ist die in der Nachkriegszeit noch dominante Stellung der Neutralität im 21. Jahrhundert in den Hintergrund gerückt, doch dient das politische System hauptsächlich aufgrund direktdemokratischer Komponenten und politischer Stabilität als Vorbild. In einem Artikel zum slowakischen Staatsbesuch in der Schweiz 2012 nennt Rudolf Hermann die Slowakei – in Anspielung auf Reformen und Entwicklungen – die «Schweiz Ostmitteleuropas». Er zitiert dazu den slowakischen Präsidenten Ivan Gasparovic zur Lage der Slowakei nach der Trennung von der Tschechischen Republik mit den Worten: «Damals war die Schweiz für uns ein Vorbild für politische Stabilität, wirtschaftliche Prosperität und effiziente Organisation».[545] Somit wird hier die Schweiz-Nachbezeichnung neben wirtschaftlichen auch mit politischen Elementen verbunden.

Der Begriff «Schweiz» umfasst auch im 21. Jahrhundert die Funktion eines Markennamens. Im Gegensatz zum 19. Jahrhundert steht dieser nicht mehr hauptsächlich für qualitativen Tourismus sondern für gut ausgearbeitete Produkte. Die schweizerische Wirtschaft konnte sich in diversen Branchen etablieren, wo der Namen Schweiz in Verbindung mit Qualität gebracht wird. Zu diesen Branchen gehören beispielsweise die Uhrenindustrie, diverse Lebensmittelbranchen sowie die Präzisionsmaschinenindustrie. In wirtschaftlichem Kontext kommen zur Schweizbezeichnung verwandte Bezeichnungen.

Von den Alpen zum Alpenraum

Der Begriff «Alpen» kursiert selbstverständlich auch noch im 21. Jahrhundert in der Wissenschaft, zuerst einmal als Eigenname. Die «Brockhaus Enzyklopädie» umschreibt 2006 die Alpen wissenschaftlich als höchstes Gebirge Europas, als Faltengebirge und alpiden Faltungsgürtel von den Pyrenäen bis zum Himalaya. Wirtschaftlich und sozialwissenschaftlich

---

544 NZZ Format 2011, Stand Januar 2013.
545 Hermann in NZZ 7. September 2012.

seien sie seit 1960 europäisches Zentrum für Erholung, Transit und Wohnraum. Zudem funktionieren sie als Wasserspeicher sowie als wichtiges Element im ökologischen Ausgleich. Der Eintrag im «Brockhaus» zeigt im Weiteren in der Wissenschaft eine Vertiefung der verschiedenen Aspekte rund um den Begriff «Alpen».

Der Alpenartikel in der «Brockhaus Enzyklopädie» gibt auch Hinweise auf die Verwendung des Begriffes «Alpen» im 21. Jahrhundert durch die Wissenschaft, dabei werden grundsätzlich drei Definitionen damit in Verbindung gebracht. Die ersten zwei sind überraschend in ihrer Allgemeinheit. Denn die erste Definition identifiziert Gebirgsstöcke in der Gebirgskette der Alpen ab einer Höhe von 2000 Metern als alpin, die zweite versteht das gesamte Gebirge ab einer gewissen Steilheit, inklusive Täler als Alpen und die dritte bezieht sich auf den Begriff «Alpen» im Sinne des gesamten Vorlandes als europäische Makroregion. Gemeinsam ist allen der Bezug auf den europäischen Gebirgszug, der als Ausgangspunkt für die Nachbenennungen stand.

Die Alpen und der Alpenraum bieten auch der Wissenschaft im 21. Jahrhundert ein vielfältiges Untersuchungsobjekt. Wie der Eintrag im «Brockhaus» zeigt, erstrecken sich die Themen von der Untersuchung der Entstehung, Oberflächen und Landschaftsformen, Gesteine, Pflanzen, Tierwelt, Verkehrserschliessung bis hin zur kulturellen und sozialen Geschichte des Lebens im Alpenraum. Die enzyklopädische Zusammenfassung spielt zudem auf weitere interdisziplinäre Studienfelder an. Dazu gehören alpenländische Musik, Alpenvereine und Alpinismus.[546]

Neben der Nutzung des Begriffs «Alpen» als Eigenname findet ab den 1970er Jahren zunehmend der Begriff «Alpenraum» in der Fachliteratur Verwendung. Es stellt sich die Frage, wie ein solcher Begriffswechsel untersucht und aufgezeigt werden kann. Noah Bubenhofer und Joachim Scharloth (2011) verwendeten am Beispiel von Publikationen des Schweizer Alpenklubs (SAC) eine korpuslinguistische Methode. Diese Arbeitsweise sucht «häufig auftretende sprachliche Muster in Korpa als Ergebnis rekurrenter Sprachhandlungen». Digitale Kataloge ermöglichen durch Suchfunktionen anhand von Schlagworten quantitative Muster für die Häufigkeit der Verwendung von Begriffen. Bubenhofer und Scharloth haben durch ihre Schlagwortanalyse in Form eines Vergleichs eines älteren mit einem neueren Korpus der SAC Literatur gezeigt, dass Begriffe

---

546 Brockhaus Enzyklopädie, 21, Bd. 1, 2006.

rund um das Klettern und den Leistungsbereich im neuen Korpus stark zugenommen haben. Diesen Anstieg deuteten sie als Zunahme der Fokussierung und Professionalität des SAC.[547]

Mit dem Ngram Viewer von Google kann mit einem beliebigen Stichwort der Korpus von Google Books nach der Anzahl dieses Stichwortes durchsucht und die Zu- und Abnahme der Verwendung auf einer Kurve abgerufen werden. Philipp Sarasin (2012) und Tobias Hodel (2013) schrieben zu den Vor- und Nachteilen des Ngram Viewers und des Korpus von Google Books. Sarasin plädierte dafür, dass in den Kurvenläufen Muster erkannt werden und diese mit bewährten Methoden analysiert werden sollten. Die Kurve liefert Begriffe in Form von diskursivem Material. Anhand einer Kurve kann die Gebrauchshäufigkeit aufgezeigt werden. Somit kann erkannt werden, dass «über eine bestimmte Sache in einer gewissen Regelmässigkeit und während einer bestimmten Zeit gesprochen wurde».[548] Hodel verwies auf die diversen Probleme der Auswertung des Ngram Viewers, darunter die Unzuverlässigkeit in der Erkennung von Wörtern und die Falschlesungen von Scans. Dazu kommt die Ungewissheit, aus welchen Quellen die gefundenen Stichwörter stammen. Diese können nach Hodel auch aus einer Werbung oder einem Literaturverzeichnis sein, da Google nicht zwischen Textgattungen und Textebenen differenziert. Unklarheiten bestehen auch bezüglich der Zuordnung von digitalisierten Büchern zum jeweiligen Korpus.[549]

Obwohl die genauen Suchmechanismen des Ngram Viewers nicht ganz transparent sind, können für diese Studie doch einige interessante Hinweise für die Verwendung der Begriffe «Alpen» und «Alpenraum» in den letzten Jahren gewonnen werden. Die Suche des Ngram Viewers nach der Nutzung des Begriffes «Alpenraum» zeigt, dass dieser seit 1970 immer öfter genutzt wird und seit 1930 von 0 Prozent bis auf ein Hoch von 0.000108 Prozent 1990 anstieg. Wenn diese Entwicklung im Ngram Viewer mit der Kurve zum Begriff «Alpen» verglichen wird, fällt auf, dass der Gebrauch des Stichworts «Alpen» seit 1945 (bei einem Hoch von 0.00240 Prozent) kontinuierlich abnahm, nur um kurz um 1990 nochmals auf 0.00070 Prozent anzusteigen. Verglichen damit liegt die Anzahl des Stichworts «Alpenraum»

---

547 Bubenhofer/Scharloth 2011, S. 241–259.
548 Sarasin 2012, S. 156–160
549 Hodel 2013, S. 108–112.

auf derselben Skala bei einem Hoch von 0.00010 Prozent.[550] Dennoch kann eine Verlagerung bei der Anzahl der Verwendungen erkannt werden. Diese Entwicklung könnte den Hinweis dafür liefern, dass neben der vermehrten Verwendung des Begriffes «Alpen» als Eigenname für den europäischen Gebirgskamm seit den 1970er Jahren in der von Ngram Viewer erfassten Sachliteratur zunehmend der Begriff «Alpenraum» den ehemals dominanten und gesamthaft betrachtet, immer weniger oft gebrauchten Begriff «Alpen» ablöst.

Mit der Zunahme der Verwendung des Begriffs «Alpenraum» stellt sich die Frage, wie dieser zu definieren ist. Im Alpenreport von 1998 wird darauf hingewiesen, dass in der Studie «Europa 2000+» die Bezeichnung «Alpenraum» auch Regionen einbezog, die bis anhin nicht zu den Alpen gezählt wurden, so zum Beispiel der Jura.[551] Präziser umschrieben Helen Simmen, Felix Walter und Michael Marti (2006) den Begriff «Alpenraum». Sie differenzierten in ihrer Studie zur Nutzung von Alplandschaften zwischen den Begriffen «Berggebiet» und «Alpenraum». Zum «Berggebiet» gehören nach den Autoren Regionen, in denen Gemeinden liegen, welche im Bundesgesetz zur Investitionshilfe für das Berggebiet erwähnt werden. So zählt zum Beispiel der Jura zum «Berggebiet», nicht aber Davos und das Oberengadin. Im Gegensatz dazu umfasst der Begriff «Alpenraum» alle in den Alpen gelegenen Regionen, also 64.3 Prozent der Fläche der Schweiz.[552]

Thomas Streifeneder (2009) zeigte auf, dass insbesondere bei der wirtschaftsgeographischen Forschung, die Austauschbeziehungen zwischen Bergregion und Voralpen untersuchen, eine Inkooperation der Voralpen zum «Alpenraum» erfolgt. Nach Streifeneder ist es auch sinnvoll, zwischen einem Relief bezogenen «Alpengebiet» und einem «peroalpinen Gebiet» zu differenzieren. Zusammen ergibt sich eine europäische Grossregion, welche die «Gesamtheit aller politischen Regionen, die ganz oder teilweise Anteil am Gebirge der Alpen besitzen», umfasst.[553] Der Begriff «Alpenraum» dürfte sich auch dank fachlich vermehrt übergreifender Studien, die beispielsweise den Austausch zwischen Städten und Bergregionen thematisieren, ab den 1970er Jahren verbreitet haben. Der von Streifeneder umschriebene

---

550 Google Books, Ngram Viewer, Stichwort Alpen und Alpenraum, Stand November 2014.
551 Internationale Alpenschutzkommission (Hg.) 1998, S. 114.
552 Simmen/Walter/Marti 2006, S. 34.
553 Streifeneder 2009, S. 17; Martinengo (1991, S. 208) zitiert in Streifeneder 2009, S. 17.

Begriff wird zunehmend in Studien benutzt, die sich mit Ökologie sowie wirtschaftsgeographischen, kulturellen und sozialpolitischen oder historischen Fragen befassen.

7.2 Zum Vergleich – die Paris-Nachbenennung

Wie wir an den Beispielen der Landschaftsmodelle Schweiz und Alpen gesehen haben, geht von gewissen Lokalitäten eine Ausstrahlung aus, die zu Nachbenennungen führt. Waren es bei der Schweiz- und Alpennachbezeichnung anfangs bevorzugt Attribute der Landschaft, die Transfers anregten, kommen für andere Nachbenennungen unterschiedliche Attribute zur Geltung. Oft werden besonders geschichtsbeladene Ortschaften und Landschaften zu «Namensspendern». Ein Beispiel ist die Landschaft der Toskana, die sich in Deutschland in diversen «Toskanien» niederschlug.[554] Ein oft verwendetes Vorbild für Nachbenennungen ist auch die Lagunenstadt Venedig. Im 19. Jahrhundert nimmt Paris als Modell einer Metropole eine besondere Stellung ein.

Die Stadt des 19. Jahrhunderts

Walter Benjamin (1892–1940), der zeitweise in Paris lebende Kulturkritiker, prägte den Begriff der «Kapitale des 19. Jahrhunderts» für Paris. In seinen Schriften zu Paris, insbesondere im «Passagen-Werk» von 1935 und 1939, beschrieb er die Ausstrahlung der Stadt sowie ihren Modellcharakter. Sein Fokus war auf die frühe Textil- und Modeindustrie, die Stadtbeleuchtung, die Architektur mit der Verwendung von Eisen, das Zusammenspiel von Arkaden und Kunst, die Weltausstellung von 1855, den Aufstieg der privat-individuellen Sphäre, Baudelaires Poesie, Hausmanns Boulevards und generell auf die Ausstrahlung der Metropole gerichtet.[555] Das Paris der Literaten Marcel Proust, Oscar Wilde und Charles Baudelaire wird auch als Ausgangspunkt für die Massenkultur der Moderne

---

554 Zeit Magazin 12. Juli 2012.
555 Benjamin (Neudruck) 1982.

interpretiert. Vanessa Schwartz zeigt, wie Paris zum Vorreiter moderner Kultur wurde. Die Bourgeoisie verwandelte Paris von einer industriellen in eine kommerzielle Kapitale. Obwohl das Stadtleben an sich nichts Neues war, machte nach Schwartz das Flanieren Paris zum Zentrum für den Massenkonsum und zur Metropole der Moderne.[556]

Paris als Vorzeigestadt des 19. Jahrhunderts spiegelt sich nicht nur in der Vorbildrolle für Städte, sondern auch in der Interaktion mit Frankreich und der Welt. Klaus Schüle zeigt, wie Abbé Teisseirencs bereits zur Zeit des Absolutismus versuchte, die Toponymie von Paris so auszulegen, dass sich ganz Frankreich in der Metropole wiederfand. In seinem Projekt waren die wirklichen Himmelsrichtungen ausschlaggebend. Der Montmartre beispielsweise wäre zur «Rue de Rouen» geworden. Schüle zeigte weiter, wie zur Zeit der Revolution der Versuch unternommen wurde, Paris zu einem Abbild der Welt umzubenennen. Solche Projekte gab es laut Schüle immer wieder. So finden wir noch heute in der Nähe des Gare Saint-Lazare Strassen mit den Namen «Rue de Londre», «Rue de Leningrad», «Rue de Vienne», «Rue du Bucarest», «Rue de Moscou», «Rue de Constantinople». Diese Benennungspolitik zeigt das Selbstverständnis von Paris nicht nur als Stadt Frankreichs, sondern als Stadt der Welt.[557]

Es stellt sich die Frage, wann die ersten Paris-Nachbenennungen auftauchten. Bei der wohl ältesten Paris-Nachbenennung handelt es sich um die Bezeichnung «Klein-Paris» für die Stadt Leipzig. Fälschlicherweise wird die Benennung oft Goethe zugeschrieben, der Leipzig 1765 zum Studium der Rechte besuchte. Berühmt sind seine Zeilen aus «Faust»: «Mein Leipzig lob ich mir! Es ist ein Klein-Paris und bildet seine Leute!».[558] Diesen Namen hatte sich Leipzig nach Katharine Goodman (1999) in Anlehnung an das kulturelle Vorbild in Sachen Bildung, Manieren, Mode und Architektur allerdings bereits um 1730 selber gegeben.[559] Dietrich Denecke und Helga-Maria Kühn (1987) verweisen auf den Gebrauch des Namens «Klein-Paris» in Göttingen als Spottnamen für an der Stadtmauer aufgestellte Buden um 1747.[560] Friedrich Hermann Nestler schrieb 1805, dass aristokratische Emigranten vor und während der Französischen Revolution die «Genusssucht» in Hamburg eingeführt

---

556 Schwartz 1999, S. 3, 13, 16, 28.
557 Schüle 2003, S. 337.
558 Trunz (Hg.) 2010, S. 70.
559 Goodman 1999, S. 237.
560 Denecke/Kühn (Hg.) 1987, S. 137.

hätten. Dies soll zur beliebten Bezeichnung «Klein-Paris» für Hamburg geführt haben.[561]

Gemäss einer Publikation des Stadtarchivs Düsseldorf geht die Bezeichnung «Klein-Paris» für Düsseldorf auf die Feierlichkeiten rund um den Besuch Napoleons zurück. Der Staatssekretär des Grossherzogtums Berg, Graf Pierre-Louis Roederer schrieb 1811, dass Düsseldorf zu einem «Klein-Paris» geworden sei.[562] Auch Frankfurt wurde bereits in einer Zeitschrift von 1826 in Anlehnung an die Grossstadt «Klein-Paris» genannt.[563] Alexander Vari beobachtete (2011), wie im 19. und 20. Jahrhundert die touristischen Werbeslogans für Budapest dauernd angepasst wurden. Tourismuspromotoren vermarkteten erst die Stadt als «Paris des Ostens». Mit aufkommendem Nationalismus und dem Versuch, sich von fremden Modellen zu distanzieren, änderten sie den Werbenamen in der Zwischenkriegszeit zu «Königin der Donau».[564] Gemäss des «Diercke Weltatlas» führten Prachtbauten auch zur Bezeichnung «Paris des Mittleren Westens» für Detroit zu Beginn des 20. Jahrhundert.[565]

Journalistische Interpretationen

Neben den wenigen Erwähnungen von Paris-Nachbenennungen in der Fachliteratur wurden Interpretationen zur Nachbezeichnung im 21. Jahrhundert zum grossen Teil von Feuilleton-Beiträgen übernommen. Die Zeitschrift «Spiegel» lokalisierte in einer Reportage von Fabian von Poser diverse Städte, die sich den Namenszusatz «Paris» teilten. Dabei übernahm das kulturelle Angebot eine prägende Rolle bei der Paris-Nachbenennung. Die Herkunft zahlreicher Künstler soll zum Namen «Paris des Ostens» für die ukrainische Stadt Odessa geführt haben. Die blühende Theaterszene von Tiflis hat gemäss Poser den gleichen Namenszusatz für die georgische Stadt geprägt. Zahlreiche Museen, Theater und die Herkunft von Opernsängern, Schauspielern und Komponisten sollen dem sibirischen Irkutsk ebenfalls den Namen «Paris des Ostens» eingebracht haben. Zu Odessa,

---

561 Nestler 1805, S. 49.
562 Stadtarchiv Düsseldorf (Hg.) 2013, Stand Januar 2013; Siehe auch Westdeutsche Zeitung 19. Juli 2012.
563 Brönner (Hg.), Iris, 10. Januar 1826, S. 26.
564 Vari 2011, S. 103–126.
565 Diercke Weltatlas Online, Stichwort Michigan, Stand Januar 2013.

Tiflis und Irkutsk gesellen sich Ho Chi Min City sowie Shanghai, deren Museen, Theater und Opern angeblich ebenfalls für den Namen «Paris des Ostens» prägend waren.[566] Als Motiv für die Paris-Nachbenennung für Bukarest ortete Poser die Tourismusbranche und die Architektur.[567] Nicht genau beschriebene architektonische Merkmale führte Poser auch als Begründung für die Paris-Nachbenennungen «Paris des Ostens» für Budapest, Bukarest und Beirut an. Nach Poser sollen Prag, Warschau und Beirut ihrem grossen Angebot an Nachtleben den Namenszusatz «Paris» verdanken.[568]

Etwas genauer identifizierte Thomas Veser in der «Neuen Zürcher Zeitung» die vom Präfekten Georges-Eugène Hausmann vorgenommenen Veränderungen in der Stadt im 19. Jahrhundert, vornehmlich die breiten Boulevards, als zentralen Identifikationspunkt von Paris und die daraus resultierende Nachbezeichnung «Paris des Ostens» für Riga.[569]

Ein Reporter der «Euronews», Seamus Kearney, beschrieb die architektonische Ausstrahlung von Paris am Beispiel von Lviv: «Die Stadt Lviv, auf Deutsch Lemberg, ist wohl das beste Beispiel für die grosse Vielfalt unter ukrainischen Städten. Wer diese alten Strassen hinuntergeht, hat den Eindruck, sich in irgendeiner historischen Stadt Westeuropas zu befinden. Da erstaunt es nicht, dass Lemberg oft als ‹Klein-Paris des Ostens› bezeichnet wird. Zahlreiche alte Gebäude hier spiegeln die europäische Architekturgeschichte wider».[570]

Der Kolumnist Sebastian Schnoy schrieb in der «Frankfurter Neue Presse»: «Gerade komme ich aus Budapest, auch bekannt als das ‹Paris des Ostens›, wobei Prag natürlich auch eine Art ‹Paris des Ostens› ist. Dazu gibt es noch Stockholm, das ‹Paris des Nordens›, Venedig, das überflutete ‹Paris des Südens›, und selbst Wismar scheut sich nicht, mit dem Titel ‹Paris Mecklenburg-Vorpommerns› zu werben, kurz: Vergleiche mit Paris sind beliebt».[571] Gemäss der Journalistin Hilke Segbers soll auch Buenos-Aires aus den gleichen Gründen als «Paris des Südens» bekannt

---

566 Poser in Spiegel Online 30. August 2011, Stand Januar 2013.
567 Ebd.
568 Ebd.
569 Veser in NZZ 22. Juli 2011.
570 Kearney in Euronews (Lemberg,- „Klein-Paris" des Ostens) 22. August 2011, Stand Januar 2013.
571 Schnoy in Frankfurter Neue Presse, Stand Januar 2013.

sein.[572] Laut «Bild am Sonntag» gehört zum Nachtleben die französische Küche, die zur Nachbenennung von Beirut geführt haben soll.[573]

Laut Feuilleton-Beiträgen haben die Architektur, das kulturelle Angebot und die Tourismusbranche im Transfer der Paris-Nachbenennung eine wichtige Rolle übernommen. Die journalistischen Ausführungen zur architektonischen Ausstrahlung und der Einfluss auf den Bezeichnungstransfer lassen sich in der Fachliteratur begrenzt bestätigen. Wie Denecke und Kühn festgehalten haben, führten aufgestellte Buden 1747 zum Spott-Namen «Klein-Paris» in Göttingen.[574] Allerdings finden sich in Detroit auch Prachtbauten, die einen Transfer bewirkt haben sollen.[575]

Motive für Paris-Nachbenennungen

Die von Journalisten hervorgehobene Rolle der Tourismusbrache für die Verbreitung der Paris-Nachbezeichnung kann teilweise auch in der Fachliteratur und in heutigen Werbungen beobachtet werden. Vari schrieb die Paris-Nachbenennung für Budapest Tourismuspromotoren zu.[576] Im 21. Jahrhundert scheinen sich die Promotoren des Budapest Tourismus wieder an der Paris-Nachbezeichnung zu orientieren. So wirbt beispielsweise die Reiseorganisation «Dentaltravel» mit der Bezeichnung «Paris des Ostens».[577] Ähnlich verhält es sich mit Warschau. Das «Polenmagazin» wirbt für die Hauptstadt ebenfalls mit der Bezeichnung «Paris».[578] Die Tourismusverantwortlichen von Rumänien werben offiziell mit diesem Namenszusatz für Besucher von Bukarest. Der Bezeichnung fügten sie die Erklärung bei: «Die Stadt entwickelte sich in der Vergangenheit zu einer eleganten Metropole mit breiten Boulevards, grosszügigen Parkanlagen, einem nach Pariser Vorbild errichteten Triumphbogen und einer vielfältigen architektonischen Mischung. Nicht zuletzt deswegen bezeichnete man Bukarest als ‹Paris des Ostens›».[579] Die Tourismusindustrie tritt bei der

---

572 Segbers in NWZ-Online, Stand Januar 2013.
573 Karkheck in Bild.de, Stand Januar 2013.
574 Denecke/Kühn (Hg.) 1987, S. 137.
575 Diercke Weltatlas Online, Stichwort Michigan, Stand Januar 2013.
576 Vari 2011, S. 103–126.
577 Dental Travel (Hg.), Stand Dezember 2012.
578 Das Polen Magazin 17. Dezember 2012, Stand Januar 2013.
579 Bukarest Tourismus, Stand Januar 2013.

Paris-Nachbezeichnung als Akteur auf. Motiv und Ziel der Promotoren bestehen darin, für die jeweilige Stadt die kulturellen Assoziationen zur französischen Metropole zu wecken, die Paris bereits im 19. Jahrhundert zur Tourismusstadt machten.

Wie stand es nun um das von Feuilleton-Beiträgen als prägend beschriebene kulturelle Angebot im Transfer der Paris-Nachbezeichnung? In der Fachliteratur sind dazu hauptsächlich Beispiele aus dem 18. und 19. Jahrhundert zu finden. So schrieb Erich Trunz (2005), dass Goethe sich in Leipzig den nachempfundenen Manieren und der Mode aus Paris anpassen musste.[580] Laut Goodman (1999) war Paris kulturelles Vorbild in Sachen Bildung, Manieren, Mode und Architektur.[581] Auch der Staatssekretär des Grossherzogtums Berg, Graf Pierre-Louis Roederer, machte Feierlichkeiten 1811 zum Anlass, Düsseldorf «Klein-Paris» zu nennen.[582] Das Beispiel Frankfurt zeigt, dass eine allgemeine Anlehnung an die Grossstadt zur Nachbenennung «Klein-Paris» führte.[583] Die von Friedrich Hermann Nestler beschriebenen aristokratischen Emigranten, die die «Genusssucht» nach Hamburg brachten können einem kulturellen Transfer zugeordnet werden.[584] Paris dürfte bereits im 18. Jahrhundert als Stadtmodell für aristokratisch gesinnte Gesellschaften gedient haben. Das Paris des 18. Jahrhundert diente auch im folgenden Jahrhundert als Modellstadt. Zum aristokratischen Lebenswandel und kulturellen Angebot kamen die Architektur sowie das damit zusammenhängende Prestige, das auch Leipzig diesen Namen einbrachte. Die Ausbreitung der Paris-Nachbezeichnung dürfte hauptsächlich von einer Anlehnung an der Kultur der Metropole und des damit zusammenhängenden städtischen Modells getragen worden sein. Später wurde auch die Tourismusbranche zum Akteur in der Verbreitung der Paris-Nachbezeichnung.

Im Gegensatz zur Schweiz- und Alpen-Nachbezeichnung besticht die Paris-Nachbezeichnung durch eine unterschiedliche Ausgestaltung des Namenszusatzes. Während bei ersterer das Anhängen des Namens an den herkömmlichen Namen üblich war, finden wir bei der Bezeichnung

---

580 Trunz (Hg.) 2005, S. 385. Siehe auch „Klein-Paris", Studium in Leipzig und Frankfurter Rekonvaleszenz (1765–1770), <http://www.goethezeitportal.de>, Stand Dezember 2012.
581 Goodman 1999, S. 237.
582 Stadtarchiv Düsseldorf (Hg.) 2013, Stand Januar 2013.
583 Brönner (Hg.), Iris, 10. Januar 1826, S. 26.
584 Nestler 1805, S. 49.

«Paris» unterschiedlichste Formen. Bezeichnend war die Angabe der Himmelsrichtungen zum Vorzeigeobjekt. So waren die Namenszusätze «...des Ostens», «...des Nordens», «...des Südens» die meist verbreiteten Bezeichnungen. Neben Himmelsrichtungen tauchte zudem ein Kontrastpunkt zum Original auf. So existiert ebenfalls der Namenszusatz «Klein-Paris». Bestimmend war der Ausgangspunkt beziehungsweise der direkte Referenzwert zum Modell. Nachbenennungen orientierten sich direkt an Paris.

An der Form des Namenszusatzes «Paris» erkennen wir Charaktere von Paris-Nachbenennungen. Im Gegensatz zu Schweiz-Nachbezeichnungen kann bei Paris-Nachbenennungen keine Verselbständigung der Bezeichnung ausgemacht werden. Es finden sich auch keine «offiziellen» Nachbenennungen, die sich auf einer (nach der von Weinacht aufgestellten Skala) vierten Stufe «durchgesetzt» hätten. Beispielsweise finden wir die Paris-Nachbezeichnung nicht in Atlanten. Dafür beobachten wir eine erste Phase der Vergleiche, eine zweite erster Nachbenennungen und eine dritte der oft benutzten Zusätze.[585]

Die Motive hinter der Paris-Nachbezeichnung dürften in der Entwicklung von Paris im 18. und 19. Jahrhundert gefunden werden. David Gilbert (2000) hob hervor, dass Paris auch zur Kapitale wurde, weil die Stadtlandschaft sich zu einem «globalen Objekt der Begierde» und des Konsums wandelte. Paris wurde nach der «Haussmannisation» zum Anziehungspunkt des internationalen Tourismus. Die Schlüsselelemente für den Ansturm von Touristen aus den USA waren das kulturelle Angebot, der Konsum und die Zurschaustellung der letzten Mode. Gilbert betont, dass London dieser Entwicklung nur wenig entgegenzusetzen wusste und Paris zum Zentrum auf der europäischen Tour wurde. Zusehends wuchsen Austausch und Transfer der Pariser Mode mit der aufkommenden Filmindustrie in Hollywood im frühen 20. Jahrhundert zusammen. Dies wiederum verstärkte die Sogwirkung von Paris.[586] Die Stellung von Paris als Modestadt führte zur Ansiedlung neuer Markengeschäfte und den damit zusammenhängenden steigenden Touristenzahlen. Der Südeuropachef des Modekonzerns Louis Vuitton, Geoffroy van Raendonck, nannte zum Beispiel Wien nach einer geschäftlichen Expansion «Paris des Ostens».[587]

---

585 Weinacht 1994, S. 91.
586 Gilbert 2000, S. 18.
587 Die Presse 28. November 2012.

7.3 Fazit

In der Einleitung wurde gefragt, wie, wann und in welcher Form es möglich war, dass sich der Ländername «Schweiz» zu einer verbreiteten Metapher in der Literatur und zu einem häufigen toponymischen Beinamen entwickeln und wie sich parallel dazu der Gebirgsname «Alpen» von einem Eigennamen zu einem Gattungsbegriff der Geographie, Kartographie und der Botanik wandeln konnte. Zusätzlich wurde die Frage nach den «Konnotationen» zu Nachbenennungen und deren Landschaftsmodellen gestellt. Ebenso wurde gefragt, ob zwischen Nachbenennungen und deren Verbreitung Unterschiede und Gemeinsamkeiten bestanden.

Gemeinsamkeiten in der Verbreitung von Nachbenennungen können in der Bedeutung der Reisetätigkeiten im ausgehenden 18. Jahrhundert erkannt werden. Beispielsweise verfügte Leipzig bereits im 18. Jahrhundert über den Namenszusatz «Klein-Paris». Im Zentrum dürfte eine Anlehnung an die aristokratische Kultur der französischen Metropole gestanden haben. Dieser Zusatz könnte sich aus dem Austausch unter Besuchern von Paris ergeben haben. Auch die «Sächsische Schweiz» wurde von Besuchern benannt. Bei Leipzig wissen wir nicht genau, ob französische Besucher aus Paris oder deutsche Besucher von Paris den Namenszusatz zuerst anwendeten. Obwohl es sich hier bei der Paris-Nachbenennung um eine Kurzuntersuchung handelt, kann festgestellt werden, dass für beide Nachbezeichnungen Reisetätigkeiten eine wichtige Rolle gespielt haben. Auch die Verbreitung der Alpen-Nachbezeichnung profitierte von Reisetätigkeiten im Rahmen von wissenschaftlichen und kolonialen Expeditionen im ausgehenden 18. Jahrhundert. Dazu kamen im 19. und 20. Jahrhundert alpinistische Expeditionen. In der Rolle und in den Beiträgen von Reisenden zur Verbreitung von Nachbenennungen lässt sich ein übergreifender, «globaler» Prozess erkennen.

Bei den Motiven für Nachbenennungen können hingegen grosse Unterschiede erkannt werden. Die kurze Untersuchung lässt vermuten, dass die Tourismusbranche für Paris-Nachbezeichnungen erst im 19. Jahrhundert zum Träger eines Transfers wurde. Das Tourismusmodell «Paris» im 19. Jahrhundert erinnert an die Ausbreitung der Schweiz-Nachbezeichnung. «Schweiz» verkörperte, wie später «Paris», ein Vorbild für den Tourismus und brachte den Klang von Prestige und Qualität. Ländliche Ortschaften in Deutschland mit touristischen Interessen buhlten im 19. Jahrhundert um den Namenszusatz «Schweiz». Die Paris-Nachbezeichnung dürfte sich hingegen auf mittlere und grosse Städte beschränkt haben.

Wie in dieser Studie gezeigt, unterschieden sich die Motive für Nachbenennungen in verschiedenen Regionen, da diese in Anlehnung an Osterhammels theoretischen Ansatz «Resultate ihrer Geschichte und ideologischer Kontexte» waren.[588] So unterschieden sich nicht nur die Motive zwischen den Nachbezeichnungen «Alpen» und «Schweiz», sondern diese sich jeweils auch untereinander. Während beispielsweise die Nachbezeichnung «Hessische Schweiz» von der Tourismusbranche gefördert wurde, konnte bei der Nachbezeichnung «Argentinische Schweiz» ein kolonialistisches Interesse ausgemacht werden. Bei der Alpen-Nachbezeichnung spielten die Wissenschaften und der Kolonialismus, wie am Beispiel der «Southern Alps» in Neuseeland aufgezeigt, prägende Rollen. Eine neue Rolle in der Verbreitung und Erhaltung des Begriffes «Alpen» trug ab Ende des 19. Jahrhunderts zunehmend der Alpinismus, so zum Beispiel bei den «St. Elias Alps» und den «Japanese Alps». Der Transfer der Alpen-Nachbezeichnung erfolgte auch über die Fachrichtungen Geologie und Botanik. Im Gegensatz dürften die von der Paris-Nachbezeichnung verkörperten Metaphern verbunden mit den kulturellen Themen der Metropole geblieben sein. Der Kontext spielte ebenfalls eine wichtige Rolle. So standen die touristischen Nachbezeichnungen in Deutschland zu Beginn in Verbindung mit Vorstellungen zur Schweiz, vermittelt durch die Literatur der Romantik. Die «Southern Alps» in Neuseeland wurden hingegen während einer kolonial-wissenschaftlichen Expedition benannt.

Unterschiede finden sich auch bei der Entwicklung von Nachbenennungen. Bei der hier im Vergleich zur Alpen- und Schweiz-Nachbenennung nicht im Detail untersuchten Paris-Nachbenennung konnte eine Verselbständigung, wie sie bei der Schweiz-Nachbenennung erfolgte, nicht erkannt werden. Das könnte auf den Umstand zurückgeführt werden, dass die Schweiz-Nachbezeichnung zahlreiche kleinere, ländliche Ortschaften ansprach, die zueinander in direkter Konkurrenz standen. Dies konnte auch, wie an den Beispielen «Fränkische» und «Sächsische Schweiz» im 2. Kapitel gezeigt, in der Bildung von Clustern rund um berühmte «Schweizen» beobachtet werden. Clusterbildungen traten speziell in den Regionen auf, wo sich die Nachbenennungen eigendynamisch verselbständigten.

---

588 Osterhammel 2009, S. 778.

In der zweiten Hälfte des 19. Jahrhunderts konnten mit der Verselbständigung der Nachbezeichnungen auch in den Atlanten die ersten Schweiz-Nachbezeichnungen geortet werden. Im Gegensatz dazu konnte die Paris-Nachbezeichnung den Weg in die Handatlanten nicht finden. Bezugspunkt blieb immer die französische Metropole. Das zeigt sich besonders in der Kombination von Nachbezeichnungen, die sich immer durch eine Grössenangabe oder Himmelsrichtung in Bezug auf das Ausgangsmodell stellen. Als dominant präsentierte sich die vom Kolonialismus und den Wissenschaften getragene Alpen-Nachbezeichnung in Handatlanten. Im Gegensatz zu Schweiz- und Paris-Nachbezeichnungen diente die Alpen-Nachbezeichnung unter anderem auch als kolonialer Identifikationspunkt auf den Karten für «Gebirge» generell. Die frühe Erwähnung in Handatlanten zeigt, dass die Bezeichnung sich schnell auf einer von Weinacht als höchste definierte Ebene durchsetzen konnte und auch in unbekannten Gebieten angewendet wurde.[589] Wie von Osterhammel theoretisch hervorgehoben, können in den unterschiedlichen Entwicklungen der Nachbenennungen die von ihm thematisierten «regionalen Besonderheiten» erkannt werden. Schweiz-Nachbenennungen wiesen besonders in Deutschland eine Eigendynamik auf. Es konnten in den Entwicklungen von Nachbenennungen eigene «Zeitstrukturen» und «spezifische Tempi» beobachtet werden.[590]

«Zeitstrukturen» und «spezifische Tempi» konnten in Kapitel 3 auch für die drei Kategorien zu Entwicklungen von Schweiz- und Alpen-Nachbenennungen eruiert werden. Einer ersten Kategorie wurden einmalige und kurzlebige Erwähnungen, beispielsweise die Nennung von «Alpenhörnern» in Afrika, und Schweiz-Nachbezeichnungen, die nur auf Postkarten erschienen, und nicht in der Literatur nachweisbar sind, zugeordnet. Insgesamt konnten weltweit 232 Schweiz-Nachbenennungen und 18 Alpen(land)-Nachbenennungen dieser Kategorie geortet werden. Zu einer zweiten Kategorie der «Instabilen Bezeichnungen» gehören 3 in Handatlanten unbeständige Alpen-Nachbenennungen und die zahlreichen – weltweit 299 – belegbaren Schweiz-Nachbenennungen, die aber nie in Handatlanten publiziert wurden. Die dritte Kategorie der «Festen Bezeichnungen», darunter 9 Schweiz-Nachbenennungen und 7 Alpen-Nachbenennungen, konnte sich durch die Erwähnung über längere

---

589 Weinacht 1994, S. 91.
590 Osterhammel 2009, S. 19.

Zeitspannen in Handatlanten auszeichnen. Die Kategorien der Nachbenennungen zeigen, wie unterschiedlich (nach eigenen «Zeitstrukturen») sich die Bezeichnungen entwickelten.

Einige Ähnlichkeiten und Unterschiede können in den «Wechselwirkungen» von transferierten Nachbenennungen gefunden werden. Bei der Schweiz-Nachbezeichnung konnte beobachtet werden, wie der Markenname «Schweiz» im Ausland geprägt wurde. Im Markennamen kann die Rückwirkung des Namenstransfers in entgegengesetzter Richtung erkannt werden. Es kann spekuliert werden, ob bei der Paris-Nachbezeichnung ebenfalls eine Rückwirkung des Namenstransfers erfolgte. Bei der Alpen-Nachbezeichnung kann im 19. Jahrhundert keine derart prägende Rückwirkung eines Markennamens gefunden werden. Dennoch dienten die Alpen als Vorbildmodell bei Wissenschaft und Alpinismus. Als Rückwirkung für die Alpenbezeichnung könnte die Stilisierung des Begriffs «Alpen» zu einem Gattungsbegriff für Gebirge generell in den Wissenschaften verstanden werden. Die von Conrad auf theoretischer Ebene erklärten lokalen Manifestationen von globalen Prozessen könnten auch in den unterschiedlichen Aus- und Rückwirkungen von Nachbenennungen geortet werden.[591]

Sehr gegensätzlich waren die Imaginationen, Landschaftsbilder und Assoziationen zu Nachbenennungen. «Paris» dürfte vorwiegend für kulturelle Errungenschaften wie Kunst, Theater, Oper, Architektur, Nachtleben und Mode gestanden haben. Am Beispiel der Nachbenennung Leipzigs als «Klein-Paris» wurde aufgezeigt, dass bereits das von der Aristokratie geprägte Paris des 18. Jahrhunderts diese Funktion innehatte. Nach Erdmanns Begriff der «Konnotation», der die Verbindung von Namen mit «Nebensinn», «Gefühlswert» und «Stimmungsgehalt» bezeichnet, dürften die kulturellen Errungenschaften von Paris die Paris-Nachbenennungen geprägt haben.[592] Im Gegensatz dazu stehen die Schweiz- und Alpen-Nachbezeichnungen, deren «Konnotation» seit dem Ende des 18. Jahrhunderts für nicht-städtische Landschaften stand. Inhaltlich verkörperten diese zeitweise zum Beispiel gebirgige Regionen, Wildnis, kultivierte Alpwirtschaft, Bergseen, Bergsport, Landschaftsmetaphern der Literatur der Romantik, Gesundheitsangebote sowie wissenschaftliche Gattungsbegriffe und erfuhren durch Verselbständigung gar die Anwendung für «tugendhafte Landschaften» in einem kolonialen Kontext. Wenn Paris als Modellstadt

---

591 Conrad 2013, S. 10, 21.
592 Debus 2012, S. 69–70; Erdmann 1910.

des 19. Jahrhunderts gilt, übernahmen Alpen- und Schweiz-Nachbezeichnungen diese Rolle für die Landschaft des 19. Jahrhunderts.

Schweiz- und Alpen-Nachbezeichnungen formten den Kontrast zum Städtemodell der Paris-Nachbezeichnung. Diese dominante Rolle unter Nachbenennungen und Landschaftsbezeichnungen zeigt sich im hohen Entwicklungsgrad, der gewisse Bezeichnungen gar in Atlanten brachte. Im Rahmen der Psychoonomastik, der Untersuchung der Wirkung und Bedeutung konnotativer Bezeichnungen auf den Menschen, kann bei der Schweiz- und Alpen-Nachbezeichnung eine stark entwickelte «Namenphysiognomik» beobachtet werden. Beide Nachbezeichnungen bekamen in ihrer Entwicklung ein «eigenes Gesicht».[593] Bei der Schweiz-Nachbezeichnung war dieses «Gesicht» durch die Verselbständigung der Nachbenennung sehr vielfältig. So konnte dieses auch für Tourismusorte, gebirgige Regionen oder «schöne Landschaften» stehen. In der Botanik wurde der Begriff «Alpen» für Höhenstufen benutzt. In der Geologie und Geographie wurden im 19. Jahrhundert aus vereinfachenden Metaphern von «spitzen Gipfeln» und «Kanten» die Alpen-Nachbezeichnung einem Gebirgstypus zugefügt, womit der Eigenname zu einem Gattungsbegriff wurde. Es ist fraglich, ob die Paris-Nachbezeichnung auch eine derart ausgedehnte Entwicklung erfuhr. Nachbenannte Städte wollten meist noch eine gewisse Eigenidentität wahren. Dies beobachten wir beim Wandel der Bezeichnung für Bukarest von «Paris des Ostens» zu «Königin der Donau» und zurück zu «Bukarest». Trotzdem dienten diese Nachbenennungen als Identifikationspunkte für Landschaft und Städtemodelle. Die behandelten Nachbenennungen berufen sich auf Landschaften der Bergwelt, Voralpen oder auf ihren Kontrast zur Stadtlandschaft. Gerade die Ausgeprägtheit und die Vielfältigkeit des «eigenen Gesichtes» dürfte der Alpen- und Schweiz-Nachbezeichnung eine derart starke Verbreitung – auch aus unterschiedlichen Motiven – ermöglicht haben.

Die gegensätzlichen Modelle glichen sich in Ausstrahlung und Dominanz. Gemäss Debus handelt es sich bei Nachbenennungen um von Kontext und Erwartungen beladene Namen. Folgerichtig kann dies auch bei der kolonialen Verwendung der Nachbenennungen «Schweiz» und «Alpen» beobachtet werden.[594] Während die Verbreitung der Alpen-Nachbenennung geradezu der kolonialen Ausbreitung des Westens folgte, konnte

---

593 Debus 2012, S. 69–70; Erdmann 1910.
594 Debus 2012, S. 75–76.

auch die Bezeichnung «Schweiz» für Deutsche – indem sie diese Erwartungen weckte und erfüllte – als identitätsstiftende Metapher dienen und etwas «Vertrautes» in einer fremden Region darstellen. Die Bezeichnung «Schweiz» hatte im 19. Jahrhundert eine Verselbständigung erfahren, sodass sie in Südamerika in einem kolonialen Kontext Verwendung finden konnte. Deutschen Auswanderern wurde, wie in Kapitel 2 aufgezeigt, Patagonien als «Argentinische Schweiz» schmackhaft gemacht. Zur Zeit des Nationalsozialismus konnte in Deutschland eine verstärkte Nutzung und Umdeutung der Schweiz-Nachbezeichnung beobachtet werden. Sie konnte für «deutsche Tugenden» stehen (im Gegensatz zu dekadenten Stadtgesellschaften). Diese Prozesse konnten im Anstieg der Anzahl vermerkter «Schweizen» in deutschen Handatlanten gut verfolgt werden. Die Verwendung der «Schweiz» in einem kolonialen Kontext brachte sie vermehrt in Handatlanten und in die gleiche Kategorie wie die Alpen-Nachbezeichnung. Eine Reaktion und Ablehnung kolonialer Ambitionen von Deutschland konnte auch in französischen Handatlanten geortet werden, welche in Folge die Schweiz-Nachbenennung mieden. In der Nachkriegszeit kamen diese Anwendungen zu einem abrupten Ende. In den Nachbenennungen «Schweiz» und «Alpen» spiegelt sich auch die koloniale Dominanz Europas im 19. Jahrhundert. Nach 1945 und dem Niedergang des Kolonialismus erfuhren beide Nachbenennungen einen Rückgang.

In der Nachkriegszeit bezogen sich Deutungen der Schweiz-Nachbezeichnung auf die politische Rolle der Schweiz als westlicher und neutraler Staat. So berücksichtigten westliche Handatlanten auch keine «Schweizen» der DDR. In dieser Zeit stagnierte auch die Ausbreitung der Alpen-Nachbezeichnung. In den Wissenschaften stand nach der Etablierung der Plattentektonik die Alpenbezeichnung zusehends für den Alpenkamm selber. Vermehrt finden wir sie bei der Beschreibung von alpinen Disziplinen und touristischen Angeboten im Alpenraum. In der Alpen- und Schweiz- sowie in der Paris-Nachbezeichnung kann die gesamteuropäische Dominanz vom 18. bis zum 20. Jahrhundert wiedererkannt werden. Die Schweiz und damit assoziierte Landschaften stehen in einem internationalen Kontext und zeigen sie als Teil Europas. Dies geschieht zum Teil, beispielsweise in Südamerika und Osteuropa, auch in einem kolonialen Rahmen. Schweiz- und Alpen-Nachbezeichnungen standen für Landschaften des 19. Jahrhunderts auf einer globalen Skala.

Nachdem der Namenstransfer der Schweiz 1992 noch mit einer Kunstinstallation von George Steinmann in Form eines Steingartens geehrt wurde, wurde diese Gedenkstätte teilweise sich selbst überlassen. Laut Steinmann hatte die zuständige Stadtgärtnerei Bern die Pflege der Anlage vernachlässigt. Der Künstler und Schöpfer des Werks wurde daraufhin mehrmals bei der Stadt vorstellig. Er dokumentierte die Leidensgeschichte der Installation ausführlich. So wurde die Anlage zum Beispiel 2003 von Lastwagen, 2008 von Werbeplakaten, 2009 von einer Baustelle und 2010 von Abschrankungen überstellt. Allerdings fand er bei der Stadt kein Gehör. Unterstützung fand Steinmann bei der Hannes Pauli Gesellschaft an der Universität Bern. Seit September 2012 kümmert sich eine freiwillige Selbstpflegegruppe um den Steingarten. Die Bundeshaus-Terrasse ging 2013 von der Stadt Bern an den Bund über. Steinmann erhofft sich vom Bund einen gerechteren Umgang mit seinem Kunstwerk.[595]

Die über 20-jährige Geschichte des Steingartens zeigt, dass das Kunstwerk zu den Transfers von Nachbenennungen und auch die Geschichte zu Nachbenennungen selbst aus heutiger Sicht nicht verstanden werden. Längst sind die Bedeutungen der Nachbezeichnungen sowie die Träger der Transfers vergessen. Davon zeugen vor allem journalistische Beiträge. Bis anhin wurde der Philhelvetismus des ausgehenden 18. Jahrhunderts, der Tourismus des 19. Jahrhunderts und die Schweiz als Referenzwert und als Ursache für Nachbenennungen gesehen. Die darauffolgende Verselbständigung der Bezeichnung, die kolonialistische Verwendung sowie die vielfältigen «Konnotation» waren nicht mehr bekannt. Die schwierige Geschichte des nicht gewarteten Steingartens geht möglicherweise darauf zurück, dass sich unbewusst lange niemand für den Ort verantwortlich fühlte. Dies könnte auch damit zusammenhängen, dass Initiatoren vieler Nachbenennungen tatsächlich fern ab und – insbesondere nach einer Verselbständigung – ohne direkten Bezug (zur Schweiz) «Schweizen» nachbenannten. In gewissem symbolischem Sinne steht der Steingarten auf der Bundeshaus-Terrasse metaphernartig für eine Gedenkstätte oder gar für ein Grabmal für inaktive Transfers von Nachbenennungen. Beim Steingarten würde es sich auch darum um eine verwahrloste Gedenkstätte handeln, da die dort Bedachten zum Teil nur indirekt verwandt und die Erinnerungen an sie längst erloschen sind.

---

595 Persönliches Interview mit George Steinmann 23. Januar 2014.

Anhang

Abbildungen

Abb. 1: Grafische Darstellungen der «Sächsischen Schweiz». Die Entstehung der Schweiz-Nachbenennungen war zu Beginn des 19. Jahrhunderts stark von romantischen Landschaftsvorstellungen geprägt. Die Schweiz war für die ersten «Schweizen» Bezugspunkt. Oben der Druck «Kuhstall in der Sächsischen Schweiz» von Adrian Zingg (1786). Unten ein Stahlstich von Joseph Meyer mit dem Titel «Der Bieler Grund in der Sächsischen Schweiz» (1837).

Abb. 2: «A Chart of Newzeland» 1770. Erste Erwähnung der neuseeländischen «Southern Alps» auf der 1770 angefertigten Karte «A Chart of Newzeland» anlässlich Captain James Cooks erster Südsee-Expedition (1768–1771). Die Benennung kam einem kolonial-wissenschaftlichen Akt gleich. Geographic Board, Stand Februar 2013.

Abb. 3: «Das Alpenthal von Kaschmir» 1855. Der Kartenausschnitt «Das Alpenthal von Kaschmir». Die Bezeichnung gehört zu den «instabilen» Nachbezeichnungen, die nur einmal verwendet wurden. Eine wissenschaftliche Berufung auf das Alpen-Modell für «hohe Gebirge» dürfte für die Verwendung der Bezeichnung ausschlaggebend gewesen sein. Karte aus: Heinrich Kiepert: Allgemeiner Hand-Atlas der ganzen Erde nach den neusten Entdeckungen entworfen, Weimar 1855. Zentralbibliothek Zürich, Kartensammlung Alt 112.

Abb. 4: Die amerikanischen «See-Alpen» 1847. Die Nachbezeichnung «Sea-Alps» für unterschiedliche Gebirge an der nordamerikanischen Westküste diente der vorauseilenden sprachlichen Eroberung von Gebieten und demonstrierte die Bedeutung der Alpenbezeichnung für Siedlerkolonien. Auf dieser Karte wurden gleich zwei Gebirge mit dem Namen «See-Alpen» ausgestattet. Abbildung aus: Joseph Meyer: Meyer's grosser und vollstaendiger Hand-Atlas der neusten Erdbeschreibung für die gebildeten Stände; 1843–1852, Leipzig 1847. Zentralbibliothek Zürich, Kartensammlung Atl 426.

Abb. 5: Postkarten aus der «Mecklenburger Schweiz». Postkarten aus der «Mecklenburger Schweiz» zeigen, dass sich ab der zweiten Hälfte des 19. Jahrhunderts «Schweizen» nicht mehr durch gebirgige Landschaften auszeichneten, sondern auch Bauten und Freizeitaktivitäten für die Schweiz-Nachbezeichnung stehen konnten. Wassermühle Ziddorf, Stand August 2014.

Abb. 6: Die «Livländische Schweiz» 1936. Die Benennung «Livländische Schweiz» geht auf deutsche Siedler zurück, die sich an nachbenannten «Schweizen» in Deutschland orientierten und «Schweiz» als Synonym für «schöne Landschaft» benutzten. Abbildung aus: Hans Fischer (Hg.): Columbus Weltatlas, E. Debes Grosser Handatlas, Berlin und Leipzig 1936. Zentralbibliothek Zürich, Kartensammlung Atl 3145.

Abb. 7: Postkarte aus der «Ruppiner Schweiz» 1936. Die hier abgebildete Postkarte aus der «Ruppiner Schweiz» ist auf 1936 datiert. Die Datierung zeigt, dass die Schweiz-Nachbezeichnung auch im Dritten Reich weiterverwendet wurde. Einzelstück, 1936.

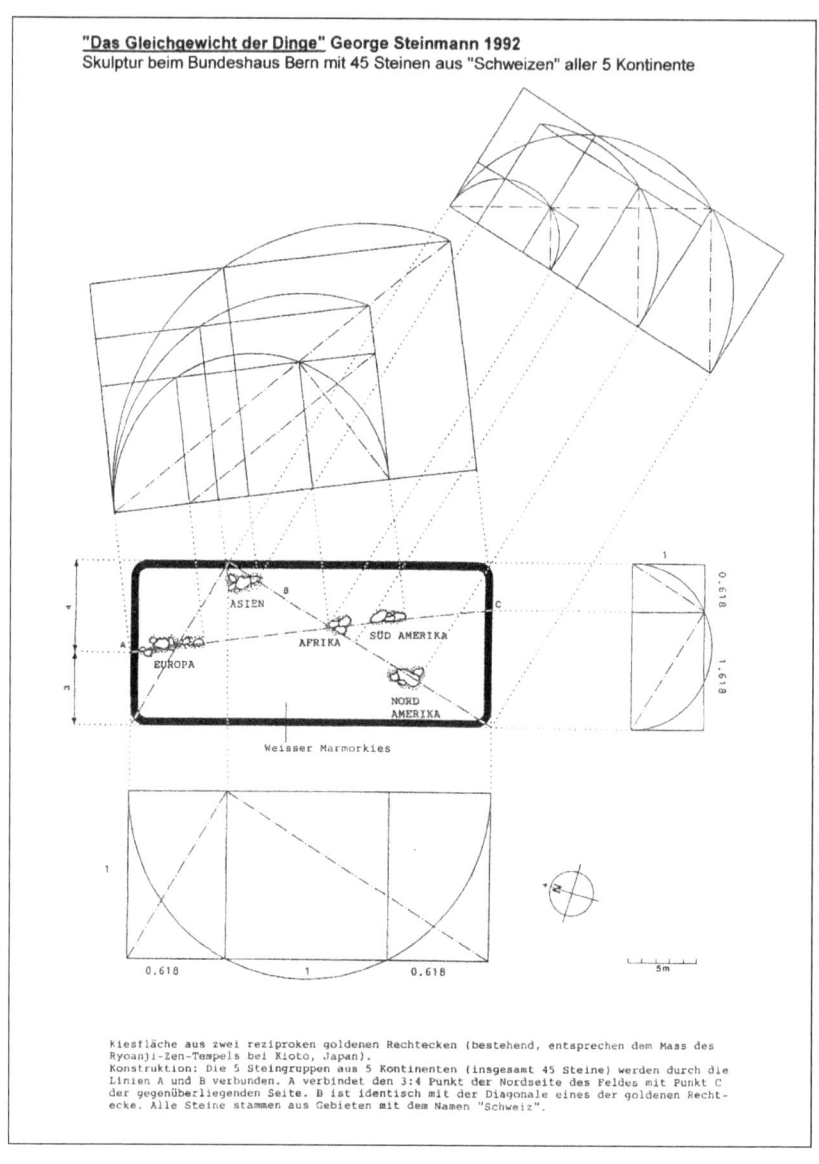

Abb. 8: Skulpturplan 1992. Die Installation «Das Gleichgewicht der Dinge» von George Steinmann beim Bundeshaus. Auf dem Skulpturplan sind die Anordnung der fünf Steingruppen mit 45 Steinen aus fünf Kontinenten und deren Bedeutung klar erkennbar. Die Kiesfläche wird durch zwei Linien in zwei reziproke goldene Rechtecke geteilt, die dem Mass des Ryoanji-Zen-Tempels bei Kioto in Japan entsprechen. Persönliches Archiv George Steinmann.

Tabellen

Tab. 2: Untersuchte Handatlanten.

Deutschland
Editionen Andree Handatlas, Leipzig Richard Andree: Richard Andree's Allgemeiner Handatlas in sechsundachzig Karten, Leipzig 1881. Richard Andree: Richard Andrees Allgemeiner Handatlas in hundertzwanzig Kartenseiten, 2. Auflage, Leipzig 1887. Richard Andree: Supplement zur zweiten und ersten Auflage von Andrees Handatlas enthaltend die 64 Seiten neuer Karten der dritten Auflage von 1893, Leipzig 1893. Richard Andree: Andrees Allgemeiner Handatlas in 99 Haupt- und 82 Nebenkarten nebst vollständigem alphabetischem Namenverzeichnis, Dritte, völlig neubearbeitete und vermehrte Auflage, Zweiter revidierter und vermehrter Abdruck, Leipzig 1896. Richard Andree: Supplement zur zweiten und dritten Auflage von Andrees Handatlas enthaltend die 53 Seiten neuer Karten der vierten Auflage von 1899, Leipzig 1899. A. Scobel: Andrees Allgemeiner Handatlas in 126 Haupt- und 139 Nebenkarten nebst vollständigem alphabetischem Namenverzeichnis, Vierte, völlig neubearbeitete und vermehrte Auflage, Vierter revidierter und vermehrter Abdruck, Leipzig 1903. A. Scobel: Andrees Allgemeiner Handatlas in 139 Haupt- und 161 Nebenkarten nebst vollständigem alphabetischem Namenverzeichnis, Fünfte, völlig neubearbeitete und vermehrte Auflage, Jubiläumsausgabe, Leipzig 1906. Ernst Ambrosius: Andrees Allgemeiner Handatlas in 221 Haupt- und 192 Nebenkarten. Mit vollständigem alphabetischem Namenverzeichnis in besonderem Bande. Sechste, völlig neubearbeitete und vermehrte Auflage, Leipzig 1914. Ernst Ambrosius: Andrees Allgemeiner Handatlas in 222 Haupt- und 192 Nebenkarten, 7 Aufl., Leipzig 1921. Ernst Ambrosius (Hg.): Andrees Allgemeiner Handatlas in 228 Haupt- und 198 Nebenkarten. Mit vollständigem alphabetischem Namenverzeichnis in besonderem Bande. Achte, neubearbeitete und vermehrte Auflage, Leipzig 1922. Ernst Ambrosius: Andrees Allgemeiner Handatlas in 228 Haupt- und 215 Nebenkarten. Mit vollständigem alphabetischem Namenverzeichnis in besonderem Bande. Achte, neubearbeitete und vermehrte Auflage, Leipzig 1924. Ernst Ambrosius (Hg.): Andrees Allgemeiner Handatlas in 231 Haupt- und 211 Nebenkarten. Mit vollständigem alphabetischem Namenverzeichnis in besonderem Bande. Achte, neubearbeitete und vermehrte Auflage, Leipzig 1930. Konrad Frenzel (Hg.): Andrees Handatlas, Ausgewählte, Völlig Neu Bearbeitete Ausgabe in einem Bande, Bielefeld und Leipzig, 1937.

Deutschland
Editionen Debes Handatlas, Leipzig und Stuttgart
Ernst Debes: Neuer Handatlas über alle Teile der Erde in 61 Haupt – und 124 Nebenkarten, zweite verbesserte Auflage, Leipzig 1900. Hans Fischer (Hg.): Columbus Weltatlas, E. Debes Grosser Handatlas, Berlin und Leipzig 1936. Karl Heinz Wagner (Hg.): Columbus Weltatlas, E. Debes Handatlas, Berlin und Stuttgart 1950.
Editionen Meyer Handatlas, Leipzig und Mannheim
Joseph Meyer: Meyer's grosser und vollstaendiger Hand-Atlas der neusten Erdbeschreibung für die gebildeten Stände; 1843–1852, Leipzig 1847. Joseph Meyer: Meyer's (grosser) Hand-Atlas: der neusten Erdbeschreibung in 100 Karten 1843–1848, Leipzig 1848. Joseph Meyer: Meyer's grosser und vollstaendiger Hand-Atlas der neusten Erdbeschreibung für die gebildeten Stände; 1843–1852, Leipzig 1852. Hermann Julius Meyer: Meyers grosser Handatlas über alle Theile der Erde, 1856–1858, Leipzig 1858. Hermann Julius Meyer: Meyer's Hand-Atlas in 60 Karten 1868, Leipzig 1868. Hermann Julius Meyer: Meyer's Hand-Atlas der Erdkunde in 100 Karten, Leipzig 1877. Hermann Julius Meyer: Meyers Hand-Atlas: mit 113 Kartenblättern und Register aller auf den Karten und Plänen vorkommenden Namen, 2. Aufl., Leipzig 1900. Joseph Meyer: Meyers Physikalischer Handatlas 51 Karten, Leipzig und Wien 1916. Meyers Volks-Atlas Grosse Ausgabe, 172 Haupt- und Nebenkarten, 2. Auflage, Leipzig 1934. Kartographisches Institut Meyer in Gemeinschaft mit der Dudenredaktion: Meyers Duden-Weltatlas, Mannheim 1962. Adolf Hanle (Hg.): Meyers Neuer Handatlas, Mannheim 1974. Adolf Hanle (Hg.): Meyers Grosser Weltatlas, 3. Auflage, Mannheim 1979.
Editionen Sohr-Berghaus Handatlas, Gotha und Leipzig
C. Fleming: Vollständiger Hand-Atlas der neuen Erdbeschreibung über alle Theile der Erde in 82 Blättern. Vermehrt und verbessert durch Dr. Heinrich Berghaus, Leipzig 1849. Flemming: Vollständiger Hand-Atlas der neuen Erdbeschreibung, über alle Theile der Erde in 82 Blättern, vermehrt und verbessert durch Heinrich Berghaus, Gotha 1850. C. Flemming: Vollständiger Hand-Atlas der neuen Erdbeschreibung über alle Theile der Erde in 82 Blättern. Vermehrt und verbessert durch Dr. Heinrich Berghaus, Gotha 1854. F. Handtke: Sohr-Berghaus Hand-Atlas der neuen Erdbeschreibung über alle Theile der Erde. 6. Aufl., 25 Blätter, Gotha 1872. F. Handtke: Sohr-Berghaus Hand-Atlas über alle Theile der Erde. Ausgeführt unter Leitung von F. Handtke in dem kartographischen Institut der Verlagshandlung. 6. vollständig neue und verbesserte Auflage. Ausgabe in 100 Blättern, Gotha 1874. F. Handtke: Berghaus' Physikalischer Atlas, 3. Ausg. Herm. Berghaus (Begründet durch H. Berghaus 1836), Gotha 1892.

Deutschland

Editionen Stieler Handatlas, Gotha
Adolf Stieler: Hand Atlas über alle Theile der Erde, Gotha 1834, (und) 1844.
Adolf Stieler: Hand Atlas über alle Theile der Erde, 2te. Edition, Gotha 1853, (und), 3te., 1854.
Adolf Stieler: Hand Atlas über alle Theile der Erde, Gotha 1864.
Adolf Stieler: Hand Atlas über alle Theile der Erde, Gotha 1887.
Adolf Stieler: Hand Atlas über alle Theile der Erde, 7te. Edition, Gotha 1889.
Adolf Stieler: Hand Atlas über alle Theile der Erde, 8te. Edition, Gotha 1891.
Adolf Stieler: Hand Atlas über alle Theile der Erde, 9te. Edition, Gotha 1910.
Adolf Stieler: Hand Atlas über alle Theile der Erde, 10. Edition, Gotha 1925.

Editionen Weimar Handatlas, Weimar
Verkleinerter Hand-Atlas in 60 Charten über alle Theile der Erde, Weimar 1823.
Heinrich Kiepert: Allgemeiner Hand-Atlas der ganzen Erde nach den neusten Entdeckungen entworfen, Weimar 1855.
Heinrich Kiepert: Hand-Atlas der Erde und des Himmels: in 70 Blättern, Weimar 1860.

Frankreich

Editionen Schrader Atlas, Paris
F. Schrader (directeur des travaux cartographiques de la librairie Hachette et Cie): Atlas de Géographie Moderne, Paris 1899–1904.
Schrader u. Vivien de Saint-Martin: Atlas Universel de Géographie, Nouvelle Edition conforme aux traités de Paix et convention de 1919–1922, Paris 1923.
Vivien de St. Martin et Schrader: Atlas Universel de Géographie, Paris 1939.

Editionen Vidal de la Blanche, Paris
Vidal-Lablache: Atlas Général, Paris 1936.
Vidal-Lablache: Atlas Général, Paris 1956.

Grossbritannien

Editionen Royal Atlas, Endinburgh und London
Alexander Keith Johnston: Keith Johnston's Royal Atlas of modern Geography, Endinburgh und London 1881.
T.B. Johnstons and Late Alexander Keith Johnston: The Royal Atlas of modern Geography, Endinburgh London 1900 (?).
W. & A. K. Johnston, LTD: The World-Wide Atlas of modern Geography, 11. Edition, London 1924.

Deutschland
Editionen The Times Atlas, Edinburgh und London
J. G. Bartholomew (Edinburgh Geographical Institute): The Times Survey Atlas of the World, Edinburgh und London 1922. John G. Bartholomew: The Times Atlas of the World, Mid-Century Edition, vol. 1–3, London 1955–1958. John Bartholomew: The Times Atlas of the World, Mid-Century Edition, vol. 1, London 1958. John Bartholomew: The Times Atlas of the World, Mid-Century Edition, Vol. 2, London 1959. John Bartholomew and Son: The Times Atlas of the World, Comprehensive Edition, Edinburgh und London 1967. John Bartholomew and Son: The Times Concise Atlas oft he World, Edinburgh und London 1973. John Bartholomew and Son: The Times Atlas oft he World, Comprehensive Edition, London 1985.

Tab. 3: Alpen-Nachbenennungen in deutschen Handatlanten.

Atlanten Region	Stieler	Meyer	Weimar	Andree	Sohr-Berghaus	Debes
Afrika	1830 1834 (Habessin. Alpenland) 1831 1834 (Alpenhorn Tschad)	1844 (Hochalpenland (Tschad) 1844 (Alpenland Camerun)				
Altai	1834 (Alpenland des Altain Oola) 1850 (Katunga Alpen)				1874 (Katun Alpen)	

Atlanten Region	Stieler	Meyer	Weimar	Andree	Sohr-Berghaus	Debes
Australian Alps	1834 1850 1861 1866 1872 1885 1905 1906 1925	1868 1877	1853 1855 1857	1896 1899 1903 1906 1914 1921 1922 1924 1930	1841 1854 1872 1874 1892	1900 1936 1950
(Nord)-Albanische Alpen	1905 1906 1925			1893 1896 1899 1903 1906 1914 1921 1922 1924 1930		1900 1936 1950
Bauirisches und Dauirisches Alpenland	1834 1849 1861					
Dinarische Alpen	1866 1868 1872 1874 1879 1884 1905 1906 1925	1851 1868 1877	1823 1855 1860	1880/1 1887 1893 1896 1903 1906 1914 1921 1922 1924 1930		1900 1936 1950
Himalaya	1834 (Indisches Alpenland)		1855 (Alpenthal von Kaschmir)			

Atlanten Region	Stieler	Meyer	Weimar	Andree	Sohr-Berghaus	Debes
See-Alpen (Nordamerika)	1848 (Alaska, BC) 1861 (BC) 1906 (BC)	1843 (Kalifornien & Kaskaden) 1848 (Kalifornien & Kaskaden)			1849 1850 1854 (Kanada) 1854 1842 (Kalifornien; Berghaus Phys.)	
Skandinav. Alpen			1860			
Southern Alps, NZ.	1850 1861 1866 1872 1885 1906 1925			1880/1 1886/7 1896 1899 1903 1906 1914 1921 1922 1924 1930	1892	1900 1936 1950
St. Elias Alpen				1906 1914 1921 1922 1924		

Atlanten Region	Stieler	Meyer	Weimar	Andree	Sohr-Berghaus	Debes
Transylvan. Alpen	1844 1854 1861 1866 1867 1868 1872 1874 1875 1879 1880 1884 1905 1906 1925	1847 1854 1868 1877	1855 1860	1880/1 1886/7 1893 1896 1899 1903 1906 1914 1921 1921 (auch Siebenbürg. Alpen) 1922 1924 1930	1849 1850 1854 1872	1900 1936 1950
Turkestan. Alpenland	1834					

Tab. 4: Alpen-Nachbenennungen in französischen und britischen Handatlanten.

Atlanten Region	Vidal de la Blanche	Schrader	Royal & Johnston	Times
(North)-Albanian Alps	1936 1956		1924	1922
Alpes de Colombie (Kanada)	1936 1956			
Alpes de la Tschouia		1939		
Alpes du Katoun		1939		
Alpes du Sétchouen	1936 1956			
Alpes du Tschoulychman		1939		
Australian Alps	1936 1956	1899	1881 1924	1922 1965 1967 1973 1985
Dinaric Alps	1936 1956	1899 1919 1939	1881 1924	1922 1985
Japan Alps Nat. Parc				1967 1973

Atlanten Region	Vidal de la Blanche	Schrader	Royal & Johnston	Times
Southern Alps (Neuseeland)	1936 1956	1899 1919 1939	1881 1924	1922 1965 1967 1973 1985
St. Elias Alps		1899		
Transylvanian Alps	1936 1956	1899 1919 1939	1881 1924	1922 1967, 1985 (im Untertitel)

Tab. 5: Schweiz-Nachbenennungen in deutschen Handatlanten.

Atlanten Region	Stieler	Meyer	Weimar	Andree	Sohr-Berghaus	Debes
Fränkische Schweiz		1868 1934 1962		1893–1930 1937		1900 1936
Holsteiner Schweiz		1934 1979				
Kroppacher Schweiz				1893–1930 1937		
Livländische Schweiz	1914			1922–1930		1936
Märkische Schweiz		1979				
Mecklenburger Schweiz		1934		1937		
Pommersche Schweiz		1934		1893–1930 1937		
Sächsisch-Böhmische und Böhmische Schweiz				1893–1930 1937		
Sächsische Schweiz	1861–1925	1860 1934 1979	1860	1880–1930 1937		1900 1936

Tab. 6: Schweiz-Nachbenennungen in französischen und britischen Handatlanten.

Atlanten Region	Vidal de la Blanche	Schrader	Royal & Johnston	Times
Fränkische Schweiz				Ab 1955
Livländische Schweiz (Suisse de Wenden)	1904			
Sächsische Schweiz				1922

Tab. 7: Schweiz-Nachbenennungen – Deutschland 1770–1850.

Namen	Lokalität	Quelle
Altmärkische Schweiz	Sachsen-Anhalt	Karl Witte, Zichtau oder die altmärkische Schweiz, Stendal 1824.
Fränkische Schweiz	Franken	Johann Friedrich Esper, Ausführliche Nachricht neuentdeckten Zoolithen unbekannter vierfüssiger Tiere, und denen sie enthaltenden so wie verschiedenen andern, denkwürdigen Grüften der Obergebürgischen Lande des Marggrafthums Bayreuth, 1. Aufl., Nürnberg 1774, S 13.
Hessische Schweiz	Gobert, Hessen	Verhandlungen der zweiten Kammer der Landstande des Grossherzogthums Hessen, Protokolle, Darmstadt 1842, S. 13.
Hohburger Schweiz	Sachsen	Ludwig Friedrich von Froriep, Fortschritte der Geographie u. Naturgeschichte: ein Jahrbuch, Weimar 1848, S. 22.
Kurische Schweiz	Siehe auch Lettland	Heinrich Laube, Die Bandomire: Kurische Erzählung, Band 1, Leipzig 1842, S. 9.
Mährische Schweiz	Siehe auch Tschechien	Karl Ludwig von Reichenbach, Geologische Mittheilungen aus Mähren, Wien 1834, S. 27.
Märkische Schweiz	Buckow, Brandenburg	Gottlieb Zimmermann, Das Juragebirg in Franken und Oberpfalz, vornehmlich Muggendorf und seine Umgebung, Erlangen 1843, S. 7.
Massurische Schweiz	Sensburg, Mragowski, siehe auch Polen	Ludwig Volrath Jüngst, Die volksthümlichen Benennungen im Königreich Preussen, Berlin 1848, S. 15–16.

Namen	Lokalität	Quelle
Mecklenburgische Schweiz	Mecklenburgische Seeplatte	Friedrich Bertuch, Geographisches Institut Weimar, Neue allgemeine geographische und statistische Ephemeriden: Band 28, Weimar 1829, S. 441.
Nassauische Schweiz	Hessen	Christian Daniel Vogel, Beschreibung des Herzogthums Nassau, 1843, S. 27.
Neumärkische Schweiz	Nieder Sathen, siehe auch Polen	Leopold von Zedlitz-Neukirch, Der Preussische Staat in allen seinen Beziehungen; eine umfassende Darstellung seiner Geschichte und Statistik, Geographie, Militärstaates, Topographie, mit besonderer Berücksichtigung der Administration, Band 2, Berlin 1835, S. 213.
Nürnberger Schweiz	Nürnberg, Bayern	Johann Wolfgang Wörlein, Die Houbirg oder die Geschichte der Nürnberger Schweiz, Hersbrück, Altdorf und Lauf mit ihrer Umgebung in welthistorischem Zusammenhang, Nürnberg 1838.
Palliener Schweiz	Trier, Rheinland-Pfalz	Theodor von Haupt, Panorama von Trier, Lintz 1822, (Nachdruck 1868), S. 154.
Pommersche Schweiz	Bad Polzin, siehe auch Polen	Allgemeine Literatur-Zeitung Nr. 278, Leipzig 1808, S. 186.
Rostocker Schweiz	Mecklenburg-Vorpommern	Bärensprung, J. C. K. (Hg.), Freimüthiges Abendblatt, N. 381, Schwerin 1826, S. 347.
Sächsische Schweiz	Elbsandsteingebirge	Johann Christian Hasche, Umständlicher Beschreibung Dresdens, Band 2, Leipzig 1783.
Sächsisch-Böhmische Schweiz	Elbsandsteingebirge und Tschechien	Johann Sporschil, Leipzig, Meissen, Dresden und die sächsische Schweiz, Leipzig 1844, S. 141.
Schlesische Schweiz	Nysa, siehe auch Polen	Allgemeiner Anzeiger der Deutschen; Oder Allgemeines Intelligenz-Blatt, Band 1, Nr. 34, Gotha 1807, S. 340.
Schweizerhaus	Niederstriegis, Sachsen	August Schumann/Albert Schiffner: Vollständiges Staats-, Post- und Zeitungs- Lexikon von Sachsen, Zwickau 1833.

Namen	Lokalität	Quelle
Schweizerhaus (Grosses und Kleines)	Stuttgart, Baden-Württemberg	Philipp Ludwig Hermann Röder, Zusätze, Verbesserungen und neue Artikel zu dem Geographisch, Statistisch, Topographischen Lexikon von Schwaben, Ulm 1797; Allgemeine Literatur-Zeitung, N. 136, 1797, S. 266.
Schweizerling	Sachsen Anhalt	Gabriel de Riquetti de Mirabeau, Jakob Mauvillon, Von der Preussischen Monarchie unter Friedrich dem Grossen, Braunschweig und Leipzig 1793.
Schweizertal	St. Goarshausen, Rheinland Pfalz	Karl Simrock, Das malerische und romantische Rheinland; mit 60 Stahlstichen, Leipzig 1840.
Vegesacker Schweiz	Bremen	Gottlieb Zimmermann, Das Juragebirg in Franken und Oberpfalz, vornehmlich Muggendorf und seine Umgebung, Erlangen 1843, S. 7.
Weimarische Schweiz	Thüringen	Johannes Schauer, Urkundliche Geschichte von Wenigenjena und Camsdorf, mit Inbegriff der Umgebung, als des Jenzigs, der Saalbrücke, der Saal- Überschwemmungen, Jena 1846, S. 3.

Tab. 8: Schweiz-Nachbenennungen – Deutschland 1850–1930.

Altdorfer Schweiz	Franken	Albert Neischl, Wanderungen im nördlichen Frankenjura; Eine geographisch-geologische Skizze, Bamberg 1908, S. 8.
Bad Schweizermühle	Pirna, Sachsen	Friedrich Kummer, Dresden und das Elbgelände, Verein zur Förderung Dresdens und des Fremdenverkehrs, Dresden 1912, S. 36.
Bergische Schweiz	Wermelskirchen, Overath, Bergischen Land, Nordrhein Westphalen	U.S. Congressional Serial Set, Ausgabe 4836, Wasgington D.C. 1904, S. 224.
Berliner Schweiz	Gosen, Brandenburg	Johann Friedrich von Cotta, Allgemeine Zeitung München, Nr. 338, München 1851, S. 5397.

Bernkasteler Schweiz	Mosel, Rheinland-Pfalz	August Trinius, Durch's Moselthal: Ein Wanderbuch, Minden 1897, S. 149.
Bockenauer Schweiz	Bad Kreuznach, Rheinland-Pfalz	Verein für Socialpolitik (Hg.), Hausindustrie und Heimarbeit in Deutschland und Österreich, Band 84, Leipzig 1899, S. 31.
Bukower Schweiz	Brandenburg	Theodor Fontane, Wanderungen durch die Mark Brandenburg, Erster Teil, Berlin 1865, S. 18.
Bremer Schweiz	Untere Weser, Niedersachsen	August Pockwitz, Festschrift zur 50 jährigen Jubelfeier des Provinzial-Landwirtschaft- Vereins zu Bremervörde, Stade 1885, S. 89.
Dammer Schweiz	Niedersachsen	H. Schütte, Oldenburgischer Landeslehrerverein (Hg.), Heimatkunde des Herzogtums Oldenburg, Oldenburg 1913, S. 158.
Daubaer Schweiz	Böhmische Schweiz, siehe auch Tschechien	Erzherzog Rudolf, Die österreichisch-ungarische Monarchie in Wort und Bild, Wien 1894, S. 54.
Dümmer Schweiz	Oldenburg, Niedersachsen	Franz Buchenau, Meyer (Neuenkirchen), in: Naturwissenschaftlicher Verein zu Bremen: Abhandlungen, Band 10, Bremen 1887(9)?, S. 569.
Eissendorfer Schweiz	Niedersachsen	Emil Stender, Wanderungen um Hamburg, Hamburg 1925.
Elbinger Schweiz	Elbinger Höhen, siehe auch Polen	Archiv für Anthropologie, Band 19, Braunschweig 1891, S. 152.
Erzgebirgische Schweiz	Sachsen	Dr. Ed. Amthor (Hg.), Vorwärts! Magazin für Kaufleute, Band 8, Leipzig 1862, S. 342.
Fehrenbacher Schweiz	Thüringen	Human, A. (Hg.), Neue Landeskunde des Herzogtums Sachsen-Meiningen, Verein für sachsen-meiningische Geschichte und Landeskunde, Hildburghausen 1900, S. 211.
Freienwalder Schweiz	Brandenburg	Theodor Fontane, Wanderungen durch die Mark Brandenburg, Erster Theil, Berlin 1865, S. 18.

Garbsener Schweiz	Hannover, Niedersachsen	Dr. Kunze, Historischer Verein für Niedersachsen, Hannoversche Geschichtsblätter, Band 29–30, Hannover 1926, S. 146.
Garsebacher Schweiz	Sachsen	Sächsische Pestalozzivereine (Hg.), Bunte Bilder aus dem Sachsenlande: für Jugend und Volk, Leipzig 1909, S. 132.
Gifhorner Schweiz	Niedersachsen	Georg Adams (Hg.), Zeitschrift für die gesamte Wasserwirtschaft, Band 7, Oldenburg 1912.
Gütersloher Schweiz	Ems, Nordrhein Westphalen	Dr. Herbst, Hist. Verein Grafschaft Ravensberg zu Bielefeld, Jahresbericht, 11–14, Bielefeld 1897.
Haibacher Schweiz	Aschaffenburg, Bayern	Hermann Dingler, Naturwissenschaftlicher Verein zu Aschaffenburg, Mitteilungen des Naturwissenschaftlichen Vereins zu Aschaffenburg, Jena und Aschaffenburg 1884, S. 62.
Harburger Schweiz	Niedersachsen	Emil Stender, Wanderungen um Hamburg, Hamburg 1925, S. 83.
Hersbrucker Schweiz	Franken	Albert Neischl, Wanderungen im nördlichen Frankenjura; Eine geographisch-geologische Skizze, Bamberg 1908, S. 8.
Hersburger Schweiz	Franken	W. Spemann, Neue Landeskunde, Vom Fels zum Meer, Spemann's Illustrirte Zeitschrift für das Deutsche Haus, Stuttgart 1885, S. 457.
Hetzdorfer Schweiz	Sachsen	Alfred Rathsburg, Geomorphologie des Flöhagebietes im Erzgebirge, Band 15, Stuttgart 1904; Siehe auch Bericht der Naturwissenschaftlichen Gesellschaft zu Chemnitz, Bd. 12, 1893, S. viii.
Hinsbecker Schweiz	Nordrhein Westphalen	Walther Beyer, Krefeld, Deutschland Städtebau, Halensee 1928, S. 30.
Holsteinische Schweiz	Schleswig-Holstein	Isidor Rosenthal, Ausflug in die Holsteiner Schweiz, in: Biologisches Zentralblatt, Band 16, Leipzig 1896, S. 624.

Jerichower Schweiz	Brandenburg	Pestalozziverein der Provinz Sachsen, Die Provinz Sachsen in Wort und Bild, Leipzig und Berlin 1902.
Ischenröder Schweiz	Niedersachsen, bei Göttingen	Thüringischer Botanischer Verein (Hg.), Mitteilungen des Thüringischen Botanischen Vereins, Thüringen 1906, S. 99.
Kleine Echternacher Schweiz	Preussen	Friedrich Cohen, Verhandlungen des Naturhistorischen Vereins der preussischen Rheinlande und Westfalens, Bonn 1910/1911, S. 171.
Kroppacher Schweiz	Rheinland-Pfalz	Hitchmann, Landwirtschafts-Gesellschaft in Wien (Hg.), Allgemeine land- und forstwirtschaftliche Zeitung, Band 1, Wien 1866, S. 109.
Löwenberger Schweiz	Lwowek, siehe auch Polen	Bureau des Ausschusses zur Untersuchung der Wasserverhältnisse in den der Ueberschwemmungsgefahr besonders Ausgesetzten Flussgebieten, Preussen (Hg.), Der Oderstrom, sein Stromgebiet und seine wichtigsten Nebenflüsse, Berlin 1896, S. 145.
Mittweidaer Schweiz	Sachsen	Anonym, Mittweida und die Mittweidaer Schweiz, 1880.
Mülheimer Schweiz	Nordrhein-Westphalen	Anonym, Mittweida und die Mittweidaer Schweiz, 1880.
Neuenheimer Schweiz	Baden-Württemberg	Gemeinnütziger Verein Heidelberg (Hg.), Eight days in Heidelberg; Guide with plans of the town and castle and 23 illustrations, Heidelberg 1905, S. 40.
Neumark Schweiz	Brandenburg	Theodor Fontane, Wanderungen durch die Mark Brandenburg, Erster Theil, Berlin 1865, S. 18.
Neustädter Schweiz	Brandenburg	Theodor Fontane, Wanderungen durch die Mark Brandenburg, Erster Theil, Berlin 1865, S. 18.
Oeynhauser Schweiz	Nordrhein Westphalen	Sophie Gallwitz, Norddeutsche Monatshefte, Die Güldenkammer. Band 2, Bremen 1912, S. 580.

Oldenburger Schweiz	Niedersachsen	Franz Buchenau, Meyer (Neuenkirchen), in Naturwissenschaftlicher Verein zu Bremen: Abhandlungen – Naturwissenschaftlichen Verein zu Bremen, Band 10, Bremen 1889, S. 569.
Pfälzer Schweiz	Rheinland Pfalz	Ludwig Schneider, Bad Gleisweiler bei Landau in Rheinbayern, Landau 1853, S. 198.
Pfälzische Schweiz	Rheinland Pfalz	Dr. Ed. Amthor, Vorwärts! Magazin für Kaufleute, Band 8, Leipzig 1862.
Ruppiner Schweiz	Brandenburg	Theodor Fontane, Wanderungen durch die Mark Brandenburg, Erster Theil, Berlin 1865, S. 18.
Schweizerhaus	Thüringen	Heinrich Schwerdt, Album des Thüringerwaldes; zum Geleit und zur Erinnerung, Leipzig 1859, S. 87.
Schweizerhöhe	Jena, Thüringen	W. Jordan (Hg.), Zeitschrift für Vermessungswesen, Band 23, 1894, S. 517.
Schweizertal	Burgstädt, Sachsen	Johannes Georg Lehmann, Untersuchungen über die Entstehung der altkrystallinischen Schiefergesteine, Bonn 1884.
Schweizertal	Jonsdorf, Sachsen	Karl Baedeker: Sachsen, Handbuch für Reisende, Leipzig 1920, S. 145.
Schweizertal	Schlangenbad, Hessen	Karl Baedeker, Die Rheinlande von der Schweizer bis zur holländischen Grenze, Coblenz 1856, S. 180.
Sieker Schweiz	Bielefeld, Nordrhein Westphalen	Otto Burre, Der Teutoburger Wald zwischen Bielefeld und Orlinghausen, Berlin 1911, S. 13.
Sonsbecker Schweiz	Nordrhein Westphalen	Erich Klausener/Otto Constantin/Erwin Otto Stein, Monographien Deutscher Landkreise; Der Landkreis Moers, Berlin-Friedenau 1926, S. 171.
Strohner Schweiz	Rheinland-Pfalz	Karl Baedeker, Die Rheinlande von der Schweizer bis zur holländischen Grenze; Handbuch für Reisende, Coblenz 1881, S. 313.
Thüringische Schweiz	Blankenburg und Schwartzburg, Thüringen	Dr. Ed. Amthor, Vorwärts! Magazin für Kaufleute, Band 8, Leipzig 1862, S. 342.

Uckermark Schweiz	Brandenburg	Theodor Fontane, Wanderungen durch die Mark Brandenburg, Erster Theil, Berlin 1865, S. 18.
Vogtländische Schweiz	Sachsen	August Petermann (Hg.), Justus Perthes' Geographische Anstalt, Mittheilungen aus Justus Perthes' Geographischer Anstalt über wichtige neue Erforschungen auf dem Gesammtgebiete der Geographie, Band 10, Gotha 1864, S. 365.
Westphälische Schweiz	Westphalen	Hermann Adalbert Daniel, Deutschland nach seinen physischen und politischen Verhältnissen geschildert. Stuttgart 1863; Carl Julius Weber, Deutschland oder Briefe eines in Deutschland reisenden Deutschen, Stuttgart 1855, S. 414.
Zur Schweiz	Odertal, Brandenburg	Bibliographisches Institut (Hg.), Der Harz; Kleine Ausgabe, Leipzig 1901, S. 251.

Tab. 9: Schweiz-Nachbenennungen – Deutschland 1930–1992.

Alte Berliner Schweiz	Berlin, Brandenburg	Amtsblatt der Regierung in Potsdam, Potsdam 1936, S. 34.
Anholter Schweiz	Biotopwildpark, Borken, Nordrhein Westphalen	Merian, Band 39, Hamburg 1986; Anton Henze, Nordrein-Westfalen: Kunstdenkmäler und Museen, Stuttgart 1982, S. 267.
Bedburger Schweiz	Nordrhein Westphalen	E. Schweizerbart, Zentralblatt für Geologie und Paläontologie, Allgemeine und angewandte Geologie einschl. Lagerstättengeologie, regionale Geologie, Ausgaben 7–10, Münster 1983, S. 810.
Bieberehrener Schweiz	Würzburg, Unterfranken	Wilhelm Will, Bild und Metapher in unseren Flurnamen (mit 24 Figuren), in: Rheinische Vierteljahrsblätter, Band 9, Bonn 1939, S. 276–290.

Clenzer Schweiz	Niedersachsen	B. Irmischer, Am Deutsch-Deutschen Rand: Landschaft, Geschichte, Kultur und Wirtschaft entlang einer 1240 km langen Reiseroute am östlichen Rand der Bundesrepublik, Hamburg 1989, S. 75.
Dithmarscher Schweiz	Schleswig-Holstein	Theodor Storm Gesellschaft (Hg.), Schriften der Theodor Storm Gesellschaft, Band 9–15, Boyens 1960, S. 68.
Eider Schweiz	Kiel, Gaststätte zur «Eider-Schweiz», Schleswig-Holstein	Gustav Radbruch (HG.), Mitteilungen der Gesellschaft für Kieler Stadtgeschichte, 1953–1957, Nr. 48, Kiel 1957, S. 157.
Einberger Schweiz	Coburg, Oberfranken, Bayern	Coburger Landesstiftung (Hg.), Jahrbuch der Coburger Landesstiftung, Coburg 1966, S. 272.
Elfringhauser Schweiz	Bergisches Land, Nordrhein-Westphalen	Anton Hain (Hg.), Berichte zur deutschen Landeskunde, Zentralarchiv für Landeskunde von Deutschland, Band 21., Remagen 1958, S. 192.
Giershagener Schweiz	Westphalen	Franz Stute, Verein für Geschichte und Altertumskunde Westfalens, Abteilung Paderborn, Studien und Quellen zur westfälischen Geschichte, Band 18, Vürtheim 1978, S. 115.
Hausberger Schweiz	Tal der Weser, Nordrhein-Westphalen	Anonym, Das Weserbergland, Land und Mensch an der Oberweser, Deutsche Landschaft Band 6, Essen 1959, S. 29–31.
Keuchinger Schweiz	Saarland	Hans Bünte, Das Saarland, 1980, S. 14.
Kleinen Schweiz	Gmünd Schwaben, Baden-Württemberg	Albert Deibele, Das Kriegsende 1945 im Kreis Schwäbisch Gmünd, Stadtarchiv Gmünd 1966.

Lippische Schweiz	Nordrhein-Westphalen	Gustav Goes, Hartmannsweiler Kopf; Das Schicksal eines Berges im Weltkriege, München 1930; Karl Baedeker, Nordwest-Deutschland: von der Elbe und der westgrenze Sachsens an, nebst Hamburg und der Westküste Schleswig-Holstein, Leipzig 1914, S. 116.
Mahringer Schweiz	Region Mosel, Rheinland-Pfalz	Wilhelm Will, Bild und Metapher in unseren Flurnamen (mit 24 Figuren), in: Rheinische Vierteljahrsblätter, Band 9, Bonn 1939, S. 276–290.
Maibacher Schweiz	Hessen	Erich Milius, Der hessische Landkreis Friedberg, Aalen 1966, S. 81–82.
Mehringer Schweiz	Rheinland-Pfalz	Wilhelm Will, Bild und Metapher in unseren Flurnamen (mit 24 Figuren), in: Rheinische Vierteljahrsblätter, Band 9, Bonn 1939, S. 276–290.
Neuffener Schweiz	Schwaben, Baden-Württemberg	Gustav Lederer (Hg.), Internationaler Entomologischer Verein, Entomologische Zeitschrift, Band 59, Frankfurt a. M. 1949, S. 79.
Padberger Schweiz	Diemelsee, Hessen	Franz Stute, Verein für Geschichte und Altertumskunde Westfalens. Abteilung Paderborn, Studien und Quellen zur westfälischen Geschichte, Band 18, Vürtheim 1957.
Pönitzer Schweiz	Schleswig-Holstein	Der Norden, Band 16, Berlin 1939, S. 209.
Rheinhessische Schweiz	Rheinland-Pfalz	Hans Blässer, Die landwirtschaftlichen Betriebsverhältnisse in den Kreisen Alzey und Worms mit besonderer Berücksichtigung der Kapitalverteilung, Giessen 1930, S. 3.
Rühler Schweiz	Niedersachsen	Walter Pieper (Hg.), Bericht der Naturhistorischen Gesellschaft zu Hannover, Nr. 105–110, Hannover 1961, S. 54.
Schladter Schweiz	Eifel, Rheinland-Pfalz	Wilhelm Will, Bild und Metapher in unseren Flurnamen (mit 24 Figuren), in: Rheinische Vierteljahrsblätter, Band 9, Bonn 1939, S. 276–290.

Schönecker Schweiz	Rheinland-Pfalz	Rud Richter (Hg.), Senckenbergische Naturforschende Gesellschaft, Natur und Museum, Band 67, Frankfurt a. M. 1937, S. 163.
Suhler Schweiz	Thüringen	Arno Bergmann, Die Grossschmetterlinge Mitteldeutschlands, Die Natur Mitteldeutschlands und ihre Schmetterlingsgesellschaften, Band 1, Jena 1951, S. 216.
Unkeler Schweiz	Bonn, Nordrhein-Westphalen	Wilhelm Will, Bild und Metapher in unseren Flurnamen (mit 24 Figuren), in: Rheinische Vierteljahrsblätter, Band 9, Bonn 1939, S. 276–290.
Wolkensteiner Schweiz	Sachsen	Paul Schmidt, Die Strassen des Freistaates Sachsen; geographisch betrachtet, Leipzig 1935, S. 72.

Tab. 10: Schweiz-Nachbenennungen – Deutschland nach 1992.

Badraer Schweiz	Thüringen	Friedrich Genrich, Wandern auf dem Kaiserweg, Harz 2010; Karl Hermann, Regionalführer Harz, 1992, S. 128.
Borgloher Schweiz	Niedersachsen	Deutsche Nationalbibliografie, Amtsblatt, Teil 1, Band 5, 2005.
Borsteler Schweiz	Naturpark in Bispingen, Heidenkreis	www.naturpark-lueneburger-heide.de, Stand 1.2013.
Breddiner Schweiz	Brandenburg	Liselott Enders, Historisches Ortslexikon für Brandenburg, Teil 1, Potsdam 2013; Verw. auf: O. Wostmann, Eine Wanderung durch die Breddiner Schweiz, in: Unsere Heimat, Perleberg 1957, S. 30–33.
Briedeler Schweiz	Naturschutzgebiet in Rheinland-Pfalz	Cornel Braun/Heinrich Bauregger, Hunsrück; mit Naturpark Saar-Hunsrück, München 2005, S. 27.
Bucksche Schweiz	Hohenbocka, Brandenburg	Birgit Mache, Im Rampenlicht; 100 Jahre Theater am Schillerplatz in Cottbus, Cottbus 2008, S. 215.
Calauer Schweiz	Brandenburg	Marion Blickhan, Calauer Schweiz; Spaziergänge, Geschichten, Cottbus 2009.
Eichsfeldische Schweiz	Thüringen	<http://eichsfeld-archiv.de.> Stand 1.2012.

Flörsheimer Schweiz	Taunusvorland, Hessen	Anonym, Die Flörsheimer Schweiz; Stadt Flöhrsheim am Main, 1996.
Giessübler Schweiz	Thüringen	Helmut Weinacht, Die Fränkische Schweiz und andere Schweizen im Fränkischen, in: Die Entdeckung der Fränkischen Schweiz durch die Romantiker, Forchheim 1994, S. 79–108.
Heldritter Schweiz	Franken	Helmut Weinacht, Die Fränkische Schweiz und andere Schweizen im Fränkischen, in: Die Entdeckung der Fränkischen Schweiz durch die Romantiker, Forchheim 1994, S. 79–108.
Hintere Sächsische Schweiz	Sebnitz, Sachsen	Horst Torke, Historische Grenzen und Grenzzeichen in der Sächsischen Schweiz, Dresden 2002, S. 26; Siehe: Friedrich Gottschalk, Dresden, seine Umgebung und die Sächsische Schweiz, Dresden 1859, S. 63. (Kleinschreibung)
Horster Schweiz	Niedersachsen	Neue Zürcher Zeitung 14.2.2008.
Klinter Schweiz	Hadeln, Cuxhaven, Niedersachsen	www.gemeinde-hechthausen.de, Stand 1.2012.
Nahmer Schweiz	Nordrhein-Westphalen	Wilbert Felka in Westfälische Forschungen, Band 55, Münster 2005, S. 660.
Oldendorfer Schweiz	Nordrhein-Westphalen	Sabine Bartetzko/Andrea Plüss, 275 Jahre Stadtrechte 1719–1994; Stadt Bünde, Stadt Enger und Stadt Preussisch Oldendorf, Bielefeld 1994, S. 160.
Preussisch Oldendorfer Schweiz	Nordrhein-Westphalen	Sabine Bartetzko/Andrea Plüss, 275 Jahre Stadtrechte 1719–1994; Stadt Bünde, Stadt Enger und Stadt Preussisch Oldendorf, Bielefeld 1994, S. 160.
Rodacher Schweiz	Franken	Helmut Weinacht, Die Fränkische Schweiz und andere Schweizen im Fränkischen, in: Die Entdeckung der Fränkischen Schweiz durch die Romantiker, Forchheim 1994, S. 79–108.
Saarländische Schweiz	Saarland	Saarbrücker Zeitung, 29.8.2013.
Siegerländer Schweiz	Nordrhein Westphalen	www. siegen.de/. Stand 1.2012.

Spalter Schweiz	Franken	Helmut Weinacht, Die Fränkische Schweiz und andere Schweizen im Fränkischen, in: Die Entdeckung der Fränkischen Schweiz durch die Romantiker, Forchheim 1994, S. 79–108.
Stormarnsche Schweiz (Stormarner Schweiz)	Schleswig-Holstein	Rolf Wilhelm Brednich/Anette Schneider und Ute Werner (HG.), Natur-Kultur, volkskundliche Perspektiven auf Mensch und Umwelt, N. 32, Kongress der Deutschen Gesellschaft für Volkskunde in Halle vom 27.9. bis 1.10.1999, Münster 2001; Siehe auch Deutschen Organisationsausschuss des Weltkongresses für Freizeit und Erholung (Hg.), Weltkongress für Freizeit und Erholung Hamburg 1936, Deutsche Arbeitsfront, Berlin 1936, S. 124. (Stormarner Schweiz)
Usedomer Schweiz	Insel Usedom, Mecklenburg-Vorpommern	Bernd Wurlitzer, Mecklenburg-Vorpommern, DuMont, Ostfildern 2011, S. 91.
Jüdische Schweiz	Bayrisches Viertel, Berlin, Brandenburg	Regula Freuler in NZZ, 3.11.2013.

Tab. 11: Deutsche Schweiz-Nachbenennungen nur erwähnt von Jakob Grünwies (2007).

Rüdigsdorfer Schweiz	Thüringen

Tab. 12: Deutsche Schweiz-Nachbenennungen nur erwähnt von Irmfried Siedentop.

Caller Schweiz	Sauerland, Nordrhein Westphalen	Siedentop 1977.
Dahler Schweiz	Volmetal bei Hagen, Nordrhein Westphalen	Siedentop 1984.
Dürener Schweiz	Nordrhein Westphalen	Siedentop 1977.
Haustenbecker Schweiz	Senne	Siedentop 1977; 1984.
Kollesleuker Schweiz	Rheinland-Pfalz	Siedentop 1977; 1984.
Meinberger Schweiz	Kreis Lippe	Siedentop 1977.
Mosigkauer Schweiz	Dessau	Siedentop 1977.
Nippeser Schweiz	Köln	Siedentop 1977; 1984.
Öselsche Schweiz		Siedentop 1977; 1984.
Perchauer Schweiz		Siedentop 1977; 1984.
Schmessauer Schweiz	Lüneburg	Siedentop 1984.
Törtener Schweiz	Sachsen-Anhalt	Siedentop 1984.
Wittgensteiner Schweiz	Nordrhein Westphalen	Siedentop: 1977.

Tab. 13: Deutsche Schweiz-Nachbenennungen nur erwähnt auf der Webpage der Wassermühle Ziddorf, Stand Januar 2012.

Albersdorfer Schweiz	Schleswig-Holstein
Altenburger Schweiz	Sachsen-Anhalt
Barsinghäuser Schweiz	Niedersachsen
Behlendorfer Schweiz	Schleswig-Holstein
Bentheimer Schweiz	Niedersachsen
Bockholmer Schweiz	Schleswig-Holstein
Daadener Schweiz	Rheinland-Pfalz
Donrather Schweiz	Nordrhein-Westphalen
Gladbacher Schweiz	Nordrhein-Westphalen
Gniester Schweiz	Sachsen-Anhalt
Haus der Schweiz	Berlin
Heiligenseer Schweiz	Berlin
Hinterländer Schweiz	Hessen
Hoheescher Schweiz	Niedersachsen
Hohnsteiner Schweiz	Thüringen
Honerdinger Schweiz	Niedersachsen
Kleine Schweiz, Altenahr	Rheinland-Pfalz
Kleine Schweiz, Ischenrode	Niedersachsen
Kleine Schweiz, Tönisheide	Nordrhein-Westphalen
Kleine Schweiz, Schlechtsart	Thüringen
Krummenseer Schweiz	Brandenburg
Latroper Schweiz	Nordrhein-Westphalen
Leichlinger Schweiz	Nordrhein-Westphalen
Leipziger Schweiz	Sachsen
Löbauer Schweiz	Sachsen
Lübzower Schweiz	Brandenburg
Lützer Schweiz	Rheinland Pfalz
Madfelder Schweiz	Nordrhein-Westphalen
Mettelshahner Schweiz	Rheinland Pfalz
Mönchengladbacher Schweiz	Nordrhein-Westphalen
Niedergrafschafter Schweiz	Niedersachsen
Oberbergische Schweiz	Nordrhein Westphalen
Pölitzer Schweiz	Schleswig-Holstein
Prignitzer Schweiz	Brandenburg
Ratzeburger Schweiz	Schleswig-Holstein
Resser Schweiz	Nordrhein-Westphalen
Sauerländische Schweiz	Nordrhein Westphalen
Schaumburger Schweiz	Niedersachsen
Schleswigsche Schweiz	Schleswig Holstein

Schweiz	Zwickau, Sachsen
Schweizer Garten	Wurzen, Sachsen
Schweizerhalle	Brandenburg
Schweizerhöhe	Leutenberg, Thüringen
Schweizer Landschaft	Thüringen
Schweizertal	Bad Ems, Rheinland Pfalz
Schweizertal	Erfenschlag, Sachsen
Seershausener Schweiz	Meinersen, Niedersachsen
Siebigeroder Schweiz	Sachsen Anhalt
Spradower Schweiz	Nordrhein Westphalen
Stellinger Schweiz	Hamburg-Stelling
Steruper Schweiz	Schleswig Holstein
Stromberger Schweiz	Lippstadt
Sylter Schweiz	Schleswig Holstein
Tempelhofer Schweiz	Berlin
Trarbacher Schweiz	Rheinland-Pfalz
Trierer Schweiz	Rheinland-Pfalz
Tzschetzschower Schweiz	Brandenburg
Utenbacher Schweiz	Apolda, Thüringen
Velpker Schweiz	Niedersachsen
Vorwerker Schweiz	Mecklenburg
Waldecksche Schweiz	Hessen
Wiesenthaler Schweiz	Thüringen
Wülscheider Schweiz	Nordrhein Westphalen
Zeitzer Schweiz	Sachsen-Anhalt
Zur gemütlichen Schweiz	Hatzenport, Rheinland-Pfalz
Zur Schweiz	Sachsen
Zur Schweiz	Bayern
Zur Schweiz	Nordrhein-Westphalen

Tab. 14: Schweiz-Nachbenennungen – weltweit 1770–1850.
Die Nachbenennungen sind alphabetisch nach Kontinent aufgelistet.

Afrika		
Afrikanische Schweiz	Habesch	Johann Christoph Gatterer, Kurzer Begriff der Geographie, Göttingen 1789, S. 642.
Asien		
Asiatische Schweiz	Tibet	Johann Christoph Gatterer, Kurzer Begriff der Geographie, Göttingen 1789, S. 565.
Chinesische Schweiz	Jünnan	Magazin für die neueste Geschichte der evangelischen Missions- und Bibelgesellschaft, Basel 1840, S. 13.
Indische Schweiz	Tibet, Bhutan	Heinrich Zschokke, Miszellen für die neuste Weltkunde, Band 3, Aarau 1809, S. 173.
Little Switzerland	Hindustan	James Rennell, Memoir of a map of Hindoostan; or, The Mogul empire, London 1788, S. xlvii.
Schweiz des Orients	Kurdistan	James Prinsep, Asiatic Society: Journal of the Asiatic Society of Bengal, Band 4, Calcutta 1835, S. 603.
Switzerland of the East	Ceylon	Charles Pridham, England's Colonial Empire: Ceylon and its Dependencies, Band 1, London 1817.
Europa, diverse		
Holländische Schweiz	Limburg	Joseph Lehmann (Hg.), Magazin für die Literatur des Auslandes, Bände 27–28, Berlin 7.6.1845, S. 1.
Kleine Schweiz	St. Helena	Otto von Kotzebue/Johann Friedrich Eschscholtz, A new voyage round the world in the years 1823, Band 2, London 1823, S. 317.
Korsische Schweiz	Baoelica	Joseph Lehmann (Hg.), Magazin für die Literatur des Auslandes, Bände 15–16, Berlin 1839, S. 286.
Kurische Schweiz	Lettland	Heinrich Laube, Die Bandomire; Kurische Erzählung, Theil 1, Witau und Leipzig, 1842, S. 9.
Livländische Schweiz	Lettland	Friedrich C. Kruse, Ur-Geschichte des Esthnischen Volksstammes und der Kaiserlich-Russischen Ostseeprovinzen Liv-, Esth- und Curland überhaupt, bis zur Einführung der christlichen Religion, Moskau 1846, S. 4.

Portugiesische Schweiz	Region von Estoril	Johann Christoph Gatterer, Kurzer Begriff der Geographie, Göttingen 1789; Johann Friedrich von Cotta, Allgemeine Zeitung München, No. 142, 22.5.1839, S. 1.	
Schwedische Schweiz	Schweden	Heinrich Laube, Drei Königsstädte im Norden, Band 2, Leipzig 1845, S. 19.	
Sibirische Schweiz	Krasnojarsk	Carl Ludwig Blum (Hg.), Dorpater Jahrbücher für Literatur, Statistik und Kunst, Riga 1834, S. 438.	
Spanische Schweiz	Sierra Nevada	Karl Maria Ehrenbert von Moll, Neue Jahrbücher der Berg- und Hüttenkunde, Band 5, Nürnberg 1824, S. 362.	
Belgien			
La Suisse flamande	Knokke, Brugge	J. Olivier (Hg.), Revue Suisse et Chronique Littéraire, VIII Année, Lausanne 1845, S. 85.	
Petite Suisse, Belgien	10 Benennungen: Namur, Dinant, Andennes, Philippeville et Fosse, Ciney, Gembloux, Marienbourg, Rochefort, Walcourt, Couvin	Alexandre Ferrier de Tourettes, Guide pittoresque et artistique du voyageur en Belgique, Bruxelles 1838, S. 228.	
Frankreich			
Suisse Normande	Normandie	M. Lambert (Hg.), Mercure de France, Paris 1784, S. 138.	
Village Suisse	Versailles	Hippolyte Fortoul, Les fastes de Versailles; depuis son origine jusqu'a nos jours, Paris 1844, S. 259.	
Grossbritannien			
English Switzerland	Devon	Rev. Charles Cuthbert Southey, The Life And Correspondence of Robert Southey. Second Edition in six volumes, Vol. I., London 1849, S. 215.	

English Switzerland	Lake District	William Wordsworth, A Guide through the District of the Lakes in the North of England, with a Description of the Scenery, & c. for the use of Tourists and Residents. Fifth Edition, Kendal 1835, S. 1, 16, 98, 99, 101–103, 107.
English Switzerland	Wales	Conrad Malte Brun, Universal Geography, or a description of all parts of the world, Band 8, Endingburgh 1831, S. 742–743.
Österreich		
Österreichische Schweiz	Briel	Eduard Duller, Die malerischen und romantischen Donauländer, Leipzig 1840, S. 460.
Österreichische Schweiz	Gmünden	Archiv für Geschichte, Statistik, Literatur und Kunst, J.14, Wien 1823, S. 55.
Österreichische Schweiz	Salzkammergut	Franz Sartori, Die Österreichische Schweiz, oder mahlerische Schilderung des Salzkammergutes in Österreich ob der Enz, Wien 1813.
Österreichische Schweiz	Steiermark	Stephean Behlen (Hg.), Allgemeine Forst- und Jagdzeitung, J. 5, Frankfurt am Main 1836, S. 128.
Österreichische Schweiz	Wels	C. F. Jahn, Illustrirtes Reisebuch, Berlin 1847, S. 347.
Italien		
Piemontesische Schweiz	Italien	H. Walten, Bibliothek der Neusten Weltkunde, Erster Theil, Aarau 1836.
Polen		
Elbinger Schweiz, Höhen	Wysoczyzna Elblaska	Archiv für Anthropologie, Band 19, Braunschweig 1891, S. 152.
Massurische Schweiz	Sensburg, Mragowski	Ludwig Volrath Jüngst, Die volksthümlichen Benennungen im Königreich Preussen, Berlin 1848, S. 15–16.
Neumärkische Schweiz	Nieder Sathen	Leopold von Zedlitz-Neukirch, Der Preussische Staat in allen seinen Beziehungen; eine umfassende Darstellung seiner Geschichte und Statistik, Geographie, Militärstaates, Topographie, mit besonderer Berücksichtigung der Administration, Band 2, Berlin 1835, S. 213.
Polnische Schweiz	Krakau	Hermann Pückler-Muskau, Tuttolasso's Wanderungen durch Deutschland, Polen, Ungarn und Griechenland, Stuttgart 1839, S. 75.
Pommersche Schweiz	Bad Polzin	Allgemeine Literatur-Zeitung, Nr. 278, Halle und Leipzig 1808, S. 186.

Schlesische Schweiz	Nysa		Allgemeiner Anzeiger der Deutschen; Oder Allgemeines Intelligenz-Blatt, Band 1, Nr. 34, Gotha 1807, S. 340.

Tschechien		
Böhmische Schweiz	Tschechien	Franz Gräffer, Oesterreichische national encyklopàdie, Wien 1836.
Mährische Schweiz	Tschechien	Karl Ludwig von Reichenbach, Geologische Mittheilungen aus Mähren, Wien 1834, S. 27.

Naher Osten		
Arabische Schweiz	Arabien	F. A. Brockhaus, Allgemeine deutsche real-encyklopädie für die gebildeten Stände: Conversations-Lexikon, Band 2, Leipzig 1828.
Schweiz des Orients	Libanon	Thomas Hood (Hg.), The New Monthly Magazine and Humorist, London 1842, S. 91.
Switzerland of the East	Syrien	William Holt Yates, The Modern History and Condition of Egypt, Its Climate, Diseases, and Capabilities, Band 2, London 1843, S. 153.

Nordamerika		
Vereinigte Staaten		
Amerikanische Schweiz, Switzerland of South Carolina	South Carolina	Robert Mills, Statistics of SC: including a view of ist natural, civil, and military history, general and particular, Charleston 1826, S. 688.
New Switzerland	Indiana	Charles Sealsfield, The Americans as they are: described in a tour through the valley of the Mississippi, London 1828, S. 31.
New Switzerland	Madison County	Evangelical Lutheran Ministerium of Pennsylvania and the Adjacent States (Hg.), Minutes of the Proceedings of the Annual Convention of the Evangelical Lutheran Synod of Pennsylvania, Sumnytown 1835, S. 32.
Switzerland of America	New Hampshire	William Pinnock, A Comprehensive System of Modern Geography and History, New York 1835, S. 101.
Switzerland of America	Vermont	Samuel Atkinson, Atkinson's Casket or gems of literature, wit and sentiment, Nr. 1, Philadelphia 1837, S. 264.

Südamerika		
Peruanische Schweiz	Huaraz, Peru	Johann Jakob von Tschudi, Peru: Reiseskizzen aus den Jahren 1838–1842, St. Gallen 1846, S. 65.

Tab. 15: Schweiz-Nachbenennungen – weltweit 1850–1930.

Afrika		
Abessinische Schweiz	Abessinisches Hochland	Wilhelm von Freeden, Reise – und Jagdbilder aus Afrika: Nach den neuesten Reiseschilderungen, Leipzig 1888, S. 4.
Keetmanshoper Schweiz	Namibia	Hans Schinz, Deutsch-Südwest-Afrika; Forschungsreisen durch die deutschen Schutzgebiete Gross-Nama und Hereroland, nach dem Kunene, dem Ngami-See und der Kalaxari, 1884–1887, Oldenburg und Leipzig 1891, S. 37.
La Petite Suisse Africaine	Sangha	Marie, Alexandre/Frédéric Henri Moll: Une ame de colonial: lettres du Lieutenant Colonel Moll, Paris 1912, S. 34.
Asien		
Japanische Schweiz	Jeddo	Carl Heinrich Stratz, Die Körperformen in Kunst und Leben der Japaner, Stuttgart 1904, S. 99.
Mongolische Schweiz	Changai, Mongolien	Geographical Society of Finland (Hg.), Fennia, Band 28, Helsinki 1910.
Schweiz des Orients	Armenien	Alphonse de Lamartine, Geschichte der Türkei, Band 5, Wien 1855, S. 99.
Schweiz des Ostens	Pakistan	John W. Sproull, The reformed Presbyterian and Covenanter, Band 27, Shinkle 1889, S. 295.
Switzerland of the East	Nepal	Blackwood's Edinburgh Magazine, Band 72, London 1852, S. 98.
Tibetische Schweiz	Tibet, China. Siehe auch: Asiatische Schweiz, 1789.	The Speaker, a review of Politics, Letters, Science, and the Arts, Band 19, London 1899.
Europa, diverse		
Danske Schweiz	Öresund, Dänemark	Otto Frederik/Christian William Borchsenius/ Frau fyrrerne, Literaere skizzer, Band 1, 1878, S. 202.
Dänische Schweiz	Beile, Dänemark	F. A. Brockhaus, Deutsches Museum, Zeitschrift für Literatur, Kunst und öffentliches Leben, Leipzig 1854, S. 792.
Kurländische Schweiz	Lettland	Arnold Feuereisen (Hg.), Livländische Geschichtsliteratur, Band 3, Riga 1893, S. 14.
Litauische Schweiz	Kaliningrad, Russland	Albert Zweck, Litauen; Eine Landes und Volkskunde, Stuttgart 1898, S. 22.

Russische Schweiz	Zwischen Petersburg und Moskau	Johann Jakob Weber (Hg.): Das Pfenning-Magazin für Belehrung und Unterhaltung, Nr. 471, Leipzig 1852; Siehe auch in Friedrich Meyer, Darstellungen aus Russlands Kaiserstadt und ihrer Umgebung, Hamburg 1829, S. 195. (Unklar, ev. für Finnland).
Schweiz des Orients	Bosnien	Franz Schnürer, Allgemeines Literaturblatt, Band 14, Wien und Leipzig 1905, S. 22.
Schweiz des Ostens, Transylvanische Schweiz	Siebenbürgen, Ungarn	J. F. Nitzschner, Aus der Soldatenwelt: Erlebtes und Erlauschtes von einem müssigen Kriegsknechtes, Band 2, Stuttgart 1852, S. 8.
Spanische Schweiz	Asturias	William K. Sullivan, Notes on the Geology and Mineralogy of the Spanish Provinces of Satander and Madrid, Band 4, London 1863, S. 27.
Belgien		
Petite Suisse	Bois de la Cambre, Brüssel	Karl Baedeker, Belgique et Hollande y compris le Luxembourg, Coblenz 1901, S. 17.
Petite Suisse	Malmedy, Lüttich	Sociéte belge de librairie, Revue bibliographique belge: rédigée par une reunion d'écrivains; suive d'un Bulletin bibliographique international, Band 7, Bruxelles 1895, S. 416.
Petite Suisse	Park de Laeken, Brüssel	Auguste Houzeau de Lehaie (Hg.), Société belge de géologie, Bulletin de la Société belge de géologie, Band 2, Brüssel 1888, S. 119.
Petite Suisse	Rond Point, Brüssel	Jean Finot (Hg.), La Revue mondiale, ancienne Revue des revues, Paris 1920, S. 142.
Petite Suisse	Wallon	Alphonse Siffer (Hg.), Magasin littéraire – Band 10, Teil 1, Gand 1893, S. 47.
Petite Suisse	Wemmelien, Hamoir, Lüttich	Service Géologique de Belgique (Hg.), Texte Explicatif du Levé Géologique de la Planchett, Bruxelles 1910/1911, S. 10.
Petite Suisse Belge	Lüttich	P. Génard (Hg.), Société royale de géographie d'Anvers: Bulletin, Band 1, Antwerpen 1876/1877, S. 53.

Frankreich		
La Basse Suisse	Vervins, Frankreich	Ch. Hidé (Hg.), Société Académique de Laon: Bulletin de la Société Académique de Laon, Paris 1863.
La Petite Suisse	Avallone, Yonne, Frankreich	Société des Sciences Historiques et Naturelles de l'Yonne, Auxerre (Hg.), Bulletin, Auxerre 1865, S. 19.
La Petite Suisse	Bourbonnais, Allier	Conrad Malte-Brun, Géographie Universelle, Band 2, Buch 8, Paris 1862, S. 285.
La Petite Suisse	D'Arromanches, Frankreich	Albert Fauvel (Hg.), Société Française d'Entomologie, Revue d'Entomologie, Band 4, Paris 1885, S. 37.
La Petite Suisse berrichonne	Berrichonne	Abbé Imhoff, Gargilesse et la petite Suisse berrichonne, Chateauroux 1924.
La Petite Suisse normande	Harcourt, Frankreich	Louis Passy (Hg.), Académie d'agriculture de France, Bulletin des séances, Nr. 65, Paris 1905, S. 431.
La Suisse	Cerdon, Frankreich	Touring Club de France (Hg.), Touring, Paris 1907, S. 458.
La Suisse Bretonne	Frankreich	Fernand Hue, La Petite Revue, Illistrée, Paris 1889, S. 757.
La Suisse de la Normandie	Mortain	Alfred Canel, Blason populaire de la Normandie: comprenant les proverbes, sobriquets et dictons, Band 2, Paris 1859, S. 66.
La Suisse en Provence	Thorenc, Frankreich	Albert Philip/M. Esmonet, La Suisse en Provence, Nice 1898.
La Suisse Niçoise	Nizza, Frankreich	Charles Bergondi, Bertemont, ou la Suisse niçoise, Paris 1865.
La Suisse Provençale	St. Pierre, Frankreich	Guy de Robien/ Pierre Joseph/ Maxime Cherfils, L'idéal française dans un coeur breton: l'héroïque commandant de Robien, chef de bataillon de zouaves, Paris 1917, S. 238.
La Vallée Suisse	Troyes, Frankreich	Alfred Rossel in Société d'horticulture de Cherbourg: Bulletin de la Société d'horticulture de Cherbourg, Nr. 3, Cherbourg 1872, S. 20.
Petite Suisse	Carolles, Frankreich	Léon Séché (Hg.), La Revue illustrée de Bretagne et d'Anjou, Juni 1889, S. 298.
Petite Suisse	Marly le Roi	Pointel (Hg.), Le Monde Illustré: Journal Hebdomadaire, N. 416, 1865, S. 82.

Petite Suisse Bourguignonne	Frankreich	Auguste Jean François Chabot, Notes de voyages: impressions et souvenirs: bords du Rhin, Belgique, Hollande, Italie, Écosse, de Paris à Oberammergau, Savoie, Suisse, gorges du Tarn, Carcassone, Paris 1901, S. 189.
Grossbritannien		
Little Switzerland	Alteryn, England	Charles Wilkins (Hg.), The Red Dragon, The National Magazine of Wales, Band 9, Cardiff 1886, S. 163.
Little Switzerland	Derbyshire, England	James Middleton Sutherland, Douglas, and other poems, Douglas 1883, S. 27.
Little Switzerland	Edgbaston, England	B. W. Matz (Hg.), The Dickensian, Band 13, London 1917, S. 195.
Little Switzerland	Folkestone, England	Anonym, Folkstone: The new illustrated hand-book to Folkestone and its picturesque neighbourhood, Folkstone 1851, S. 121.
Little Switzerland	Horstead, England	Henry Stevenson/Thomas Southwell, The birds of Norfolk, London 1866, S. lxiv.
The Manx Switzerland	Isle of Man	Joseph Lawrence (Hg.), The Railway Magazine, Band 5, London 1899, S. 66.
Italien		
La Svizzera Ligure	Ligurien	Guglielmo Stefani, Dizionario corografico degli Stati Sardi di Terraferma, Band 1, Milano 1854, S. 932.
La Svizzera Pesciatina	Pescia	Automobile Club di Milano (Hg.), Itinerari automobilistici d'Italia, Band 1, Firenze 1924, S. 134.
Luxemburg		
Kleine Luxemburger Schweiz	Müllerthal	J. Namur, Geschichte und Arbeit: Eine cultur-historische Skizze, Echternach 1872, S. 13.
Luxemburger Schweiz	Region Echternach	Sociéte belge de librairie (Hg.), Revue bibliographique belge: rédigée par une reunion d'écrivains; suive d'un Bulletin bibliographique international, Band 1, Bruxelles 1889, S. 139.

Polen		
Dörbecker Schweiz	Danzig	Theodor Bail (Hg.), Naturforschende Gesellschaft Danzig, Schriften der Naturforschenden Gesellschaft in Danzig, Danzig 1883.
Kassubische Schweiz	Karthaus	Berliner Gesellschaft für Anthropologie (Hg.), Zeitschrift für Ethnologie, Band 19, Berlin 1887, S. 421.
Löwenberger Schweiz	Lwowek	Bureau des Ausschusses zur Untersuchung der Wasserverhältnisse in den der Ueberschwemmungsgefahr besonders Ausgesetzten Flussgebieten, Preussen (Hg.), Der Oderstrom, sein Stromgebiet und seine wichtigsten Nebenflüsse, Berlin 1896, S. 145.
Tschechien		
Daubaer Schweiz	Böhmische Schweiz	Erzherzog Rudolf, Die österreichisch-ungarische Monarchie in Wort und Bild, Wien 1894, S. 54.
Dittersbacher Schweiz	Jetrichovick	Erzherzog Rudolf, Die österreichisch-ungarische Monarchie in Wort und Bild, Wien 1894, S. 50.
Mittelamerika		
Finca Helvetia	Guatemala	Otto Stoll, Guatemala; Reisen und Schilderungen aus den Jahren 1878–1883, Leipzig 1886, S. 195.
Mittelamerikanische Schweiz	Costa Rica	Paul Biolley/H. Polakowsky, Costa Rica und seine Zukunft, Berlin 1890, S. 11.
Naher Osten		
Switzerland of the East	Carmel National Park, Israel	The British Friend, A Monthly Journal, Nr. 3, Band 24, Glasgow 1866.
Nordamerika		
Kanada		
Switzerland of America	Alberta, Canada	Michael Vincent O'Shea/ Ellsworth D. Foster/ George Herbert Locke, The World Book: Organized Knowledge in Story and Picture, Band 1, New York 1917, S. 162.

Switzerland of Nova Scotia	Bear River, Canada	E.M. McDonald, Proceedings of the Grand Lodge of the Most Ancient and Honorable Order of Free and Accepted Masons of Nova Scotia, 1917, S. 78.
Vereinigte Staaten		
Amerikanische Schweiz	Joseph, Oregon	Deady, M. P. in Overland Monthly and Out West Magazine, The Switzerland of the Northwest, San Francisco 1883.
Little Switzerland	Asheville	Christian Reid, "The Land of the Sky": Or, Adventures in Mountain Byways, New York 1875, S. 15.
Little Switzerland of Iowa	Lansing	Albert Tousley, Where goes the River, Iowa City 1928, S. 93.
Schweiz der Pazifikküste	San Francisco	Prospectus of the Stockton & Copperopolis Railroad Company, Stockton 1870, S. 11.
Schweiz der Südsee	Hawaii	Gustav Emil Burkhardt, Die evangelische Mission auf den Inseln des Indischen Archipels, den Sandwichs-Inseln und Mikronesien, Bielefeld 1861.
Switzerland of America	Charleston	Ross Johnston, West Virginia "the Switzerland of America"; a brief guide for tourists, Charleston 1926.
Switzerland of America	Clear Lake, Kalifornien	Lake County, California: "The Switzerland of America." Climate, Attractions and Resources, Los Angeles 1887.
Switzerland of America	Colorado	Samuel Bowles, The Parks and Mountains of Colorado: A Summer Vacation in the Switzerland of America, New York 1869.
Switzerland of America	Flagstaff, Arizona	James Hunter, The golden treausury of the history, topography, literature, science, art, and religion of the various countries oft he globe: with biographies of their illustrious people, Philadelphia 1887, S. 258.
Switzerland of America	Jim Thorpe, Mauch Chunk, Pennsylvania	Appletons' Journal of Literature, Sciense and Art, Nr. 96, Band 5, New York 1871, S. 93.
Switzerland of America	Marin County, Kalifornien	George M. Schell (Hg.), Motor West Magazine, Automotive Trade Authority of the Pacific Region, Band 26, 1916.
Switzerland of America	McGregor, Iowa	S. A. Beach (Hg.), Iowa State Horticultural Society, Report of the Iowa State Horticultural Society, Band 53, Lenox 1918, S. 9.

Switzerland of America	Nebraska	Henry Howe, Historical Collections of the Great West; containing narratives of the most interesting events in western history, Band 1, Cincinnati 1855, S. 401.
Switzerland of America	Pennsylvania	John Hill Martin, Historical Sketch of Bethlehem in Pennsylvania; with some account of the Moravian Church, Philadelphia 1873, S. 150.
Switzerland of America	Sedro, Washington	The Washington Newspaper, A Publication Dedicated to the Study and Improvement of Journalism in Washington, Bände 7–8, 1921, S. 272.
Switzerland of America	Tacoma, Washington	Samuel McClure (Hg.), Outing and the Wheelman, Band 5, Albany 1885, S. 324.
Switzerland of America	Tennessee	Thomas P. Kettel, Vollständige Geschichte der grossen amerikanischen Rebellion, Nach dem Englischen bearbeitet von Paul Löfer, 2. Band, Hartford 1865, S. 813.
Switzerland of America	Watkins Glen, New York	Anonym, Souvenir of Watkins Glen, N. Y., the Switzerland of America, Chicago 1920.
Switzerland of California	Russian River, Kalifornien	Horace Bushnell, California: Its Characteristics and Prospects, San Francisco 1858, S. 7.
Ozeanien		
Neuseeländische Schweiz	Südinsel	Ferdinand von Hochstetter, Reise der österreichischen Fregatte Novara um die Erde in den Jahren 1857, Wien 1864, S. 47.
Südamerika		
Argentinische Schweiz	Patagonien und Grenzgebiet zu Chile	Estanislao Severo Zeballos, Descripción amena de la República Argentina: Viaje al país de los araucanos, Buenos Aires 1881, S. 327.
Chilenische Schweiz	Grenzgebiet zu Argentinien	Paul Rohrbach, Amerika und Wir, Berlin 1926, S. 76.
Nueva Helvecia	Montevideo, Uruguay	Gerhard vom Rath, Naturwissenschaftliche Studien: Erinnerungen an die Pariser Weltausstellung 1878, Bonn 1879, S. 407.
Peruanische Schweiz	Peru	Otto Bürger, Peru ein Führer durch das Land für Handel, Industrie und Einwanderung, Leipzig 1923; Vergleiche bei: Johann Jakob von Tschudi, Peru: Reiseskizzen aus den Jahren 1838–1842, 1838–1842. St. Gallen 1846, S. 65.

Tab. 16: Schweiz-Nachbenennungen – weltweit 1930–1992.

Afrika		
Afrikanische Schweiz	Lesotho	Eric Rosenthal, African Switzerland; Basutoland of Today, Juta 1948.
La Petite Suisse Tzaneen	Umtata	Paul Giniewski, L' An prochain à Umtata, Paris 1975, S. 88.
Subtropische Schweiz	Marroko	Chicago Tribune 4.10.1987.

Asien		
Philippinische Schweiz	Luzon	Johann J. Weber (Hg.), Illustrierte Zeitung; Die älteste illustrierte deutsche Wochenschrift, No. 4869–4881, Leipzig 1938, S. 212.
Switzerland of India	Darjeeling	Patricia Kendall, India and the British: a Quest for Truth, London 1931, S. 212.
Switzerland of India	Kashmir	Dermot Norris, Kashmir; The Switzerland of India, Calcutta 1932.

Europa, diverse		
Sveitsi	Finnland	Hilkka Knaapi-Rung/Ritva Salokangas, Villes de Finlande, Helsingfors 1976.

Belgien		
Maison Suisse	Brugge	Royal Association of Guides of Bruges and West-Flanders (Hg.), Bruges, City of Art; Illustrated Guide with Map of City, 1969, S. 119.

Frankreich		
La Petite Suisse	Aunay, Frankreich	Peletier d'Aunay, Un grand savant auvergnat: Jean Baptiste Rames (1832–1894), sa vie, ses oevres, sa correspondance, Aurillac 1946, S. 19.
La Petite Suisse	Fouchy, Frankreich	Mutuelle Assurance Automobile des Instituteurs de France (Hg.), Vosges, Alsace, Paris 1959, S. 533.
La Petite Suisse	Saint-Lo, Frankreich	Auguste Louis Lefrançois, Quand les Allemands occupaient la Manche: 1940–1944, Coutances 1979, S. 115.
La Suisse Angevine	Angers, Frankreich	Soc. anonyme des Editions de l'Ouest (Hg.), La Province d'Anjou, Angers 1929, S. 130.

La Suisse d'Alsace	Frankreich	Camille Schneider, Guide officiel de Wangenbourg et des environs. La "Suisse d'Alsace", 1939.
La Suisse Limousin	Limoges, Frankreich	Hervé Luxardo, Les Paysans, Paris 1981, S. 100.
La Suisse Vendéenne	Vendee, Frankreich	Paul Bruzon, Rivières et forêts vendéennes, Fontenay le Comte 1969, S. 100.
Petite Suisse Bretonne	Brest, Frankreich	Hélène Langlois-Lauvernière, Fleurs de Bretagne, Grenoble 1945, S. 113.
Grossbritannien		
English Switzerland	Shropshire Hills	Robert M. Cooper, The literary guide and companion to Northern England, Athens 1995 (Neudruck), S. 60.
English Switzerland	Tyndall, Surrey	Derek Hudson, Lewis Carroll and G.M. Hopkins & other papers, 1997 (Neudruck), S. 30.
Little Switzerland	Guildford, England	Gardeners Chronicle and new Horticulturist, London 1935, S. 452.
Mittelamerika		
Switzerland of the Caribbean	Barbados	National Geographic Society (U.S.) (Hg.), Special Publications Division, Isles of the Caribbean, Washington D.C. 1980, S. 73.
Naher Osten		
Schweiz des Orients	Kuwait	Frauke Heard-Bey, Die arabischen Golfstaaten im Zeichen der islamischen Revolution: innen-, aussen- und sicherheitspolitische Zusammenarbeit im Golf-Rat, Bonn 1983, S. 75.
Nordamerika		
Vereinigte Staaten		
Little Switzerland	El Verano, Kalifornien	Cycle World Magazine, Band 16, Nr. 1, 1977.
Little Switzerland	West Portal, New Jersey. Eureka Springs, Arkansas. Valdez, Alaska New Glarus, Wisconsin Afton, Wyoming	Joseph Nathan Kane/Gerard L. Alexander, Nicknames and sobriquets of U.S. cities, States, and counties, London 1979, S. 314, 353.

Switzerland of America	Lexington, Virginia	Kentucky Progress Magazine, Band 4, Lexington 1931.
Switzerland of Illinois	Galena	Richard Gear Hobbs, Glamorous Galena and Joe Daviess County: The Little Switzerland of Illinois, Galena 1938.
Switzerland of Ohio	Sugarcreek	Joseph Nathan Kane/Gerard Alexander, Nicknames and sobriquets of U.S. cities, States, and counties, London 1979, S. 353.
Ozeanien		
Schweiz des Pazifiks	Australien	Carl-Wolfgang Sames/Wolfgang Wagner, Pazifik: Weltwirtschaftszentrum von morgen, New York 1988, S. 125.
Südamerika		
Schweiz Lateinamerikas	Uruguay	Josef Neschen, Uruguay; Besonderheiten eines Verfassungs-Systems, Berlin 1972, S. 68.

Tab. 17: Schweiz-Nachbenennungen – weltweit nach 1992.

Asien		
Chinesische Schweiz	Qingdao	Simon Gisler, Qingdao – Die "Schweiz des Ostens"?, <http: //germanforum.cri. ch/viewtopic>. php?f=22&t=431, Stand 1. 2013.
Kasachische Schweiz	Burabay	Dagmar Schreiber, Kasachstan: Auf Nomadenwegen zwischen Kaspischem Meer und Altaj, Berlin 2009, S. 273.
Little Switzerland India	Khajijiar, Indien	Dominique Auzias/Jean-Paul Labourdette/Béatrice Roman-Amat, Petite Fluté Indie du Nord, Paris 2008, S. 609.
Mini Switzerland	Khajjiar, Indien	Bob Rupani, Driving Holidays in India, Mumbai 2005, S. 79.
Pakistanische Schweiz	Swat Tal, Pakistan	www.tagesschau.de/ausland/pakistan754 html. Stand 1.2012.
Switzerland of the Pacific Rim	Singapur	Michael Morley, The Global Corporate Brand Book, New York 2009, S. 82.
Schweiz des Pazifiks	Japan	Werner Draguhn, Neue Industriekulturen im pazifischen Asien: Eigenständigkeiten und Vergleichbarkeit mit dem Westen, Hamburg 1993, S. 170.

Europa		
Lolländische Schweiz	Dänemark	Helmut Weinacht, Die Fränkische Schweiz und andere Schweizen im Fränkischen, in: Die Entdeckung der Fränkischen Schweiz durch die Romantiker, Forchheim 1994, S. S. 79–108.
Petite Suisse du Norde	Calais, Frankreich	Dominique Auzias/Jean-Paul Labourdette/ Béatrice Roman-Amat, Petite Fluté Balades à vélo Nord-Pas-de-Calais-Picardie, Paris 2008, S. 56.
Piccola Svizzera	Cappadocia und Tagliacozzo, Italien	Pasquale Passarelli, Guida alla consultazione, Istituto enciclopedico italiano, Monteroduni 1997, S. 249.
Schweiz des Ostens	Bukowina, Rumänien	Inge Steinsträsser, Wanderer zwischen den politischen Mächten: Pater Nikolaus von Lutterotti OSB (1892–1955) und die Abtei Grüssau in Niederschlesien, Köln 2009, S. 181.
Mittelamerika		
Mittelamerikanische Schweiz	Mexiko	Jerry Thompson, Winfield Scott's Army of Occupation as Pioneer Alpinist: Epic Ascent of Popcatepetl and Citlaltepetl, Southwestern Historical Quarterly 105/4, 2002, S. 549–581.
Switzerland of the Caribbean	Bahamas	L. John Perkins, A Day in the Life, Booklocker 2005, S. 62.
Switzerland of the Caribbean	Cayman Island	Arturo Condell, Live your Purpose and be happy, Bloomington 2009, S. 38.
Switzerland of the Caribbean	Dominica	Darwin Porter/Danforth Prince/ Alexis Lipsitz Flipin/Christina Paulette, Frommer's Caribbean, Hoboken 2011, S. 225.
Switzerland of the Caribbean	Puerto Rico	Lonely Planet, Puerto Rico, a Travel Guide, 2002, S. 306.
Nordamerika		
Kanada		
Canadas Little Switzerland	Atlin, Yukon	Rote Writer, Enantiodromia: Somewhere Between Alzheimer's and Amnesia the Truth Surfaces, Hudson 2010, S. 329.

Vereinigte Staaten		
America's Little Switzerland	New Glarus, Wisconsin	Steven D. Hoelscher, Herritage on stage; the invention of ethnic place in America's Little Switzerland, Madison 1998.
Helvetia	Clarksburg, Virginia	Ann Heinrichs, West Virginia, Minneapolis 2003, S. 33.
Little Switzerland	Apple Valley, Massachusettes	Fred W. Scott, Clifton William Scott and Mildred Evelyn Bradford Scott of Ashfield, Band 1, Lincoln 2004.

Tab. 18: Schweiz-Nachbenennungen nur erwähnt von Jakob Grünwies (2007).

Afrika	
Little Switzerland	Harrismith, Südafrika
Schweizer-Reneke	West Transvaal, Südafrika
Subtropische Schweiz	Lebombo Kette, Swasiland
Switzerland of Cameroun	Tugi Village, Kamerun
Asien	
Japanische Schweiz	Biwa See, Japan
Koreanische Schweiz	Mt. Seoraksan, Korea
Little Switzerland	Nasa, Japan
Little Switzerland	Yong Pyong, Korea
Puncak	Westjawa, Indonesien
Swiss Bend	Philippinen
Switzerland of Japan	Nagano, Japan
Switzerland of the Orient	Dali, Erhai Lake, China
Swiss Kecil	Sibaganding, Indonesien
Usbekische Schweiz	Ten Shan Gebirge
Europa	
Era Soissa Espanhola	Val d'Aran
Griechische kleine Schweiz	Pindesgebirge, Griechenland
Griechenland kleine Schweiz	Chalkidike, Berg Athos, Griechenland
Helvécia Kecskemét	Puszta von Bugac, Ungarn
Holländisches klein Zwitserland	Wittem, Niederlande
Kleine Schweiz	Gmünd, Kärnten
Kleine Schweiz	Tysowets, Ukraine
La Petite Suisse haut-marnaise	Joinvilles
La Suisse	L'Ain, Cerdon
La Suiza Espanola	Kantabirisches Gebirge, Asturien
Moldauische Schweiz	Berg Cealau, Rumänien

Oesel'sche Schweiz	Insel Saaremaa, Estland
Piccola Svizzera	Cava die Tirreni Salerno
Piccola Svizzera	Manusco
Piccola Svizzera di Ischia	Casamicciola
Rantasipi Sveitsi	Hyvinkää, Finnland
Spanische Schweiz	Costa Blanca
Switzerland of Ireland	Irland
Szwajcaria	Suwalki, Polen
Mittelamerika	
La Suiza	Cordillera, Honduras
Nordamerika	
Kanada	
Kanadische Schweiz	Chicoutimi
La Petite Suisse	Blaie St. Paul-La Malbaie
Swiss Bay	Baffin Island
Swiss Lake	Ontario
Swiss Quaimuk	Etobicoke
Vereinigte Staaten	
Helvetia Portland	Oregon
New Switzerland	Georgia
New Switzerland	Illinois
Swiss Canyon	Arizona
Switzerland County	Indiana
Switzerland County	Pennsylvania
Switzerland St. Johns River	Florida
Ozeanien	
Heart of South Pacific Switzerland	Queenstown, Neuseeland
Switzerland Ranges	Victoria, Australien
Südamerika	
La Suiza Caicedoni	Valle, Kolumbien
La Suiza Pueblo Tapao	Montenegro, Kolumbien
Nueva Suiza	Buenos Aires, Argentinienn
Schwarzwald-Schweiz	Caracas, Venezuela
Suiza	North-Bolivia, Bolivien
Suiza Puerto Tejada	De Cauca, Kolumbien

Tab. 19: Schweiz-Nachbenennungen nur erwähnt von Irmfried Siedentop.

Gailitzer Schweiz	Kärnten	Siedentop 1977; 1984.
Grönländische Schweiz	Grönland, Dänemark	Siedentop 1984.
Karibische Schweiz	Caracas	Siedentop 1984. Vergleiche bei Humbolt 1807.
Mittelitalienische Schweiz	Gran Sasso d'Italia	Siedentop 1977.
Panamaische schweiz	Chiriqui-Vulkanmassiv	Siedentop 1984.
Salvadorianische Schweiz	La Palma, Salvador	Siedentop 1984.
Schweiz der Scheichs	Beirut	Siedentop 1984.
Schweiz Schwarzafrikas	Elfenbeinküste, Abidjan	Siedentop 1984.
Taiwanische Schweiz	Taiwan	Siedentop 1984.

Tab. 20: Schweiz-Nachbenennungen nur erwähnt auf der Webpage der Wassermühle Ziddorf, Stand Januar 2012.

Afrika	
Suisse Africaine	Algerien
Asien	
Mongolische Schweiz	Ulaan Baatar
Tsingtauer Schweiz	Kiautschau, China
Europa	
Clamsche Schweiz	Reichenberg, Tschechien
Holländische Schweiz	Vaals, Holland
Hoptrupper Schweiz	Haderslev, Dänemark
Belgien	
Petite Suisse	Brumagne, Belgien
Petite Suisse	Francorchamps, Lüttich
Petite Suisse	Hastiere, Namur
Petite Suisse	Ostflandern
Petite Suisse	Sept Fontaines, Brüssel
Petite Suisse	Westflandern
Petite Suisse a Overyssche	Brüssel
Petite Suisse des Fonds	B. L. Chateau, Belgien
Frankreich	
Au Petite Suisse	Paris
La nouvelle Suisse	Rambouillet, Frankreich
La Petite Suisse	Cantaleu, Frankreich
La Petite Suisse	Dourdan

La Petite Suisse	Esbly
La Petite Suisse	Fontainebleau
La Petite Suisse	Gif, Frankreich
La Petite Suisse	Guemene-Penfao, Frankreich
La Petite Suisse	Guildo, Frankreich
La Petite Suisse	Hennebont, Frankreich
La Petite Suisse	Itteville, Frankreich
La Petite Suisse	La Croix, Frankreich
La Petite Suisse	Lannion
La Petite Suisse	Louvesc, Frankreich
La Petite Suisse	Mareuil, Frankreich
La Petite Suisse	Membrey, Frankreich
La Petite Suisse	Montlouis
La Petite Suisse	St. Maurice, Frankreich
La Petite Suisse	Varennes-l'Arco, Frankreich
La Petite Suisse	Vire, Frankreich
La Rocher Suisse	Paris
La Suisse Maritime	Frankreich
Le Lac Suisse	St. Malo, Frankreich
Le Village de la Petite Suisse	St. Cecilie, Frankreich
Le Village Suisse	Touquet, Frankreich
Nouvelle petite Suisse	Campeaux, Frankreich
Paysage Suisse	Moulinet, Frankreich
Petite Suisse	Le Pouldu, Frankreich
Petite Suisse	Pas en Artois, Frankreich
Petite Suisse	Val Joly, Hainaut
Petite Suisse de St. Mesmin	Dordogne
Petite Suisse Duernoise	Rhone, Frankreich
Pont Suisse sur l'Orne	Batilly, Frankreich
Suisse Boulonnaise	Boulonn
Suisse Conchoise	Lagny, Frankreich
Village Suisse	Paris
Grossbritannien	
Little Switzerland	Allington, Maidstone, England
Little Switzerland	Corhampton, England
Little Switzerland	Harpenden, England
Little Switzerland	Hawkhurst, England
Little Switzerland	Lofthouse, England
Little Switzerland	Speldhurst, England

Italien	
La Svizzera Picena	Ascol
Nella Svizzera Biellese	Biella
Piccola Svizzera	Amatrice
Piccola Svizzera	Scoffera
Süditalienische Schweiz	Silagebirge
Luxemburg	
Petite Suisse	Marche et Famenne
Petite Suisse	Vielsalm
Österreich	
Kleine Schweiz	Zagesdorf, Burgenland
Rosentaler Schweiz	Südkärnten
Schweizeben	Schweizeben, Bruck, Österreich
Schweizerklamm	Neumarkt
Schweizer-Tor	Gauertal
Vorauer Schweiz	Graz
Polen	
Kleine Schweiz	Glaz
Schönberger Schweiz	Sulikow
Woldenberger Schweiz	Dobigniew
Mittelamerika	
Karibibsche Schweiz	Martinique
La Suiza	Vulkan Poas, Costa Rica
Switzerland of the Caribbean/La Suisse	Haiti
Switzerland of Tropics	Puerto Rico
Nordamerika	
Kanada	
Little Switzerland	Scarboro
Vereinigte Staaten	
America's Little Switzerland	Arrowhead, Kalifornien
Lake Switzerland	Albany, New York
Lake Switzerland	Detroit
Little Switzerland	Bisbee, Arizona
Little Switzerland	Coney Island

Little Switzerland	Savanna, South Carolina
Switzerland of America	Santa Fe, Arizona
Switzerland of America	Mooshead Lake, Maine

| **Ozeanien** | |
| Switzerland of the Pacific | Australien |

| **Südamerika** | |
| Suiça brasiliera | Nova Friburgo, Brasilien |

Bibliographie

Adam, Georg (Hg.): Zeitschrift für die gesamte Wasserwirtschaft, Band 7, Oldenburg 1912.
Algazi, Gadi: Kulturkult und die Rekonstruktion von Handlungsrepertoires, in: L'homme. Zeitschrift für feministische Geschichtswissenschaft, No. 11, 2000, S. 105–119.
Allgemeine Literatur-Zeitung, Nr. 278, Halle und Leipzig 1808.
Allgemeiner Anzeiger der Deutschen; Oder Allgemeines Intelligenz-Blatt, Band 1, Nr. 34, Gotha 1807.
Altmann, Julius: Beiträge zum Sprichwörter- und Räthselschatz der Letten, in: Schmaler, J.E. (Hg.): Jahrbücher für slavische Literatur, Kunst und Wissenschaften, 3. und 4. Heft, Bautzen 1854, S. 159–252.
Amstädter, Rainer: Der Alpinismus. Kultur – Organisation – Politik. Wien 1996.
Amthor, Ed. (Hg.): Vorwärts! Magazin für Kaufleute, Band 8, Leipzig 1862.
Anonym: Das Weserbergland, Land und Mensch an der Oberweser, Deutsche Landschaft, Band 6, Essen 1959.
Anonym: Die Flörsheimer Schweiz; Stadt Flöhrsheim am Main, Flörsheim 1996.
Anonym: Folkstone: The new illustrated hand-book to Folkestone and its picturesque neighbourhood, Folkstone 1851.
Anonym: Mittweida und die Mittweidaer Schweiz, 1880.
Anonym: Souvenir of Watkins Glen, N. Y. the Switzerland of America, Chicago 1920.
Appletons' Journal of Literature, Sciense and Art, Nr. 96, Band 5, New York 1871.
Archiv für Anthropologie, Band 19, Braunschweig 1891.
Archiv für Geschichte, Statistik, Literatur und Kunst, Nr. 14, Wien 1823.
Atkinson, Samuel (Hg.): Atkinson's Casket or gems of literature, wit and sentiment, Nr. 1, Philadelphia 1837.
Augsburger Allgemeine, Augsburg 4. Mai 2012.
Aurousseau, Marcel: The Rendering of Geographical Names, Westport 1975.
Automobile Club di Milano (Hg.): Itinerari automobilistici d'Italia, Band 1, Firenze 1924.

Auzias, Dominique / Jean-Paul Labourdette / Béatrice Roman-Amat: Petite Fluté Balades à vélo Nord-Pas-de-Calais-Picardie, Paris 2008.
- Petite Fluté Indie du Nord, Paris 2008.

Averill, James H.: Wordsworth and the Poetry of Human Suffering, London 1980.

Babel, Rainer / Werner Paravicini: Grand Tour. Adeliges Reisen und europäische Kultur vom 14. bis zum 18. Jahrhundert: Akten der internationalen Kolloquien in der Villa Vigoni 1999 und im Deutschen Historischen Institut Paris 2000, Ostfildern 2005.

Bach, Adolf: Deutsche Namenkunde I: Die deutschen Personennamen, Band 1–3 (1952) unveränderte Auflage Heidelberg 1978.
- Deutsche Namenkunde II: Die deutschen Ortsnamen. Band 1 und 2 (1953) unveränderte Auflage, Heidelberg 1981.
- Die deutschen Personennamen, Berlin 1943.

Backhaus, Norman / Claude Reichler / Matthias Stremlow: Alpenlandschaften – von der Vorstellung zur Handlung, Zürich 2007.

Baedeker, Karl: Belgique et Hollande y compris le Luxembourg, Coblenz 1901.
- Die Rheinlande von der Schweizer bis zur holländischen Grenze; Handbuch für Reisende, Coblenz 1881.
- Die Rheinlande von der Schweizer bis zur holländischen Grenze, Coblenz 1856.
- Nordwest-Deutschland: von der Elbe und der westgrenze Sachsens an, nebst Hamburg und der Westküste Schleswig-Holstein, Leipzig 1914.
- Sachsen, Handbuch für Reisende, Leipzig 1920.

Bail, Theodor (Hg.): Naturforschende Gesellschaft Danzig; Schriften der Naturforschenden Gesellschaft in Danzig, Danzig 1883.

Ballu, Yves: Die Alpen auf Plakaten, Bern 1987.

Bartetzko, Sabine / Andrea Plüss: 275 Jahre Stadtrechte 1719–1994; Stadt Bünde, Stadt Enger und Stadt Preussisch Oldendorf, Bielefeld 1994.

Bauer, Gerhard: Namenkunde des Deutschen, Bern 1985.

Bayly, Christopher Alan: The Birth of the Modern World 1780–1914, Global Connections and Comparisons, New York 2004.

Beach, S. A. (Hg.): Iowa State Horticultural Society: Report of the Iowa State Horticultural Society, Band 53, Lenox 1918.

Behlen, Stephan (Hg.): Allgemeine Forst- und Jagdzeitung, J. 5, Frankfurt am Main 1836.

Benjamin, Walter: Das Passagen-Werk, in: Tiedermann, Rolf / Theodor Adorno / Gershom Scholem/Hermann Schweppenhäuser (Hg.): Walter Benjamin; Gesammelte Schriften, Band 5, Teil 2, Frankfurt 1982, S. 911–1060.
Berghaus, Heinrich: Grundriss der Geographie, Buch 3, Bresslau 1843.
Bergier, Jean Francoise / Sandro Guzzi (Hg.): La découverte des Alpes – La scoperta delle Alpi – Die Entdeckung der Alpen, Actes du Colloque Latsis 1990, Zürich 1.-2 novembre 1990, Basel 1992.
Bergmann, Arno: Die Grossschmetterlinge Mitteldeutschlands, Die Natur Mitteldeutschlands und ihre Schmetterlingsgesellschaften, Band 1, Jena 1951.
Bergmann, Rudolf Maria in: Neue Zürcher Zeitung, 14. Februar 2008.
Bergondi, Charles: Bertemont, ou la Suisse niçoise, Paris 1865.
Berliner Gesellschaft für Anthropologie (Hg.): Zeitschrift für Ethnologie, Band 19, Berlin 1887.
Bernard, Paul B.: Rush to the Alps. The Evolution of Vacationing in Switzerland, New York 1978.
Bernheim, Roger in: Neue Zürcher Zeitung, 14. Februar 2008.
Bertuch, Friedrich Justin (Hg.): Geographisches Institut Weimar, Neue allgemeine geographische und statistische Ephemeriden, Band 28, Weimar 1829.
Beyer, Walther: Krefeld, Deutschland Städtebau, Halensee 1928.
Bibliographisches Institut (Hg.): Der Harz; Kleine Ausgabe, Leipzig 1901.
Billing, Joanna: The Hidden Places of Devon, Haddington 2003.
Biolley, Paul / H. Polakowsky: Costa Rica und seine Zukunft, Berlin 1890.
Black, Adam / Charles Black (Hg.): Black's guide to the English Lakes, Edinburgh 1856.
Blackbourn, David: Die Eroberung der Natur. Eine Geschichte der deutschen Landschaft, München 2007.
Blackwood's Edinburgh Magazine, Band 72, London 1852.
Blässer, Hans: Die landwirtschaftlichen Betriebsverhältnisse in den Kreisen Alzey und Worms mit besonderer Berücksichtigung der Kapitalverteilung, Giessen 1930.
Blick, 21. Februar 1992.
Blickhan, Marion: Calauer Schweiz; Spaziergänge, Geschichten, Cottbus 2009.
Blum, Carl Ludwig (Hg.): Dorpater Jahrbücher für Litteratur, Statistik und Kunst, Riga 1834.

Blumenthal, Oscar / Gustav Kadelburg: Im Weissen Rössel: Lustspiel in drei Aufzügen, Charlottenburg 1898.

Bock, Benedikt: Baedeker & Cook – Tourismus am Mittelrhein 1756 bis ca. 1914, Mainzer Studien zur Neueren Geschichte 26, Frankfurt 2010.

Boscani Leoni, Simona (Hg.): Wissenschaft – Berge – Ideologien. Johann Jakob Scheuchzer (1672–1733) und die frühneuzeitliche Naturforschung, Basel 2010.

Bosse, Daniel: Argentinien: Ein Überblick, München 2008.

Böning, Holger: „Arme Teufel an Klippen und Felsen" oder „Felsenburg der Freiheit"? Der deutsche Blick auf die Schweiz und die Alpen im 18. Und frühen 19. Jahrhundert, in: Mathieu, Jon / Simona Boscani Leoni (Hg.): Die Alpen! Zur europäischen Wahrnehmungsgeschichte seit der Renaissance, Bern 2005. S. 175–190.

Bourdeau, Philippe: Une memoire alpine dauphinoise. Alpinistes et guides 1875–1925, Grenoble 1988.

Bowles, Samuel: The Parks and Mountains of Colorado: A Summer Vacation in the Switzerland of America, New York 1869.

Braudel, Fernand: The Perspecive of the World, Band 3, New York 1984.

Braun, Cornel / Heinrich Bauregger: Hunsrück; mit Naturpark Saar-Hunsrück, München 2005.

Brawand, Samuel: Grindelwalder Bergführer: 75 Jahre Führerverein Grindelwald; Festschrift zum Jubiläum 1973, Grindelwald 1973.

Brednich, Rolf Wilhelm / Anette Schneider / Ute Werner (Hg.): Natur-Kultur, volkskundliche Perspektiven auf Mensch und Umwelt, No. 32, Kongress der Deutschen Gesellschaft für Volkskunde in Halle vom 27.9. bis 1. 10. 1999, Münster 2001.

Breidbach, Olaf: Kartenspiele, in: Siegel, Steffen / Petra Weigel (Hg.): Die Werkstatt des Kartographen, Materialien und Praktiken visueller Welterzeugung, München 2011, S. 259–284.

Brome, James: Travels over England, Scotland, and Wales: Giving A True and Exact Description of the Chiefest Cities, Towns and Corporations, London 1707.

Brönner (Hg.): Iris; Unterhaltungsblatt für Freunde des Schönen und Nützlichen, Frankfurt 10. Januar 1826.

Brooking, Tom: The History of New Zealand, Westport 2004.

Brun, Conrad Malte: Universal Geography, or a description of all parts of the world, Band 8, Endingburgh 1831.

- Géographie Universelle, Band 2, Buch 8, Paris 1862.

Brunschwig, Murielle: La montagne des encyclopédistes du XIIIe siècle: entre brouillard et air pur, in: Mathieu, Jon / Simona Boscani Leoni (Hg.): Die Alpen! Zur europäischen Wahrnehmungsgeschichte seit der Renaissance, Bern 2005, S. 99–114.

Bruzon, Paul: Rivières et forêts vendéennes, Fontenay le Comte 1969.

Bubenhofer, Noah / Joachim Scharloth: Korpuspragmatische Analysen alpinistischer Literatur, in: Elmiger, Daniel / Alain Kamber (Hg.): La linguistique de corpus – de l'analyse quantitative à l'interpretation qualitative/Korpuslinguistik – von der quantitativen Analyse zur qualitativen Interpretation, in: Travaux neuchâtelois de linguistique 55, Neuchâtel 2011, S. 241–259.

Buchenau, Franz: Meyer (Neuenkirchen), in: Naturwissenschaftlicher Verein zu Bremen: Abhandlungen – Naturwissenschaftlichen Verein zu Bremen, Band 10, Bremen 1889.

Bünte, Hans: Das Saarland. Kultur und Landschaft, Essen 1980.

Bürger, Otto: Peru ein Führer durch das Land für Handel, Industrie und Einwanderung, Leipzig 1923.

Burkhardt, Gustav Emil: Die evangelische Mission auf den Inseln des Indischen Archipels, den Sandwichs-Inseln und Mikronesien, Bielefeld 1861.

Bürkli, Johannes: Gedichte über die Schweiz und die Schweizer, Bern 1793.

Burre, Otto: Der Teutoburger Wald zwischen Bielefeld und Orlinghausen, Berlin 1911.

Bushnell, Horace: California: Its Characteristics and Prospects, San Francisco 1858.

Byron, George Gordon: The works of Lord Byron: Complete in one Volume, Francfort 1826.

Canel, Alfred: Blason populaire de la Normandie: comprenant les proverbes, sobriquets et dictons, Band 2, Paris 1859.

Chabot, Auguste Jean François: Notes de voyages: impressions et souvenirs: bords du Rhin, Belgique, Hollande, Italie, Écosse, de Paris à Oberammergau, Savoie, Suisse, gorges du Tarn, Carcassone, Paris 1901.

Chambers, Christoph/Robert Chambers (Hg.): Chamber's journal of Popular Literature, Science and Arts, London 1863.

Chartier, Roger: Au bord de la falaise. L'histoire entre certitudes et inquiétude, Paris 1998.

Christoph, Andreas: Vom Atlas zum Erdkubus. Eine kleine Geschichte zur Quadratur des Kreises, in: Siegel, Steffen / Petra Weigel (Hg.): Die Werkstatt des Kartographen, Materialien und Praktiken visueller Welterzeugung, München 2011, S. 49–66.

Clarke, Norman: Kiandra; goldfields to skifields, Kiandra Pioneer Ski Club 1870.

Coburger Landesstiftung (Hg.): Jahrbuch der Coburger Landesstiftung, Coburg 1966.

Cohen, Friedrich: Verhandlungen des Naturhistorischen Vereins der preussischen Rheinlande und Westfalens, Bonn 1911.

Cole, Samuel (Hg.): The New England Farmer, Band 8, Boston 1856.

Condell, Arturo: Live your Purpose and be Happy, Bloomington 2009.

Conrad, Sebastian: Globalgeschichte, München 2013.

Cook, John Douglas / Philip Harwood / Frank Harris / Herries Walter Pollok / Harold Hodge (Hg.): The Saturday review of politics, literature, science and art, Band 22, London 1866.

Coolidge, William Augustus Breevot: Josias Simler et les origines de l'alpinisme jusqu'en 1600, Grenoble 1989. (Erste Edition 1904).

– The Alps in Nature and History, London 1908.

Cooper, Matt: Golf courses in England: <http://www.golf365.com/courses_story/0,17923,9792_5733979,00.html>, Stand Januar 2013.

Cooper, Robert M.: The literary guide and companion to Northern England, Athens 1995.

Corrigan, Timothy: Coleridge, Language, and Criticism, Athens G.A. 2008.

Cotta, von, Johann Friedrich: Allgemeine Zeitung München, Nr. 142, München 1839.

– Allgemeine Zeitung München, Nr. 338, München 1851.

Courtin, Albert: Die Familie der Conifere, Stuttgart 1858.

Cristoff, Maria Sonia in: Neue Zürcher Zeitung, 19. November 2011.

Crome, August Friedrich Wilhelm: Allgemeine Übersicht der Staatskräfte von den sämtlichen europäischen Reichen und Ländern, Leipzig 1818.

Cycle World Magazine, Band 16, Nr. 1, 1977.

D'Aunay, Peletier: Un grand savant auvergnat: Jean Baptiste Rames (1832-1894), sa vie, ses oeuvres, sa correspondance, Aurillac 1946.

Daniel, Hermann Adalbert: Deutschland nach seinen physischen und politischen Verhältnissen Geschildert, Stuttgart, 1863.

Daviau, Donald: The Naming of Mountains in the Western United States, in: „Die Namen der Berge", <http://www.inst.at/berge/namen.htm>,

(20.06.07) INST-Weltprojekt, Wien 2002, S. 33–40, Stand Dezember 2012.

Deady, M. P.: Portland on Wallamet, in: Overland Monthly and Out West Magazine, The Switzerland of the Northwest, San Francisco 1883.

Dean, Martin R. in: Neue Zürcher Zeitung, 17. November 2012.

De Beer, Gavin: Travellers in Switzerland, London 1949.

De Candolle, Augustin Pyrame: Théorie Élémentaire de la Botanique ou Exposition des Principes de la Classification Naturelle et de l'art de décrire et d'étudier les Végétaux, Paris 1918.

De Lamartine, Alphonse: Geschichte der Türkei, Band 5, Wien 1855.

De Lehaie, Auguste Houzeau (Hg.): Société belge de géologie: Bulletin de la Société belge de géologie, Band 2, Brüssel 1888.

De Mendieta, Yayo: Una aldea de montaña: Villa La Angostura y su historia en la Patagonia, Buenos Aires 2002.

De Moussy, Victor Martin: Description Géographique et Statistique de la Confédération Argentine, Paris 1860.

– Description Géographique et Statistique de la Confédération Argentine, Band 3, Paris 1864.

De Robien, Guy / Pierre Joseph / Maxime Cherfils: L'idéal français dans un cœur breton: l'héroique commandant de Robien, chef de bataillon de zouaves, Paris 1917.

De Tourettes, Alexandre Ferrier: Guide pittoresque et artistique du voyageur en Belgique, Bruxelles 1838.

Debus, Friedhelm: Namenkunde und Namengeschichte, Berlin 2012.

Decurtins, Sandro: In Amt und Würden Entstehen und Wesen der neuen Elite in der Surselva 1370–1530, Reihe: Quellen und Forschungen zur Bündner Geschichte (QBG), Band 30, hg. vom Staatsarchiv Graubünden, Chur 2013.

Deibele, Albert: Das Kriegsende 1945 im Kreis Schwäbisch Gmünd, Stadtarchiv Gmünd 1966.

Denecke, Dietrich / Helga-Maria Kühn (Hg.): Göttingen; Geschichte einer Universitätsstadt, Band 1, Göttingen 1987.

Der Bund, 23. September 1992.

Der Norden, Band 16, Berlin 1939.

Deslys, Charles: La majorité de Mademoiselle Bridot, Paris 1865.

Deutsche Nationalbibliografie, Amtsblatt, Teil 1, Band 5, 2005.

Die Presse, Print-Ausgabe, 28. November 2012.

Dingler, Hermann (Hg.): Naturwissenschaftlicher Verein zu Aschaffenburg; Mitteilungen des Naturwissenschaftlichen Vereins zu Aschaffenburg, Jena und Aschaffenburg 1884.

Dir, Yasmina: Bilder des Mittelmeer-Raumes, Phasen und Themen der ethnologischen Forschung seit 1945, Münster 2005.

Draguhn, Werner: Neue Industriekulturen im pazifischen Asien: Eigenständigkeiten und Vergleichbarkeit mit dem Westen, Hamburg 1993.

Dubois, F. A. (Hg.): Magazin für die neueste Geschichte der evangelischen Missions – und Bibelgesellschaft, Basel 1840.

Dufour, Perret: The Swiss settlement of Switzerland County, Indiana 1925.

Duller, Eduard: Die malerischen und romantischen Donauländer, Leipzig 1840.

Dünne, Jörg: Portable Media und Weltverkehr, in: Siegel, Steffen / Petra Weigel (Hg.): Die Werkstatt des Kartographen, Materialien und Praktiken visueller Welterzeugung, München 2011, S. 185–204.

Eksteins, Modris: Rites of Spring: The Great War and the Birth of the Modern Age, Boston und New York 1989.

Emmerich, Werner: Die Entdeckung der Fränkischen Schweiz, Historischer Verein Bamberg 102, Bamberg 1966, S. 551–586.

Empson, Wiliam / David Pirie: Selected Poetry, New York 2002.

Enders Liselotte: Historisches Ortslexikon für Brandenburg, Teil 1, Potsdam 2013.

Engberg-Pedersen: Die Verwaltung des Raumes. Kriegskartographische Praxis um 1800, in: Siegel, Steffen / Petra Weigel (Hg.): Die Werkstatt des Kartographen, Materialien und Praktiken visueller Welterzeugung, München 2011, S. 29–48.

Engel, Claire Éliane: A History of Moutaineering in the Alps, London 1950.

Enzensberger, Hans Magnus: Eine Theorie des Tourismus, 1958, in: Ebd.: Einzelheiten I: Bewusstseins-Industrie, Frankfurt 1967, S. 179–205.

Erdmann, Karl Otto: Die Bedeutung des Wortes. Aufsätze aus dem Grenzgebiet der Sprachpsychologie und Logik, 2. Edition, Leipzig 1910.

Eriksen: Bodenspekulation und exzessive Grundstücksparzellierung in argentinischen Fremdenverkehrsgebieten, in: Österreichische Geographische Gesellschaft: Mitteilungen der Österreichischen Geographischen Gesellschaft, Band 115, Wien 1973, S. 20–35.

Ersch, Johann / Samuel Gruber / Johann Gottfried (Hg.): Allgemeine Encyklopädie der Wissenschaften und Künste, Leipzig 1831.

Espagne, Michel: Sur les limites du comparatisme en histoire culturelle, in: Genès No. 17, 1994, S. 112–121.

Espenhorst, Jürgen: Andree, Stieler, Meyer & Co, Schwerte 1994.

– Petermann's Planet; Guide to the Great Handatlases, Vol. I, Schwerte 2003.

Esper, Johann Friedrich: Ausführliche Nachricht von neu entdeckten Zoolithen unbekannter vierfüsiger Thiere, und denen sie enthaltenden, so wie verschiedenen andern denkwürdigen Grüften der Obergebürgischen Lande des Marggrafthums Bayreuth, 1. Aufl., Nürnberg 1774.

Evangelical Lutheran Ministerium of Pennsylvania and the Adjacent States (Hg.), Minutes of the Proceedings of the Annual Convention of the Evangelical Lutheran Synod of Pennsylvania, Sumnytown 1835.

Faessler, Peter: Reiseziel Schweiz. Freiheit zwischen Idylle und „grosser" Natur, in: Bausinger, Hermann / Klaus Beyrer / Gottfried Korff (Hg.), Reisekultur. Von der Pilgerfahrt zum modernen Tourismus, München 1991, S. 242–249.

Fauvel, Albert (Hg.): Société Française d'Entomologie: Revue d'Entomologie, Band 4, Paris 1885.

Felka, Wilbert in: Westfälische Forschungen, Band 55, Münster 2005, S. 660.

Feuereisen, Arnold (Hg.): Livländische Geschichtsliteratur, Band 3, Riga 1893.

Fiennes, Celia: Through England on a Side Saddle: In the Time of William and Mary, Neudruck, Cambridge 2010.

Finot, Jean (Hg.): La Revue mondiale, ancienne Revue des revues, Paris 1920.

Florey, Robert / Johann Friedrich Ahfeld: Züge am Missionsnetze, Missionsstunde in Stadt- und Landkirchen, Band 4, Leipzig 1858.

Fontane, Theodor: Wanderungen durch die Mark Brandenburg, Erster Teil, Berlin 1865.

Ford, Richard: A Handbook for Travellers in Spain, London 1855.

Förstemann, Ernst: Altdeutsches Namenbuch II: Ortsnamen, Nordhausen 1859.

– Die deutschen Ortsnamen. Nordhausen 1863.

Fortoul, Hippolyte: Les fastes de Versailles; depuis son origine jusqu'a nos jours, Paris 1844.

Frederik, Otto / Christian William Borchsenius: Fra fyrrerne, Literaere skizzer, Band 1, Copenhagen 1878.

Freeden, von, Wilhelm: Reise – und Jagdbilder aus Afrika: Nach den neuesten Reiseschilderungen, Leipzig 1888.
Bärensprung, J. C. K. (Hg.): Freimüthiges Abendblatt, N. 381, Schwerin 1826.
Freuler, Regula in: Neue Zürcher Zeitung, 3. November 2013.
Froriep, von, Ludwig Friedrich: Fortschritte der Geographie u. Naturgeschichte: ein Jahrbuch, Weimar 1848.
Furrer, Reto: Hintergrund des Alpendiskurses: Indikatoren und Karten, in: Mathieu, Jon / Simona Boscani Leoni (Hg.): Die Alpen! Zur europäischen Wahrnehmungsgeschichte seit der Renaissance, Bern 2005, S. 73–98.
Gagern, Hans Christoph Ernst: Die Resultate der Sittengeschichte, Band 2, Stuttgart und Tübingen 1835.
Gardener, Peter Dean: Names of the Victorian Alps: the origins, meanings and history, Victoria 1992.
Gatterer, Johann Christoph: Kurzer Begriff der Geographie, Göttingen 1789.
Gebauer, Julia: Entstehung des Tourismus: Von der Kavalierstour bis zu den Anfängen der Pauschalreise, Saarbrücken 2008.
Geiger, Stephanie in: Neue Zürcher Zeitung, 13.1.2012.
Gemeinnütziger Verein Heidelberg (Hg.): Eight days in Heidelberg; Guide with plans of the town and castle and 23 illustrations, Heidelberg 1905.
Génard, P. (Hg.): Bulletin, Band 1, Société royale de géographie d'Anvers, Antwerpen 1876.
Geographical Society of Finland (Hg.): Fennia, Band 28, Helsinki 1910.
Gesellschaft für Deutsch-Sowjetische Freundschaft (Hg.): Freie Welt, Berlin 1971.
Friedrich Genrich, Wandern auf dem Kaiserweg, Harz 2010.
Gallwitz, Sophie: Norddeutsche Monatshefte, Die Güldenkammer, Band 2, Bremen 1912.
Gerhard, Wolfgang.: Praktischer Reiseführer durch Russland, Leipzig 1881.
Gilbert, David: Urban Outfitting, the city and the spaces of fashion culture, in: Bruzzi, Stella / Church Pamela Gibson (Hg.): Fashion Cultures: Theories, Explorations, and Analysis, New York 2000, S. 7–24.
Giniewski, Paul: L' An prochain à Umtata, Paris 1975.
Girtler, Roland: Korporations-Studenten als frühe Bergsteiger und Kletterer. Studentenhistorische Anmerkungen zur Alpinistik. Klettern als

Initiationsritual, in: DAV/Alpenverein Südtirol (Hg.): Berg 92, Alpenvereinsjahrbuch, München 1991, S. 275–282.

Goes, Gustav: Hartmannsweiler Kopf; Das Schicksal eines Berges im Weltkriege, München 1930.

Goldfuss, Georg August: Die Umgebung von Muggendorf. Ein Taschenbuch für Freunde der Natur und Altertumskunde, Erlangen 1810.

Golte, Winfried: Das südchilenische Seengebiet, Bonn 1973.

Göller, Karl Heinz: Naturauffassung und Naturdichtung im England des 18. Jahrhunderts, in: Müllenbrock, Heinz-Joachim: Neues Handbuch der Literaturwissenschaft. Europäische Aufklärung, Teil 2, Aula-Verlag, Wiesbaden 1984.

Goodman, Katharine R.: Amazons and Apprentices; Woman and the German Parnassus in the Early Enlightenment, Rochester 1999.

Gottschalk, Friedrich: Dresden, seine Umgebung und die Sächsische Schweiz, Dresden 1859.

Götzinger, Wilhelm Leberecht: Schandau und seine Umgebungen oder Beschreibung der sogenannten Sächsischen Schweiz, Dresden 1812 (Nachdruck Verlag der Kunst Dresden, 2. Aufl. Husum 2008).

Gowland, William in: Satow, Ernest Mason: Handbook for Travellers in Central and Northern Japan, Yokohama 1881, S. 13.

Grimm, Jacob: Über hessische Ortsnamen, in: Zeitschrift des Vereins für hessische Geschichte und Landeskunde 2, 1839, S. 132–154.

Grisebach, August: Reise durch Rumelien und nach Brussa im Jahre 1839, Ruprecht 1841.

Grossklaus, Götz: Der Naturtraum des Kulturbürgers, in: Grossklaus, Götz / Ernst Oldenmeyer (Hg.): Natur als Gegenwelt. Beiträge zur Kulturgeschichte der Natur, Karlsruhe 1983, S. 169–196.

Gröf, Siegfrid: Diagnose: Heimweh, in: Lange, Thomas / Harald Neumayer (Hg.): Kunst und Wissenschaft um 1800, Würzburg 2000, S. 89–108.

Grünwies, Jakob: Sehnsucht Schweiz. Helvetische Landschaften in aller Welt, Vevey 2007.

Grupp, Peter: Faszination Berg; Die Geschichte des Alpinismus, Weimar 2008.

Güldemann, Martina / Friedrich Güldemann: Ein Amerikaner in Klein-Paris, Wartberg 2012.

Günther, Dagmar: Alpine Quergänge: Kulturgeschichte des bürgerlichen Alpinismus (1870–1930), Frankfurt 1998.

Güttler, Nils Robert: Der „Botanograph". Oscar Drude und der Perthes Verlag, in: Siegel, Steffen / Petra Weigel (Hg.): Die Werkstatt des Kartographen, Materialien und Praktiken visueller Welterzeugung, München 2011, S. 161–184.

Haase, Jenny: Patagoniens verflochtene Erzählwelten; Der argentinische und chilenische Süden in Reiseliteratur und historischem Roman (1977–1999), Tübingen 2009.

Hachtmann, Rüdiger: Tourismus-Geschichte, Göttingen 2007.

Haggett, Peter: Encyclopedia of World Geography, New York 2001.

Hain, Anton (Hg.): Berichte zur deutschen Landeskunde, Zentralarchiv für Landeskunde von Deutschland, Band 21, Remagen 1958.

Halperin Donghi, Tulio: Argentine Counterpoint: Rise of the Nation, Rise of the State, in: Klarén, Sara Castro / John Charles Chasteen (Hg.): Beyond Imagined Communities: Reading and Writing the Nation in Nineteenth-Century Latin America, Washington D.C. 2003, S. 33–54.

Hamann, Christoph / Alexander Honold: Kilimandscharo: Die deutsche Geschichte eines afrikanischen Berges, Berlin 2011.

Hansen, Peter H.: The Summits of Modern Man. Mountaineering after the Enlightenment, Harvard 2013.

Harnisch, Wilhelm: Die Weltkunde in einer planmässig geordneten Rundschau der wichtigsten neuen Land- und Seereisen für das Jünglingsalter und die gebildeteren aller Stände, auf Grund des Reisewerkes von Dr. Wilhelm Harnisch, Band 14, Leipzig 1855.

Hasche, Johann Christian: Umständlicher Beschreibung Dresdens, Band 2, Leipzig 1783.

Hausler, Bettina: Der Berg, Schrecken und Faszination, Zürich 2008.

Hänle, S. / K. von Spruner: Handbuch für Reisende auf dem Maine, Würzburg 1842.

Heard-Bey, Frauke: Die arabischen Golfstaaten im Zeichen der islamischen Revolution: innen-, aussen und sicherheitspolitische Zusammenarbeit im Golf-Rat, Bonn 1983.

Heberlein, Regine I.: Writing a national colony: the hostility of inscription in the german colonies, New York 2008.

Heidegger, Martin: Schöpferische Landschaft. Warum bleiben wir in den Provinz?, in: Der Alemanne. Kampfblatt der Nationalsozialisten Oberbadens, Folge 9, 7. März 1934, S. 1.

Heine, K. (Hg.): Geographisches Institut der Universität Bonn: Bonner geographische Abhandlungen, No. 42–44, Bonn 1970.

Heinrichs, Ann: West Virginia, Minneapolis 2003.
Heller, Josef: Muggendorf und seine Umgebungen oder die fränkische Schweiz, Bamberg 1829.
Hentschel, Uwe: Zum deutschen literarischen Philhelvetismus zwischen 1700 und 1850, Reihe Studien und Texte zur Sozialgeschichte zur Literatur, Berlin 2002.
Herbst, Dr. (Hg.): Historischer Verein Grafschaft Ravensberg zu Bielefeld, Jahresbericht, 11–14, Bielefeld 1897.
Hermann, Rudolf in: Neue Zürcher Zeitung, 7. September 2012.
Hidé, Ch. (Hg.): Société Académique de Laon: Bulletin de la Société Académique de Laon, Paris 1863.
Hinrichs, Emil: Illustierte Welt- und Länderkunde in drei Bänden, Band 3, Zürich 1969.
Hitschmann, Hugo H. (Hg.): Landwirtschafts-Gesellschaft in Wien: Allgemeine land- und forstwirtschaftliche Zeitung, Band 1, Wien 1866.
Hobbs, Richard Gear: Glamorous Galena and Joe Daviess County: The Little Switzerland of Illinois, Galena 1938.
Hochstetter, von, Ferdinand: Reise der österreichischen Fregatte Novara um die Erde in den Jahren 1857, Wien 1864.
Hodel, Tobias: Das kleine Digitale: Ein Plädoyer für Kleinkorpa und gegen Grossprojekte wie Google Ngram-Viewer, in: Gugerli, David / Michael Hagner / Caspar Hirschi / Andreas B. Kilcher / Patricia Purtschert / Philipp Sarasin / Jakob Tanner (Hg.): Nach Feierabend: Digital Humanities, Zürich und Berlin 2013, S. 103–119.
Hoelscher, Steven D.: Herritage on stage; the invention of ethnic place in America's Little Switzerland, Madison 1998.
Hoffmann, Michel: Wie alt ist der Name „Fränkische Schweiz"?, in Fränkische Blätter, No. 7, 1953, S. 25–27.
Hoffmann, Robert: Die Schweiz als Vorbild. Karl Maria Ehrenbert Freiherr von Moll und die Anfänge des alpinen Diskurses in den Ostalpen, in: Mathieu, Jon / Simona Boscani Leoni (Hg.): Die Alpen! Zur europäischen Wahrnehmungsgeschichte seit der Renaissance, Bern 2005, S. 205–222.
Hoibian, Olivier: L'invention de l'alpinisme: la montagne et l'affirmation de la bourgeoisie cultivée, 1786–1914, Berlin 2008.
Holmes, Richard: The Romantic Poets and Their Circle, London 2005.
Holmes, Richard S. (Hg.): The Westminster, Band 30, Philadelphia 1905.

Hood, Thomas (Hg.): The New Monthly Magazine and Humorist, London 1842.
Hopp, Werner: Argentinien; von den Tropen bis zur Arktis, Berlin 1955.
Housman, John: A Descriptive Tour, and Guide to the Lakes, Caves, Mountains and other Natural Curiosities, in Cumberland, Westmoreland, Lancashire, and a part of The West Riding of Yorkshire, London 1800.
Howe, Henry: Historical Collections of the Great West; containing narratives of the most interesting events in western history, Band 1, Cincinnati 1855.
Hübner, Marita: Protestantische Kultur und moderne Naturforschung, Göttingen 2010.
Hudson, Derek: Lewis Carroll and G.M. Hopkins & other papers, 1997.
Hue, Fernand: La Petite Revue, Illustrée, Paris 1889.
Human, A. (Hg.): Neue Landeskunde des Herzogtums Sachsen-Meiningen, Verein für sachsen-meiningische Geschichte u. Landeskunde Hildburghausen 1900.
Humboldt, von, Alexander: Central-Asien: Untersuchungen über die Gebirgsketten und die vergleichende Klimatologie, 1. Band, Zweiter Theil, Berlin 1844.
Hunter, James: The golden treasury of the history, topography, literature, science, art, and religion of the various countries of the globe: with biographies of their illustrious people, Philadelphia 1887.
Iggers, Gorg G.: Historiography in the Twentieth Century, From Scientific Objectivity to the Postmodern Challenge, London 1997.
Iggers, Gorg G. / Q. Edward Wang / Supriya Mukherjee: Geschichtskulturen; Weltgeschichte der Historiografie von 1750 bis heute, Göttingen 2013.
Imhoff, Abbé: Gargilesse et la petite Suisse berrichonne, Chateauroux 1924.
Industrial Pub. Co. (Hg.): Manufacturing and mercantile resources of the Lehigh Valley, Philadelphia 1881.
INST (Hg.): Die Namen der Berge, Internetpublikation 2002, <www.inst.at/berge>, Stand Januar 2012.
Internationale Alpenschutzkommission (Hg.): 1. Alpenreport: Daten, Fakten, Probleme, Lösungsansätze, Bern 1998.
Irmischer, B.: Am Deutsch-Deutschen Rand: Landschaft, Geschichte, Kultur und Wirtschaft entlang einer 1240 km langen Reiseroute am östlichen Rand der Bundesrepublik, Hamburg 1989.

Jahn, C. F.: Illustrirtes Reisebuch, Berlin 1847.
Jenny, von, Rudolf E.: Handbuch für Reisende in dem Oesterreichischen Kaiserstaate, Band 2, Wien 1823.
Jersch-Wenzel / Stefi Rürup Reinhard: Quellen zur Geschichte der Juden in den Archiven der Neuen Bundesländer, Band 4, Mannheim 1999.
Johnson, Samuel (Hg.): The works of the English poets from Chaucer to Cowper, Vol. IV, London 1810.
Johnston, Ross: West Virginia „the Switzerland of America"; a brief guide for tourists, Charleston 1926.
Jordan, W. (Hg.): Zeitschrift für Vermessungswesen, Deutscher Verein für Vermessungswesen, Band 23, 1894.
Joutard, Philippe: L'Invention du Mont Blanc, Paris 1986.
Jüngst, Ludwig Volrath: Die volksthümlichen Benennungen im Königreich Preussen, Berlin 1848.
Kalverkämper, Hartwig: Namen im Sprachaustausch: Namenübersetzung, in: Eichler, Ernst et al.: „Namenforschung. Ein internationales Handbuch zur Onomastik", Reihe Handbücher zur Sprach- und Kommunikationswissenschaft, Band 11, Berlin 1996. S. 1018–1025.
Kane, Joseph Nathan / Gerard L. Alexander: Nicknames and sobriquets of U.S. cities, States, and counties, London 1979.
Karkheck, Holger: Der Nahe „Ooohsten", in Bild.de, <http://www.bild.de/reise/bams/ibiza/reiseland – libanon-paris-des-nahen-osten-11623314.bild.html>, Stand Januar 2013.
Kearney, Seamus in Euronews: Lemberg,- „KleinParis" des Ostens, <http://de.euronews.com//2011/08/22/lemberg-klein-paris-des-ostens>, 22. August 2011, Stand Januar 2013.
Keinath, Walther: Orts- und Flurnamen in Württemberg, Stuttgart 1951.
Kendall, Patricia: India and the British; a Quest for Truth, London 1931.
Kettel, Thomas P.: Vollständige Geschichte der grossen amerikanischen Rebellion, Nach dem Englischen bearbeitet von Paul Löfer, Band 2, Hartford 1865.
Khalaf, Samir / Philip Shukry Khoury (Hg.): Recovering Beirut; urban design and post-war reconstruction, Leiden 1993.
Kiepert, Richard (Hg.): Globus, Illustrierte Zeit, Für Länder- und Völkerkunde, Band 73, Braunschweig 1898.
Klausener, Erich / Otto Constantin / Erwin Otto Stein: Monographien Deutscher Landkreise; Der Landkreis Moers, Berlin-Friedenau 1926.
Klemm, Heinz: Die Entdeckung der Sächsischen Schweiz, Dresden 1958.

Klocksin, Jens: Reiseführer Mecklenburgische Schweiz. Land und Leute zwischen Müritz und Demmin, Güstrow und Neubrandenburg, Berlin 1998.
Klute, Fritz: Handbuch der geographischen Wissenschaft, Band 10, Akademische Verlagsgesellschaft Athenaion, Potsdam 1930.
Knaapi-Rung, Hilkka / Ritva Salokangas: Villes de Finlande, Helsingfors 1976.
Kotschky, Theodor: Aus dem Bulghar Dagh des cilicischen Taurus, in: Zeitschrift für allgemeine Erdkunde, Gesellschaft für Erdkunde zu Berlin, Berlin 1856, S. 121–138.
Kotzebue, von, Otto / Johann Friedrich Eschscholtz: A new voyage round the world in the years 1823, Band 2, London 1823.
Kramer, Dieter: Aspekte der Kulturgeschichte des Tourismus, in: Zeitschrift für Völkerkunde, 78. Jahrgang, 1982, S. 1–13.
Krempien, Petra: Geschichte des Reisens und des Tourismus: Ein Überblick von den Anfängen bis zur Gegenwart, Limburgerhof 2000.
Kronsteiner, Otto: Internationale Gemeinsamkeiten bei der Benennung von Bergen, in:) INST (Hg.): Die Namen der Berge, <http://www.inst.at/berge/namen.htm>, Wien 2002, S. 65–68, Stand Dezember 2012.
Krüger, Karl: Weltpolitische Länderkund, Berlin 1953.
Kruse, Friedrich C.: Ur-Geschichte des Esthnischen Volksstammes und der Kaiserlich-Russischen Ostseeprovinzen Liv-, Esth- und Curland überhaupt, bis zur Einführung der christlichen Religion, Moskau 1846.
Kummer, Friedrich: Dresden und das Elbgelände, Verein zur Förderung Dresdens und des Fremdenverkehrs, Dresden 1912.
Kunze, Dr. (Hg.): Historischer Verein für Niedersachsen (Hg.): Hannoversche Geschichtsblätter, Band 29–30, Hannover 1926.
Kurz, Marcel (Hg.): Schweizerische Stiftung für alpine Forschung: Berge der Welt, Band 3, Bern 1948.
Lacey, Michael James: The Truman Presidency, Cambridge 1991.
Lambert, M. (Hg.): Mercure de France, Paris 1784.
Langlois-Lauvernière, Hélène: Fleurs de Bretagne, Grenoble 1945.
Lassen, Christian: Indische Alterthumskunde, Leipzig und London 1843.
Laube, Heinrich: Die Bandomire: Kurische Erzählung, Band 1, Leipzig 1842.
– Drei Königsstädte im Norden, Band 2, Leipzig 1845.
– Neue Reisenovellen, Mannheim 1837.
Lawrence, Joseph (Hg.): The Railway Magazine, Band 5, London 1899.

Lederer, Gustav (Hg.): Internationaler Entomologischer Verein: Entomologische Zeitschrift, Band 59, Frankfurt a. M. 1949.
Lefrançois, Auguste Louis: Quand les Allemands occupaient la Manche: 1940–1944, Coutances 1979.
Lehmann, Johannes Georg: Untersuchungen über die Entstehung der altkrystallinischen Schiefergesteine, Bonn 1884.
Lehmann, Joseph (Hg.): Magazin für die Literatur des Auslandes, Band 15–16, Berlin 1839.
– Magazin für die Literatur des Auslandes, Band 27–28, Berlin 1845.
Lejeune, Dominique: Les „Alpinistes" en France (1875–1919), Paris 1988.
Lindgren, Ute (Hg.): Alpenübergänge vor 1850: Landkarten – Strasse – Verkehr, Stuttgart 1987.
Liss, Carl Christoph: Die Besiedlung und Landnutzung Ostpatagoniens, unter besonderer Berücksichtigung der Schafestancien, Göttinger geographische Abhandlungen, Göttingen 1978.
Locher, Franz: Allgemeine Geographie, oder Lehrbuch der Erdkunde für Gymnasien, Real und höhere Bürger-Schulen, Regensburg 1852.
Löwis of Menar, von, Karl: Führer durch die Livländische Schweiz mit den Burgen: Segewold, Treyden, Kremon, die Kreisstädte Wenden und Wolmar mit Umgebung und dem Aatal von Wolmar bis zum Aa-Düna-Kanal, Riga 1909.
Luxardo, Hervé: Les Paysans, Paris 1981.
Lydston, Frank G.: Health Resorts of New Zealand, in: Gould, George Milbry / James Hendrie Lloyd (Hg.): The Philadelphia Medical Journal, Vol. 11, Philadelphia Medical Pub. Co., Philadelphia 1903, S. 66–68.
Mache, Birgit: Im Rampenlicht; 100 Jahre Theater am Schillerplatz in Cottbus, Cottbus 2008.
Mack, Gerhard in: Neue Zürcher Zeitung, 7. Oktober 2012.
MacLeod, Norman (Hg.): Good Words, Band 27, London 1886.
Maedel, Karl Ernst (Hg.): Lok Magazin, Band 28–33, Stuttgart 1968.
Maissen, Thomas: „Ein helvetisch Alpenvolck". Die Formulierung eines gesamteidgenössischen Selbstverständnisses in der Schweizer Historiographie des 16. Jahrhunderts, in: Baczkowski, K. / Christian Simon (Hg.): Historiographie in Polen und in der Schweiz, Krakow 1994, S. 69–86.
Manzenreiter, Wolfram: Die soziale Konstruktion des japanischen Alpinismus: Kultur, Ideologie und Sport im modernen Bergsteigen, Wien 2000.

Marchal, Guy P.: Das „Schweizeralpenland": eine imagologische Bastelei, in: Marchal, Guy P. / Aram Mattioli (Hg.): Erfundene Schweiz. Konstruktion nationaler Identität, Zürich 1992, S. 37–49. Vermerkt als 1992a.
– La naissance du mythe du St. Gotthard, in: Bergier, Jean Francoise / Sandro Guzzi (Hg.): La découverte des Alpes – La scoperta delle Alpi – Die Entdeckung der Alpen, Actes du Colloque Latsis 1990, Zürich 1.–2 novembre 1990, Basel 1992, S. 35–53. Vermerkt als 1992b.

Marie, Alexandre / Frédéric Henri Moll: Une ame de colonial: lettres du Lieutenant Colonel Moll, Paris 1912.

Martin, John Hill: Historical Sketch of Bethlehem in Pennsylvania; with some account of the Moravian Church, Philadelphia 1873.

Martinengo, Eduardo: Die Berggebietspolitik in Italien und die Schlüsselprobleme der Entwicklung des italienischen Alpenraums, in: Bätzing, Werner / Messerli Paul: Die Alpen im Europa der neunziger Jahre. Ein ökologisch gefährderter Raum im Zentrum Europas zwischen Eigenständigkeit und Abhängigkeit, Geographica Bernensia 22, Bern 1991, S. 205–229.

Martinich, A. P.: Hobbes; A Biography, Cambridge 1999.

Mathieu, Jon: Alpenwahrnehmung: Probleme der historischen Periodisierung, in: Mathieu, Jon / Simona Boscani Leoni (Hg.): Die Alpen! Zur europäischen Wahrnehmungsgeschichte seit der Renaissance, Bern 2005, S. 53–72.
– Die dritte Dimension; Eine vergleichende Geschichte der Berge in der Neuzeit, Basel 2011.
– Landschaftsgeschichte global: Wahrnehmung und Bedeutung von Bergen im internationalen Austausch des 18. bis 20. Jahrhunderts, in: Schweizerische Zeitschrift für Geschichte, Bd. 60, 2010, Nr. 4, S. 412–427.
– Zur alpinen Diskursforschung. Ein Manifest für die „Wildnis" von 1742 und drei Fragen, in: Geschichte und Region / Storia e regione, 11/1, 2002, S. 103–125.

Mathieu, Jon / Simona Boscani Leoni (Hg.): Die Alpen! Zur europäischen Wahrnehmungsgeschichte seit der Renaissance, Bern 2005.

Matz, B. W. (Hg.): The Dickensian, Band 13, London 1917.

Maurer, Eva: Wege zum Pik Stalin; Sowjetische Alpinisten, 1928–1953, Zürich 2010.

Mayer, Gaea, E. H. (Hg.): Gaea, Band 29, Leipzig 1893.

McClure, Samuel (Hg.): Outing and the Wheelman, Band 5, Albany 1885.

McDonald, E. M.: Proceedings of the Grand Lodge of the Most Ancient and Honorable Order of Free and Accepted Masons of Nova Scotia, 1917.

McNeill, William H.: A Defence of World History: The Prothero Lecture, in: Transactions of the Royal Historical Society, 5. Serie, Band 32, Cambridge 1982, S. 75–89.

Measom, George: Great Western Railway, The official guide to the Great Western Railway, London 1884.

Medicus, Ludwig Wallrath: Bemerkungen über die Alpen-Wirthschaft auf einer Reise durch die Schweiz gesammelt, Leipzig 1795.

Mein Smith, Philippa: A Concise History of New Zealand, Cambridge 2005.

Mentelle, Edme: Mappe-Monde physique: carte premier de L'Atlas nouveau: avec privilege par Mr. l'abbé Mongez Journal de Physique, Paris 1779.

Merian, Band 39, Hamburg 1986.

Mettig, Constantin: Die livländische Schweiz in Wort und Bild, Riga 1901.

Meyer, Friedrich: Darstellungen aus Russlands Kaiserstadt und ihrer Umgebung, Hamburg 1829.

Meyer, Karin: Von „Amerika" bis „Waterloo": Toponymische Nachbenennung nach ausserschwedischen Vorbildern in Gävleborgs und Uppsala län, Zürich 2005.

Mielsch, Hans-Ulrich: Sommer 1816; Lord Byron und die Shelleys am Genfer See, Zürich 1998.

Milius, Erich: Der hessische Landkreis Friedberg, Aalen 1966.

Mills, Robert: Statistics of South Carolina; including a view of its natural, civil, and military history, general and particular, Charleston 1826.

Mintz, Samuel I.: The Hunting of Leviathan, Cambridge 1962.

Moll, von, Karl Maria Ehrenbert: Neue Jahrbücher der Berg- und Hüttenkunde, Band 5, Nürnberg 1824.

Moreno, Fransisco: Viaje á la Patagonia austral emprendido bajo los auspicios del gobierno nacional 1876–1877, Buenos Aires 1879.

Moreno Terrero de Benites, Adela: Recuerdos de mi abuelo Francisco Pascasio Moreno: „el perito Moreno", Buenos Aires 1988.

Morley, Michael: The Global Corporate Brand Book, New York 2009.

Mutuelle Assurance Automobile des Instituteurs de France (Hg.), Vosges, Alsace, Paris 1959.

Müller, Alfred: Geschichte des Deutschen und Österreichischen Alpenvereins, Münster 1980.

Müller, Karl, in: Botanische Zeitung 7. Jahrgang, 6. April 1849, Siebenter Jahrgang, Berlin 1849, S. 254.
Müller, Wilhelm: Kaiser Friedrich, Stuttgart 1888.
Namur, J.: Geschichte und Arbeit: Eine cultur-historische Skizze, Echternach 1872.
National Geographic Society (U.S.) (Hg.), Special Publications Division: Isles of the Caribbean, Washington D.C. 1980.
Neischl, Albert: Wanderungen im nördlichen Frankenjura; Eine geographisch-geologische Skizze, Bamberg 1908.
Neschen, Josef: Uruguay; Besonderheiten eines Verfassungs-Systems, Berlin 1972.
Nestler, Friedrich Hermann: Hamburg und Altona; Eine Zeitschrift der Zeit, der Sitten und des Geschmacks, Heft VII, Hamburg 1805.
Neues Hannoverisches Magazin, 18. Jahrgang, 6. Juni 1809, Hannover 1809.
Neumann, Karl (Hg.): Gesellschaft Für Erdkunde Zu Berlin: Zeitschrift für allgemeine Erdkunde, Neue Folge, Erster Band mit 9 Karten, Berlin 1856.
Nikolai, Carl Heinrich: Wegweiser durch die Sächsische Schweiz, Pirna 1801.
Nitzschner, J. F.: Aus der Soldatenwelt: Erlebtes und Erlauschtes von einem müssigen Kriegschnechte, Band 2, Stuttgart 1852.
Nobs, Beat: Vom Eiger in die Rockies. Berner Oberländer Bergführer im Dienste der Canadian Pacific Railway, Bern 1987.
Norris, Dermot: Kashmir; The Switzerland of India, Calcutta 1932.
Olivier, J. (Hg.): Revue Suisse et Chronique Littéraire, VIII Année, Lausanne 1845.
O'Shea, Michael Vincent / Ellsworth D. Foster / George Herbert Locke: The World Book: Organized Knowledge in Story and Picture, Band 1, New York 1917.
Osterhammel, Jürgen: Die Verwandlung der Welt. Eine Geschichte des 19. Jahrhunderts, München 2009.
– „Weltgeschichte". Ein Propädeutikum, in: Geschichte in Wissenschaft und Unterricht 56, 2005, S. 452–479.
Osterhammel, Jürgen / Niels P. Petersson: Geschichte der Globalisierung. Dimensionen, Prozesse, Epochen, München 2003.
Otero, Adriana / Lia Nakayama / Susana Marioni / Elisa Gallego / Alicia Lonac / Andrés Dimitriu / Rodrigo Gonzales / Claudia Hosid:

Amenity Migration in the Patagonian Community of San Martin de los Andes, Nequén, Argentina, in: Moss, Laurence (Hg.): The Amenity Migrants; Seeking and Sustaining Mountains and their Cultures, Trowbridge, 2006, S. 200–212.

Parkinson, Sydney: Journal: <http://nla.gov.au/nla.cs-ss-jrnl-parkinson-168>, Stand Februar 2013.

Partsch, Joseph: Schlesien: Eine Landeskunde für das deutsche Volk auf wissenschaftlicher Grundlage, Band 2, Breslau 1896.

Passarelli, Pasquale: Guida alla consultazione, Istituto enciclopedico italiano, Monteroduni 1997.

Passy, Louis (Hg.): Académie d'agriculture de France, Bulletin des séances, Nr. 65, Paris 1905.

Payne, John: Universal Geography formed into a new entire System, Dublin 1794.

Pedro, Floria Navarro: Historia de la Patagonia, Ciudad 1999.

Pennant, Thomas: Arctic Zoology, 3. Band, London 1792.

Perkins, John L.: A Day in the Life, Booklocker, 2005.

Pernau, Margrit: Transnationale Geschichte, Göttingen 2011.

Petermann, August (Hg.): Justus Perthes' Geographische Anstalt: Mittheilungen aus Justus Perthes' Geographischer Anstalt über wichtige neue Erforschungen auf dem Gesammtgebiete der Geographie, Band 10, Gotha 1864.

Philip, Albert / M. Esmonet: La Suisse en Provence: la haute vallée des Thorencs près Grasse, Cannes et Nice, 1898.

Philippi, Rudolph Amandus: Reise durch die Wüste Atacama, Santiago 1860.

Philllips, Jock / Bronwyn Dalley (Hg.): Going Public: The Changing Face of New Zealand History, Auckland 2001.

Pichot, Amédée: Historical and literary tour of a foreigner in England and Scotland, Band 2, London 1825.

Pieper, Walter (Hg.): Naturhistorische Gesellschaft Hannover: Bericht der Naturhistorischen Gesellschaft zu Hannover, Nr. 105–110, Hannover 1961.

Pilat, von, Joseph Anton Edler: Oesterreichischer Beobachter, Wien 1839.

Pinnock, William: A Comprehensive System of Modern Geography and History, New York 1835.

Plänckner, von, Johann: Die Fränkische Schweiz. Taschenbuch für Reisende, Leipzig 1841.

Plüschow, Günther: Segelfahrt ins Wunderland, Berlin 1926.
Pockwitz, August: Festschrift zur 50 jährigen Jubelfeier des Provinzial-Landwirtschaft- Vereins zu Bremervörde, Stade 1885.
Pointel (Hg.): Le Monde Illustré: Journal Hebdomadaire, N. 416, Paris 1865.
Polenz, Kathrin: Christian Kefersteins Weg nach Teutschland, in: Siegel, Steffen / Petra Weigel (Hg.): Die Werkstatt des Kartographen, Materialien und Praktiken visueller Welterzeugung, München 2011, S. 67–88.
Polenz, von, Peter: Landschafts- und Bezirksnamen im frühmittelalterlichen Deutschland. Untersuchungen zur sprachlichen Raumerschliessung, Band 1, Namentypen und Grundwortschatz, Marburg 1961.
Porter, Darwin / Danforth Prince / Alexis Lipsitz Flipin / Christina Paulette: Frommer's Caribbean, Hoboken 2011.
Poser, von, Fabian: in: Spiegel Online: <http://www.spiegel.de/reise/aktuell/spitzname-paris – des – ostens-stadt-der-liebe-weltweit-a-783200.html>, 30. August 2011, Stand Januar 2013.
Pridham, Charles: England's Colonial Empire: Ceylon and its Dependencies, Band 1, London 1817.
Priem, Fernand: La terre avant l'apparition de l'hommea périodes géologiques, faunes et flores fossiles, géologie régionale de la France, Paris 1893.
Pückler-Muskau, Hermann: Tuttolasso's Wanderungen durch Deutschland, Polen, Ungarn und Griechenland, Stuttgart 1839.
Radbruch, Gustav / Rudolf Bülck / Friedrich Hoffmann / Carl Locht / Hedwig Sievert: Mitteilungen der Gesellschaft für Kieler Stadtgeschichte, 1953–1957, Nr. 48, Kiel 1957.
Rath, vom, Gerhard: Naturwissenschaftliche Studien: Erinnerungen an die Pariser Weltausstellung 1878, Bonn 1879.
Rathsburg, Alfred: Geomorphologie des Flöhagebietes im Erzgebirge, Band 15, Stuttgart 1904.
Raymond, Petra: Von der Landschaft im Kopf zur Landschaft aus Sprache. Die Romantisierung der Alpen in den Reiseschilderungen und die Literarisierung des Gebirges in der Erzählprosa der Goethezeit, Tübingen 1993.
Reichen, Quirinus: „…wohin alle Anbeter der Natur pilgern". Zu den Anfängen des Fremdenverkehrs im Berner Oberland, in: Unsere Kulturdenkmäler. Mitteilungen für die Mitglieder der Gesellschaft für Schweizerische Kunstgeschichte, 48 Jahrgang, Nr. 2, 1989, S. 155–122.

Reichenbach, von, Karl Ludwig: Geologische Mittheilungen aus Mähren, Wien 1834.

Reichler, Claude: Entdeckung einer Landschaft. Reisende, Schriftsteller, Künstler und ihre Alpen, Zürich 2005.

Reichler, Claude / Roland Ruffieux: Le Voyage en Suisse. Anthologie des voyageurs francais et européens, de la Renaissance au XXe siècle, Paris 1998.

Reid, Christian: „The Land of the Sky": Or, Adventures in Mountain Byways, New York 1875.

Reinfandt, Christoph: Englische Romantik, Berlin 2008.

Rennell, James: Memoir of a map of Hindoostan; or, The Mogul empire, London 1788.

Rentenaar, Robert: Namen im Sprachaustausch: Toponymische Nachbenennung, in: Eichler, Ernst et al.: Namenforschung. Ein internationales Handbuch zur Onomastik", Reihe Handbücher zur Sprach- und Kommunikationswissenschaft, Band 11, Berlin 1996, S. 1013–1017.

Richardson, Lady, Mary: Concealment, London 1837.

Richter, Rud. (Hg.): Senckenbergische Naturforschende Gesellschaft: Natur und Museum, Band 67, Frankfurt a. M. 1937.

Ritter, Carl: Die Erdkunde im Verhältniss zur Natur und zur Geschichte des Menschen, oder allgemeine vergleichende Geographie, Teil 6, Berlin 1838.

– Erdkunde von Asien, 3. Band, Allg. vergleichende Geographie, Berlin 1834.

Robbins, David: Sport, Hegemony and the Middle Class; the Victorian Mountaineers, in: Theory, Culture and Society, Band 4, London 1987, S. 579–601.

Rodriguez, Julia: Civilizing Argentina: Science, Medicine, and the Modern State, Chapel Hill 2006.

Rohde, Hans: Die Deutsche Auslands- und Meeresforschung seit dem Weltkriege, Berlin 1931.

Rohmeder, Wilhelm: Argentinien, eine landeskundliche Einführung, Buenos Aires 1943.

Rohrbach, Paul: Amerika und Wir, Berlin 1926.

Roscher, Dagmar: Corporate Wording – der gezielte Einsatz der Sprache in der Unternehmenskommunikation, München und Ravensburg 2010.

Rose, Thomas: The British Switzerland; or Picturesque Rambles in the English Lake District, London 1858.

Rosenthal, Eric: African Switzerland; Basutoland of Today, Juta 1948.
Rosenthal, Isidor: Ausflug in die Holsteiner Schweiz, in: Rosenthal, Isidor (Hg.): Biologisches Zentralblatt, Band 16, Leipzig 1896, S. 624.
Rosenthal, Regine: Orte des Wanderns: Städtische und globale Räume im Werk Yvan Golls, in: Schmeling, Manfred / Monika Schmitz-Emans (Hg.): Das Paradigma der Landschaft in Moderne und Postmoderne; (Post-) Modernist Terrains: Landscapes – Settings – Spaces, Würzburg 2007.
Rossel, Alfred in: Société d'horticulture de Cherbourg: Bulletin de la Société d'horticulture de Cherbourg, Nr. 3, Cherbourg 1872.
Röthlisberger, Ernst: Südamerikanische Streitfragen, zu Ende des XIX und Beginn des XX Jahrhunderts, Bern 1904.
Royal Association of Guides of Bruges and West-Flanders (Hg.): Bruges, City of Art; Illustrated Guide with Map of City, 1969.
Rudolf (Erzherzog): Die Österreichisch-Ungarische Monarchie in Wort und Bild, Wien 1894.
Rupani, Bob: Driving Holidays in India, Mumbai 2005.
Sächsische Pestalozzivereine (Hg.): Bunte Bilder aus dem Sachsenlande: für Jugend und Volk, Leipzig 1909.
Salkeld, R. W. (Hg.): The Durham University Journal, Volume 12, Issues 7–15, Durham 1896.
Sames, Carl Wolfgang / Wolfgang Wagner: Pazifik: Weltwirtschaftszentrum von morgen, New York 1988.
Sarasin, Philipp: Sozialgeschichte vs. Foucault im Google Books Ngram Viewer: Ein alter Streitfall in einem neuen Tool, in: Maeder, Pascal / Barbara Lüthi / Thomas Mergel: Wozu noch Sozialgeschichte? Eine Disziplin im Umbruch, Göttingen 2012, S. 151–174.
Sartori, Franz: Die Österreichische Schweiz; oder malerische Schilderung des Salzkammergutes in Österreich ob der Enz, Wien 1813.
Scandizzo, Hernan: „Indio significaba otra cosa más que aquel vasallo que agacha la cabeza permanentemente", in: <http://www.argentina.indymedia.org/news/2004/01/164922.php>, Stand Februar 2013.
Schama, Simon: Der Traum von der Wildnis. Natur als Imagination, München 1996.
Scharfe, Wolfgang: Kartographiegeschichte- Grundlagen- Aufgaben- Methoden, in: 4. Kartographiehistorisches Colloquium Karlsruhe 1988, Vorträge und Berichte, Berlin 1990, S. 2–6.

Schebesta, Paul: Menschen ohne Geschichte: eine Forschungsreise zu den „Wild"-Völkern der Philippinen und Malayas 1938/39, St. Gabriel 1947.

Schelhaas, Bruno / Ute Wardenga: Inzwischen spricht die Karte für sich selbst, in: Siegel, Steffen / Petra Weigel (Hg.): Die Werkstatt des Kartographen, Materialien und Praktiken visueller Welterzeugung, München 2011, S. 89–108.

Schell, George M. (Hg.): Motor West Magazine, Automotive Trade Authority of the Pacific Region, Band 26, 1916.

Schemmel, Bernhard: Die Entdeckung der Fränkischen Schweiz. Ausstellung der Staatsbibliothek Bamber, Bamberg 1979.

- Die Entdeckung der Fränkischen Schweiz im Spiegel der Graphik. Ausstellung der Staatsbibliothek Bamber, Bamberg 1988.

Schilcher, Linda Schatkowski / Claus Scharf (Hg.): Der Nahe Osten in der Zwischenkriegszeit 1919–1939, Stuttgart 1989.

Schimmer, Karl August: Das Kaiserthum Oesterreich, in seinen merkwürdigsten Städten, Band 1, Wien und Darmstadt 1838.

Schinz, Hans: Deutsch-Südwest-Afrika; Forschungsreisen durch die deutschen Schutzgebiete Gross-Nama- und Hereroland, nach dem Kunene, dem Ngami-See und der Kalaxari, 1884–1887, Oldenburg und Leipzig 1891.

Schmidt, Paul: Die Strassen des Freistaates Sachsen; geographisch betrachtet, Leipzig 1935.

Schmitz, Otto: Die Finanzen Mexikos: Nach den neusten amtlichen und sonstigen Quellen, Leipzig 1894.

Schnabel, Lothar: Die Altnürnberger Landschaft und die Schweiz-Bezeichnungen in der Umgebung von Nürnberg. Blätter für oberdeutsche Namenforschung 21, Nürnberg 1984, S. 9–14.

- Die „Schweiz" Bezeichnungen in der Landschaft östlich von Nürnberg, Frankenland N.F. 41, Nürnberg 1989, S. 1–6.

Schneider, Camille: Guide officiel de Wangenbourg et des environs. La „Suisse d'Alsace", Wangenbourg-Engenthal 1939.

Schneider, Ludwig: Bad Gleisweiler bei Landau in Rheinbayern, Landau 1853.

Schnoy, Sebastian: Paris des Ostens & Rom vor der Haustür, in: Frankfurter Neue Presse, <http://www.fnp.de/fnp/themen/kolumne/ vom-paris-des-ostens-rom-vor- der haustuer_5rmn01.c.4404742.de.html>, Stand Januar 2013.

Schnürer, Franz (Hg.): Allgemeines Literaturblatt, Band 14, Wien und Leipzig 1905.

Schreiber, Dagmar: Kasachstan: Auf Nomadenwegen zwischen Kaspischem Meer und Altaj, Berlin 2009.

Schubert, von, Gotthilf Heinrich: Ansichten von der Nachseite der Naturwissenschaft, Dresden 1840.

Schüle, Klaus: Paris; die kulturelle Konstruktion der französischen Metropole; Alltag, mentaler Raum und sozialkulturelles Feld in der Stadt und in der Vorstadt, Opladen 2003.

Schulthess, H. (Hg.): Schulthess' europäischer Geschichtskalender, Neunter Jahrgang, Nördlingen 1869.

Schultz, Carl Heinrich: Lehrbuch der allgemeinen Krankheitslehre, Band 2, Berlin 1845.

Schunka, Alexander: Das Rohe, das Gekochte – und das Kochrezept, in: Siegel, Steffen / Petra Weigel (Hg.): Die Werkstatt des Kartographen, Materialien und Praktiken visueller Welterzeugung, München 2011, S. 143–160.

Schütte, H. (Hg.): Heimatkunde des Herzogtums Oldenburg, Oldenburgischer Landeslehrerverein, Oldenburg 1913.

Schwartz, Ernst: Die Ortsnamen der Sudetenländer als Geschichtsquelle, 1. Auflage 1931, 2. Auflage, München 1961.

Schwartz, Vanessa: Spectacular Realities, Berkeley und Los Angeles 1999.

Schweizerbart, E. (Hg.): Zentralblatt für Geologie und Paläontologie, Allgemeine und angewandte Geologie einschl. Lagerstättengeologie, regionale Geologie, Ausgaben 7-10, Münster 1983.

Schweizerische Gesellschaft für Asienkunde (Hg.): Asiatische Studien, Zeitschrift der Schweizerischen Gesellschaft für Asienkunde, Band 57, Ausgaben 3–4, Bern 2004.

Schwerdt, Heinrich: Album des Thüringerwaldes; zum Geleit und zur Erinnerung, Leipzig 1859.

Scott, Fred W.: Clifton William Scott and Mildred Evelyn Bradford Scott of Ashfield, Band 1, Lincoln 2004.

Sealsfield, Charles: The Americans as they are: described in a tour through the valley of the Mississippi, London 1828.

Séché, Léon (Hg.): La Revue illustrée de Bretagne et d'Anjou, Juni 1889.

Segbers, Hilke: Auf Evitas Spuren im Paris des Südens in NWZ-Online, <http://www.nwzonline.de / reisen/auf-evitas-spuren-im-paris-des-suedens_a_1,0,2767909144.html>, 24. April 2010, Stand Januar 2013.

Seitz, Gabriela: Wo Europa den Himmel berührt. Die Entdeckung der Alpen, München 1987.
Service Géologique de Belgique (Hg.): Texte Explicatif du Levé Géologique de la Planchett, Bruxelles 1910.
Sidney Morning Herald, 5. April 2010.
Siedentop, Irmfried: Der „Schweiz"- Begriff auf andere Landschaften übertragen. Zeitschrift für Wirtschaftsgeographie 17, Zürich 1973, S. 9–12.
– Die geographische Verbreitung der Schweizen, in: Geographica Helvetica, Nr. 1, 1977, S. 33–43.
– Die Schweizen – eine fremdenverkehrsgeographische Dokumentation, in Zeitschrift für Wirtschaftsgeographie 28, Zürich 1984, S. 126–130.
– Schweizer Landschaften in aller Welt. In: Schweizerische Kreditanstalt, Bulletin 84/7, Zürich 1978, S. 35–39.
Sieder, Reinhard / Ernst Langthaler (Hg.): Globalgeschichte, 1800–2010, Wien 2010.
Sieder, Reinhard / Ernst Langthaler: Was heisst Globalgeschichte?, in: Sieder, Reinhard / Ernst Langthaler (Hg.): Globalgeschichte, 1800–2010, Wien 2010, S. 9–38.
Siegel, Steffen: Die ganze Karte. Für eine Praxeologie des Kartographischen, in: Siegel, Steffen / Petra Weigel (Hg.): Die Werkstatt des Kartographen, Materialien und Praktiken visueller Welterzeugung, München 2011, S. 7–28.
Siegel, Steffen / Petra Weigel (Hg.): Die Werkstatt des Kartographen, Materialien und Praktiken visueller Welterzeugung, München 2011.
Siegrist, Dominik: Sehnsucht Himalaya. Alltagsgeographie und Naturdiskurs in deutschsprachigen Bergsteigerreiseberichten, Zürich 1996.
Siffer, Alphonse (Hg.): Magasin littéraire – Band 10, Teil 1, Gand 1893.
Simmen, Helen / Felix Walter / Michael Marti: Den Wert der Alpenlandschaft nutzen: Thematische Synthese zum Forschungsschwerpunkt IV „Raumnutzung und Wertschöpfung" des Nationalen Forschungsprogrammes 48 „Landschaften und Lebensräume der Alpen" des Schweizerischen Nationalfonds SNF, Bern 2006.
Société anonyme des Editions de l'Ouest (Hg.): La Province d'Anjou, Angers 1929.
Sociéte belge de librairie (Hg.): Revue bibliographique belge: rédigée par une reunion d'écrivains; suive d'un Bulletin bibliographique international, Band 1, Bruxelles 1889.

- Revue bibliographique belge: rédigée par une reunion d'écrivains; suive d'un Bulletin bibliographique international, Band 7, Bruxelles 1895.
Société des Sciences Historiques et Naturelles de l'Yonne, Auxerre (Hg.): Bulletin de la Société des Sciences Historiques et Naturelles de l'Yonne, Auxerre 1865.
Southey, Rev. Charles Cuthbert (Hg.): The Life And Correspondence of Robert Southey. Second Edition in six volumes, Vol. I., London 1849.
Spemann, W. (Hg.): Vom Fels zum Meer; Spemann's Illustrirte Zeitschrift für das Deutsche Haus, Stuttgart 1885.
Spencer, Stephanie: Francis Bedford, Landscape Photography and Nineteenth-Century British Culture; The Artist as Enterpreneur, Burlington 2011.
Sporschil, Johann: Leipzig, Meissen, Dresden und die sächsische Schweiz, Leipzig 1844.
Sproull, John W. (Hg.): The reformed Presbyterian and Covenanter, Band 27, Shinkle 1889.
Stadtarchiv Düsseldorf (Hg.): Stadt Düsseldorf; <http://www.duesseldorf.de/stadtarchiv/ stadtgeschichte /gestern_heute/b_08_ stadtgeschichte.shtml> Düsseldorf Klein Paris, Stand Januar 2013.
Staples, Chas R. (Hg.): Kentucky Progress Magazine, Band 4, Lexington 1931.
Stefani, Guglielmo: Dizionario corografico degli Stati Sardi di Terraferma, Band 1, Milano 1854.
Steffen, Hans: Westpatagonien: Die patagonischen Kordilleren und ihre Randgebiete. Auf eigene reisen gegründete Landschaftsdarstellung, verbunden mit einem abriss der Erforschungsgeschichte des Gebiets, in Gesellschaft für Erdkunde zu Berlin, Band 1, Berlin 1919.
Steiger, Rudolf: Johann Jakob Scheuchzer (1672–1733). Werdezeit (bis 1699), Zürich 1927.
- Verzeichnis des wissenschaftlichen Nachlasses von Johann Jakob Scheuchzer (Vierteljahresschrift der Naturforschenden Gesellschaft in Zürich LXXVIII), Zürich 1933.
Steinsträsser, Inge: Wanderer zwischen den politischen Mächten: Pater Nikolaus von Lutterotti OSB (1892–1955) und die Abtei Grüssau in Niederschlesien, Köln 2009.
Stender, Emil: Wanderungen um Hamburg, Hamburg 1925.
Stephan, John J.: Hawaii Under the Rising Sun; Japan's Plans for Conquest after Pearl Harbor, Honolulu 2002.

Stephen, Leslie: The Playground of Europe, London 1871.
Stevenson, Henry / Thomas Southwell: The birds of Norfolk, London 1866.
Stockton & Copperopolis Railroad Company (Hg.): Prospectus of the Stockton & Copperopolis Railroad Company, Stockton 1870.
Stoler, Ann Laura: Tensions of Empire. Colonial Culture in a Burgeois World, Berkley 1997.
Stoll, Otto: Guatemala; Reisen und Schilderungen aus den Jahren 1878–1883, Leipzig 1886.
Stollberg, Otto (Hg.): Verband Deutscher Vereine im Ausland: Wir Deutsche in der Welt, Berlin 1936.
Stolle, Alfred: Das Verkehrswesen im Ennepe-Ruhrkreis, Köln 1934.
Stratz, Carl Heinrich: Die Körperformen in Kunst und Leben der Japaner, Stuttgart 1904.
Streifenefer, Thomas Philipp: Die Agrarstruktur in den Alpen und ihre Entwicklung unter Berücksichtigung ihrer Bestimmungsgründe – Eine alpenweite Untersuchung anhand von Gemeindedaten, Dissertation, München 2009.
Stremlow, Matthias: Die Alpen aus der Untersicht. Von der Verheissung der nahen Fremde zur Sportarena. Kontinuität und Wandel von Alpenbildern seit 1700, Bern 1998.
Stute, Franz: Studien und Quellen zur westfälischen Geschichte, Verein für Geschichte und Altertumskunde Westfalens, Abteilung Paderborn, Band 18, Vürtheim 1978.
Subrahmanyam, Sanjay: Par-delà l'incommensurabilité, in: Revue d'histoire moderne et contemporaine, 54.4–4, 2007, S. 34–53.
Sullivan, William K.: Notes on the Geology and Mineralogy of the Spanish Provinces of Satander and Madrid, Band 4, London 1863.
Sutherland, James Middleton: Douglas, and other poems, Douglas 1883.
The British Friend, A Monthly Journal, Nr. 3, Band 24, Glasgow 1866.
The Cambrien, Band 23, New York 1903.
The Gardeners Chronicle and new Horticulturist, London 1935.
The Japan Times, 21. April 2002.
The New York Times, 20. September 1886.
The Speaker: A review of Politics, Letters, Science, and the Arts, Band 19, London 1899.
The Washington Newspaper, A Publication Dedicated to the Study and Improvement of Journalism in Washington, Bände 7–8, 1921.

Theil, H. (Hg.): Landwirtschaftliche Jahrbücher: Zeitschrift für wissenschaftliche Landwirtschaft, Band 18, Berlin 1889.

Theodor Storm Gesellschaft (Hg.): Schriften der Theodor Storm Gesellschaft, Band 9–15, Boyens 1960.

Thompson, Jerry: Winfield Scott's Army of Occupation as Pioneer Alpinist: Epic Ascent of Popcatepetl and Citlaltepetl, Southwestern Historical Quarterly 105/4, 2002.

Thorn, William: Der Krieg in Indien in den Jahren 1803 bis 1806 geführt von dem General Lord Lake Oberfeldherrn, und dem General Major Sir Arthur Wellesley, Herzog von Wellington, Gotha 1819.

Thüringischer Botanischer Verein (Hg.): Mitteilungen des Thüringischen Botanischen Vereins, Thüringen 1906.

Tissot, Laurent: From Alpine Tourism to the „Alpinization" of Tourism, in: Zuelow, Eric (Hg.): Touring Beyond the Nation, A Transnational Approach to European Tourism History, Farnham 2011, S. 59–78.

Toll, Carl (Hg.): Geographisches Institut der Universität Bonn, Erdkunde, Band 20–21, Bonn 1966.

Torke, Horst: Historische Grenzen und Grenzzeichen in der Sächsischen Schweiz, Dresden 2002.

Touring Club de France (Hg.): Touring, Paris 1907.

Tousley, Albert: Where goes the River, Iowa City 1928.

Trinius, August: Durch's Moselthal: Ein Wanderbuch, Minden 1897.

Trunz, Erich (Hg.): Johann Wolfgang von Goethe, Faust, München 2010.

– Johann Wolfgang von Goethe, Werke, Kommentare und Register, Band 14, München 2005.

Tschofen, Bernhard: Alpen – Front in Friedenszeiten. Anmerkungen zum heroischen Alpinismus, in: Jahrbuch des Vorarlberger Landesmuseumsvereins 1992, Vorarlberg 1992, S. 151–160.

Tschudi, von, Johann Jakob: Peru: Reiseskizzen aus den Jahren 1838–1842, St. Gallen 1846.

Umlauft, Friedrich / Hugo Hassinger (Hg.): Deutsche Rundschau für Geographie und Statistik, Band 27, Wien und Leipzig 1905.

Utz, Peter: Alpen auf dem Papier. Literarische Erosionsformen des Alpenmassivs bei Robert Walser, in: Marchal, Guy P. / Aram Mattioli (Hg.): Erfundene Schweiz. Konstruktion nationaler Identität, Zürich 1992, S. 313–326.

Vacano, von, Max Josef: Buntes Allerlei aus Argentinien; Streiflichter auf ein Zukunftsland, Berlin 1905.

Vari, Alexander: From „Paris of the East" to „Queen oft he Danube": International Models in the Promotion of Budapest Tourism, 1885–1940, in: Zuelow, Eric (Hg.): Touring Beyond the Nation, A Transnational Approach to European Tourism History, Farnham 2011, S. 103–126.

Verein für Socialpolitik (Hg.): Hausindustrie und Heimarbeit in Deutschland und Österreich, Band 84, Leipzig 1899.

Villegas, Conrado E.: Expedición al gran lago Nahuel Huapí en el año 1881, documentos relativos, Neudruck, Buenos Aires 1977.

Viñas, David: Indios, ejército y frontera, México 1982.

Vincent, Patrick: Sleep or Death? Republicanism in The Convention of Cintra, in: Gravil, Richard (Hg): Grasmere 2008: Selected papers from the Wordsworth Summer Conference, Penrith 2009, S. 53–62.

Voigt, Andreas, Hilbich, Markus: Bildatlas Weserbergland, HB Bildatlas 2002.

Völter, Daniel: Allgemeine Erdbeschreibung: Physikalische Erdbeschreibung, Band 2, Esslingen 1848.

Vulliet, Adam M.: The geography of nature: or, the world as it is, Boston 1856.

Wagner, A.: Die geographische Verbreitung der Säugetiere, in Abhandlungen der mathematisch-physikalischen Classe der Königlichen Bayrischen Akademie der Wissenschaften, München 1846.

Waisman, Carlos: The Reversal of Development in Argentina: Postwar Counterrevolutionary Policies and their Structural Consequences, Princeton 1987.

Walten, H.: Bibliothek der Neusten Weltkunde, Erster Theil, Aarau 1836.

Walter, François: „La montagne alpine: Un dispositif esthétique et idéologique à l'échelle de l'Europe," in: Revue d'histoire moderne et contemporaine 51/2, 2005, S. 64–87.

Walter, Helga / Arnold Walter: Kanada-West, Alaska: Highways des Nordens, Kaarst 2006.

Walter, Rolf: Der Traum Vom Eldorado: Die Deutsche Conquista in Venezuela Im 16. Jahrhundert, München 1992.

Walton, John K. / James Walvin: F.B. May: Victorian and Edwardian Ilfracombe Leisure in Britain, 1780–1939, Devon 1983.

Weber, Carl Julius: Deutschland oder Briefe eines in Deutschland reisenden Deutschen, Stuttgart 1855.

Weber, Johann Jakob (Hg.): Das Pfenning-Magazin für Belehrung und Unterhaltung, Nr. 471, Leipzig 1852.

Weber, Johann W. (Hg.): Illustrierte Zeitung; Die älteste illustrierte deutsche Wochenschrift, No. 4869–4881, Leipzig 1938.
Weibel, Viktor: Vom Dräckloch i Himel. Namenbuch des Kantons Schwyz, hg. vom Kuratorium Schwyzer Orts- und Flurnamenbuch unter der Leitung von Toni Dettling, Schwyz 2002.
Weigel, Petra: Die Kupferplatten der Sammlung Perthes, in: Siegel, Steffen / Petra Weigel (Hg.): Die Werkstatt des Kartographen, Materialien und Praktiken visueller Welterzeugung, München 2011, S. 205–228.
Weinacht, Helmut: Die Fränkische Schweiz und andere Schweizen im Fränkischen, in: Die Entdeckung der Fränkischen Schweiz durch die Romantiker, Forchheim 1994, S. 79–108.
West, Thomas: A guide to the Lakes in Cumberland, Westmorland and Lancashire, Third Edition, London 1784.
Westdeutsche Zeitung, 19. Juli 2012.
Weston, Walter: Mountaineering and Exploration in the Japanese Alps, London 1896.
Wettstein, Richard: Handbuch der systematischen Botanik, Leipzig 1911.
Whitaker, John: The course of Hannibal over the Alps ascertained, Volume I, London 1794.
Wigen, Kären: Discovering the Japan Alps: Meiji Mountaineering and the Quest for Geographical Enlightenment, in: The Journal of Japanese Studies, 31:1, 2005, S. 1–26.
Wilda, Adolf: Landwirthschaftliches Centralblatt für Deutschland: Repertorium der wissenschaftlichen Forschungen und praktischen Erfahrungen im Gebiete der Landwirtschaft, Volume 2, Leipzig 1854.
Wilkins, Charles (Hg.): The Red Dragon, The National Magazine of Wales, Band 9, Cardiff 1886.
Will, Wilhelm: Bild und Metapher in unseren Flurnamen (mit 24 Figuren), in: Rheinische Vierteljahrsblätter, 9. Band, Bonn 1939, S. 276–290.
Wilson, John: 'European discovery of New Zealand', Te Ara – the Encyclopedia of New Zealand, 2011. Updated 20-Sep-11, URL: <http://www.TeAra.govt.nz/en/european-discovery-of-new–zealand/6/1>, Stand Februar 2013.
Wirz, Tanja: Gipfelstürmerinnen; Eine Geschlechtergeschichte des Alpinismus in der Schweiz 1840–1940, Baden 2007.
Witowski, Teodolius: Grundbegriffe der Namenkunde, Berlin 1964.
Wittmann, Reinhard: Gibt es eine Leserevolution am Ende des 18. Jahrhunderts?, in: Chartier, Roger / Guglielmo Cavallo (Hg.): Die Welt

des Lesens: von der Schriftrolle zum Bildschirm, Frankfurt 1999, S. 419–454.

Wood, Walter: A corner of Spain, London 1910.

Woof, Robert (Hg.): William Wordsworth: The Critical Heritage, Volume I, 1793–1820, London 2001.

Wordsworth, William: A Guide through the District of the Lakes in the North of England, with a Description of the Scenery, & for the use of Tourists and Residents, Fifth Edition, Kendal 1835.

Wörlein, Johann Wolfgang: Die Houbirg oder die Geschichte der Nürnberger Schweiz, Hersbrück, Altdorf und Lauf mit ihrer Umgebung in welthistorischem Zusammenhang, Nürnberg 1838.

Worth, Richard Nicholls: Tourist's guide to North Devon and the Exmoor District, London 1879.

Wostmann, O.: Eine Wanderung durch die Breddiner Schweiz, in: Unsere Heimat, Perleberg 1957, S. 30–33.

Writer, Rote: Enantiodromia: Somewhere Between Alzheimer's and Amnesia the Truth Surfaces, Hudson 2010.

Wucherer, Friedrich Johann (Hg.): Freimunds kirchlich-politisches Wochen-Blatt für Stadt und Land, Band 5, Rödlingen 1839.

Wurlitzer, Bernd: Mecklenburg-Vorpommern, Ostfildern 2011.

Yates, William Holt: The Modern History and Condition of Egypt, its Climate, Diseases, and Capabilities, Band 2, London 1843.

Zeballos, Estanislao Severo: Descripción amena de la República Argentina: Viaje al país de los araucanos, Buenos Aires 1881.

– Recuerdos argentinos Callvucurá y la dinastía de los Piedra, Buenos Aires 1890.

Zebhauser, Helmuth (Hg.): Frühe Zeugnisse. Die Alpenbegeisterung, München 1986.

Zedlitz-Neukirch, von, Leopold: Der Preussische Staat in allen seinen Beziehungen; eine umfassende Darstellung seiner Geschichte und Statistik, Geographie, Militärstaates, Topographie, mit besonderer Berücksichtigung der Administration, Band 2, Berlin 1835.

Zeit Magazin, 12. Juli 2012.

Zeit Online Magazin, Ausgabe 17, 22. April 2010.

Zerolo, Elias: Atlas geografico de la Republica Argentina, Buenos Aires 1889.

Zimmermann, Gottlieb: Das Juragebirg in Franken und Oberpfalz, vornehmlich Muggendorf und seine Umgebungen, Erlangen 1843.

Zimmermann, H.: Die Geschichte des Landschaftsnamens Holsteinische Schweiz, in: Die Heimat; Monatsschrift des Vereins zur Pflege der Natur- und Landeskunde in Schleswig-Holstein und Hamburg, 74, Hamburg 1967, S. 134–140.

Zimmers, Barbara: Geschichte und Entwicklung des Tourismus, Trier 1995.

Zorn, Matija: Fremde und einheimische Naturforscher und Geistliche – die ersten Besucher der slowenischen Berge, in: Mathieu, Jon / Simona Boscani Leoni (Hg.): Die Alpen! Zur europäischen Wahrnehmungsgeschichte seit der Renaissance, Bern 2005, S. 223–236.

Zschokke, Heinrich: Miszellen für die neuste Weltkunde, Band 3, Aarau 1809.

Zweck, Albert: Litauen; Eine Landes und Volkskunde, Stuttgart 1898.

Staatliche Studien, Dokumente und Protokolle

Amtsblatt der Regierung in Potsdam, Potsdam 1936.

Bureau des Ausschusses zur Untersuchung der Wasserverhältnisse in den der Ueberschwemmungsgefahr besonders Ausgesetzten Flussgebieten, Preussen (Hg.): Der Oderstrom, sein Stromgebiet und seine wichtigsten Nebenflüsse, Berlin 1896.

Comisión Directiva del Censo (Hg.): Segundo censo de la República argentina: pts. Teritorio, Buenos Aires 1898.

Congreso de la Nación (Hg.): Cámara de Diputados de la Nación, Diario de sesiones de la Cámara de Diputados, Vol 2, Buenos Aires 1898.

Consejo Nacional de Educación (Hg.): El Monitor de la educación común, Issues 161–180, Buenos Aires 1889.

Dalley, Brownyn / Neill Atkinson (Hg:) Ministry for Culture and Heritage 'European explorers – exploration of New Zealand', URL: <http://www.nzhistory.net.nz/culture/explorers/european- explorers>, (Ministry for Culture and Heritage), updated 20-Dec-2012, Stand Februar 2013.

Deutschen Organisationsausschuss des Weltkongresses für Freizeit und Erholung (Hg.): Weltkongress für Freizeit und Erholung Hamburg 1936, Deutsche Arbeitsfront, Berlin 1936.

Geographic Board (New Zealand)(Hg.): <http://www.linz.govt.nz/placenames/about-geographic- board/nzgb-history>, Stand Februar 2013.
Geographic Board (New Zealand) (Hg.): Maps and Charts, <http://www.linz.govt.nz/placenames/about -geographic-board/nzgb-newsnotices/2009/0421-historic-maps-and-charts-examples>, Stand Januar 2014.
Instituto Geografico Argentino (Hg.): Boletin, Volume 3, Buenos Aires 1882.
Lake County, CA (Hg.): „The Switzerland of America." Climate, Attractions and Resources, Los Angeles 1887.
Mabragaña, Heraclio: Comisión Nacional del Centenario (Hg.): Los mensajes: 1881–1890, Buenos Aires 1890.
Parliament of New Zealand (Hg.): Parliamentary Debates, Band 99, Wellington 1897.
Permanent Committee on Geographical Names for British Official Use (Hg.): A gazetteer of Albania, London 1946.
Statistisches Reichsamt (Hg.): Statistik des Deutschen Reichs, Band 450: Amtliches Gemeindeverzeichnis für das Deutsche Reich, Teil I, Berlin 1939.
U.S. Congressional Serial Set, Ausgabe 4836, Washington D.C. 1904.
Landstande des Grossherzogthums Hessen (Hg.): Verhandlungen der zweiten Kammer der Landstande des Grossherzogthums Hessen, Protokolle, Darmstadt 1842.

Lexika

Adelung, Johann Christoph (Hg.): Grammatisch-kritisches Wörterbuch der Hochdeutschen Mundart, Band 1, Leipzig 1793.
Brockhaus: Allgemeine deutsche Real-Encyklopädie für die gebildeten Stände: Conservations-Lexikon, Leipzig 1855.
Brockhaus: Allgemeine deutsche Real-Enzyklopädie für die gebildeten Stände. Conversations-Lexikon, Band 9, Leipzig 1866.
Brockhaus: Unsere Zeit; Jahrbuch zum Conversations-Lexikon, Band 3, Leipzig 1859.
Brockhaus: Brock Haus Enzyklopädie, 21., Völlig neu bearbeitete Auflage, Band 1, Leipzig und Mannheim 2006.

Chamber's Encyclopaedia: A Dictionary of Universal Knowledge for the People, Band 6, Philadelphia 1864.
Das Schweizerische Idiotikon, Band 1, Sp. 196; <http://digital.idiotikon.ch>, Stand März 2014.
Duden: Schweizereien, <http://www.duden.de /suchen/dudenonline/%-22Schweizereien%22>, Stand Januar 2013.
Georges, K. E.: Kleines Lateinisch-Deutsches Handwörterbuch. Lateinisch-Deutscher Theil. Hahnsche Verlags-Buchhandlung, 3. Auflage, Leipzig 1875.
Gräffer, Franz: Oesterreichische National Encyklopàdie, Wien 1836.
Herlosssohn Carl (Hg.): Damen Conversations Lexikon. Herausgegeben im Verein mit Gelehrten und Schriftstellerinnen von C. Herlosssohn, Band 1, Leipzig: Fr. Volckmar, Leipzig 1834.
Marti, Werner: Scheuchzer, Johann Jakob, in: Historischen Lexikons der Schweiz (HLS), <http://www.hls- dhs-dss.ch/textes/d/D14622.php>, Stand Juli 2014.
McLintock, A. H.: An Encyclopaedia of New Zealand, 1966, siehe: 'SOUTHERN ALPS', from, edited by, originally published in 1966. Te Ara – the Encyclopedia of New Zealand, updated 22-Apr-09 URL: <http://www.TeAra.govt.nz/en/1966/ southern-alps>, Stand Februar 2013.
- «Maori Place-Names»: updated 22-Apr-09 URL: <http://www.TeAra.govt.nz/en/1966/ place – names/page-2>, Stand Februar 2013.
- «Place-Names»: updated 22-Apr-09 URL: <http://www.TeAra.govt.nz/en/1966/place-names/ page – 3>, Stand Februar 2013.

Meyer, Herrmann Julius (Hg.): Neues Konversations-Lexikon: Ein Wörterbuch des allgemeinen Wissens, Band 5, Hildburghausen 1863.
- Neues Konversations-Lexikon: Ein Wörterbuch des allgemeinen Wissens, Band 10, Hildburghausen 1865.
- Neues Konversations-Lexikon: Ein Wörterbuch des allgemeinen Wissens. Unter der Redaktion von H. Krause, Band 1, Hildeburghausen 1867.

Meyers Enzyklopädisches Lexikon, Neunte, völlig neu bearbeitete Auflage zum 150. jährigen Bestehen des Verlages, Band 1, Mannheim 1971.
Prinsep, James (Hg.), Asiatic Society: Journal of the Asiatic Society of Bengal, Band 4, Calcutta 1835.

Träger, Claus, (Hg.): Wörterbuch der Literaturwissenschaft. VEB Bibliographisches Institut Leipzig, Leipzig 1986.
Wilpert, von, Gerno: Sachwörterbuch der Literatur, 5. Auflage, Kröner Verlag, Stuttgart 1969.

Internetquellen

Bathgate Alps: <http://visitwestlothian.co.uk/things-to-do-in-west-lothian-scotland/sports-and-leisure/ cycling / the-bathgate-alps/>, Stand Dezember 2012.
Bild Online: <http://www.bild.de/regional/leipzig/youtube/leipzig-hymne-ist-youtube-hit- 24614156.bild.html>, 15. Juni 2012, Stand Januar 2013.
Colmar: <http://www.ot-colmar.fr/fr/patrimoine-architectural/F235008803_la-petite-venise-colmar>, Stand Januar 2013.
Das Paradies liegt auf den Philippinen, <http://www.goasia.de>, 30. Juni 2009, Stand Dezember 2012.
Das Polen Magazin: <http://www.das-polen-magazin.de/warschau-paris-des-ostens/Montag>, 17. Dezember 2012, Stand Januar 2013.
Dental Travel: <http://www.dentaltravel.ch/ch/angebote/komplett-angebote/ausfluege-in – budapest/budapest-paris-des-ostens.php>, Stand Dezember 2012.
Diercke Weltatlas Online: <http://www.diercke.de/kartenansicht.xtp?artId=978-3-14-100700- 8&stichwort=Michigan&fs=1>, Stand Januar 2013.
Fränkische Schweiz Tourismus: <http://www.fraenkische-schweiz.com/>. Stand Januar 2013.
Gemeinde Hechthausen: <www.gemeinde-hechthausen.de>, Stand Januar 2012.
Gemeinde Siegen: <www. siegen.de/>, Stand Januar 2012.
Gisler, Simon: Qingdao – Die „Schweiz des Ostens"?, <http://germanforum.cri. cn/viewtopic.php?f=22&t=431>. Stand Januar 2013.
Goethe Zeitportal: „Klein Paris": Studium in Leipzig und Frankfurter Rekonvaleszenz (1765–1770), <http://www.goethezeitportal.de>, Stand Dezember 2012.

Google Books: Ngram Viewer, Stichwort Alpen und Alpenraum, <https://books.google.com/ngrams/graph? content=Alpenraum %2CAlpen&year_start=1800&year>, Stand November 2014.
INST (Hg.): Die Namen der Berge, Internetpublikation 2002, <www.inst.at/berge>, Stand Januar 2012.
Mecklenburger Schweiz Tourismus: <http://www.mecklenburgische-schweiz.com/>, Stand Januar 2013.
Naturpark Lünenburg: <www.naturpark-lueneburger-heide.de>, Stand Januar 2013.
Neue Zürcher Zeitung (Hg.): NZZ Format: Singapur – Die Schweiz Asiens, Zürich 2011, <http: www.nzzformat.ch/108+M56e44ca8635.html>, Stand Dezember 2013.
Rumänien Tourismus: <http://www.rumaenien-info.at/media/file/52_air_SAM_0310_Bukarest_web.pdf>, Stand Januar 2013.
Sächsische Schweiz Tourismus: <http://www.saechsische-schweiz.de/>, Stand Januar 2013.
Shropshiretourism: <http://www.shropshiretourism.co.uk/literary-connections/>, Stand Januar 2013.
Stadtarchiv Eichsfeld: <http://eichsfeld-archiv.de>, Stand Januar 2012.
Wassermühle Ziddorf, Mecklenburg: <http://www.wassermühle-ziddorf.de/>, Stand Dezember 2012.

Abbildungsverzeichnis

Abb. 1: Grafische Darstellungen der «Sächsischen Schweiz»............215
Abb. 2: «A Chart of Newzeland» 1770 216
Abb. 3: «Das Alpenthal von Kaschmir» 1855 217
Abb. 4: Die amerikanischen «See-Alpen» 1847...................................218
Abb. 5: Postkarten aus der «Mecklenburger Schweiz» 219
Abb. 6: Die «Livländische Schweiz» 1936..220
Abb. 7: Postkarte aus der «Ruppiner Schweiz» 1936.........................221
Abb. 8: Skulpturplan 1992..222

Tabellenverzeichnis

Tab. 1: Untersuchte Atlanten und chronologische Etappen
(Kurzversion)..100
Tab. 2: Untersuchte Handatlanten 223
Tab. 3: Alpen-Nachbenennungen in deutschen Handatlanten...........226
Tab. 4: Alpen-Nachbenennungen in französischen und
britischen Handatlanten...229
Tab. 5: Schweiz-Nachbenennungen in deutschen Handatlanten........230
Tab. 6: Schweiz-Nachbenennungen in französischen und
britischen Handatlanten...231
Tab. 7: Schweiz-Nachbenennungen – Deutschland 1770–1850 231
Tab. 8: Schweiz-Nachbenennungen – Deutschland 1850–1930 233
Tab. 9: Schweiz-Nachbenennungen – Deutschland 1930–1992 238
Tab. 10: Schweiz-Nachbenennungen – Deutschland nach 1992.........241
Tab. 11: Deutsche Schweiz-Nachbenennungen nur erwähnt von
Jakob Grünwies (2007) 243
Tab. 12: Deutsche Schweiz-Nachbenennungen nur erwähnt von
Irmfried Siedentop..243
Tab. 13: Deutsche Schweiz-Nachbenennungen nur erwähnt auf der
Webpage der Wassermühle Ziddorf, Stand Januar 2012........244
Tab. 14: Schweiz-Nachbenennungen – weltweit 1770–1850..............246
Tab. 15: Schweiz-Nachbenennungen – weltweit 1850–1930..............250

Tab. 16: Schweiz-Nachbenennungen – weltweit 1930–1992 257
Tab. 17: Schweiz-Nachbenennungen – weltweit nach 1992 259
Tab. 18: Schweiz-Nachbenennungen nur erwähnt von
 Jakob Grünwies (2007) 261
Tab. 19: Schweiz-Nachbenennungen nur erwähnt von
 Irmfried Siedentop 263
Tab. 20: Schweiz-Nachbenennungen nur erwähnt auf der
 Webpage der Wassermühle Ziddorf, Stand Januar 2012 263

www.ingramcontent.com/pod-product-compliance
Ingram Content Group UK Ltd.
Pitfield, Milton Keynes, MK11 3LW, UK
UKHW020230220426
5322IPUK00017B/254